夜航船
SHIPS & SAILS

未
知
·
未
止

一旦有了能乘天上微风而行的船与帆，
必将有人会勇敢地踏入那片虚空。

开普勒（Johannes Kepler）

IMPOSSIBILITY:
THE LIMITS OF SCIENCE
AND THE SCIENCE OF LIMITS

科学的边界

关于不可能性的故事

[英]约翰·巴罗（John D. Barrow） 著

李新洲　徐建军　翟向华　译

上海科学技术出版社
SHANGHAI SCIENTIFIC & TECHNICAL PUBLISHERS

图书在版编目（ＣＩＰ）数据

科学的边界：关于不可能性的故事／（英）约翰·巴罗（John D. Barrow）著；李新洲，徐建军，翟向华译. -- 上海：上海科学技术出版社，2024.7
书名原文：Impossibility: The Limits of Science and the Science of Limits
ISBN 978-7-5478-6505-7

Ⅰ．①科⋯ Ⅱ．①约⋯ ②李⋯ ③徐⋯ ④翟⋯ Ⅲ．①科学哲学－研究 Ⅳ．①N02

中国国家版本馆CIP数据核字（2024）第025170号

上海市版权局著作权合同登记号 图字：09-2017-955号

封面用图基于László Németh作品制作

科学的边界：关于不可能性的故事

〔英〕 约翰·巴罗（John D. Barrow） 著
李新洲 徐建军 翟向华 译

上海世纪出版（集团）有限公司
上海科学技术出版社 出版、发行
（上海市闵行区号景路159弄A座9F-10F）
邮政编码201101 www.sstp.cn
上海光扬印务有限公司印刷
开本 787×1092 1/16 印张 23.75
字数 295 千字
2024年7月第1版 2024年7月第1次印刷
ISBN 978-7-5478-6505-7 / G·1204
定价：98.00元

本书如有缺页、错装或坏损等严重质量问题，请向工厂联系调换世界的意义在于愿望与事实的分离。

——库尔特·哥德尔（Kurt Gödel）

谨以此书纪念罗杰·泰勒（Roger Tayler）。

目 录

译 者 序

一片白云横谷头，

几多归鸟尽迷巢。

——佛光禅师

作为一个整体的人类文化，可以被称为人类不断探求新知识的过程。拉丁文称知识为 scientia，从而科学（science）一词便成为最受尊重的那部分知识的代名词。相对论和量子论问世以来的百年是科学的百年，人类知识积累得到了空前增长。人类已经认识到，只有借助科学的手段才能有效地提高、扩展自己的生存能力，社会历史必然地向更有保障、更安适、更有生存主动性的阶段发展。但是，仅仅认为知识就是力量是不完备的，这很容易使知识成为一种对人异在的客观力量，反过来窒息人的生存的价值和意义。

全面理解科学的内涵的首要问题是，如何区分知识与迷信、科学与伪科学。显然，用库恩的"随公议而变的真理"是不行的。盲目虔信不是理性的美德，而是罪恶。要作出理性的区分，关键在于划出科学的界限，这正是巴罗教授在他的著作中努力想做的。本书是一本博大精深的著作，作者不仅仅站在科学最前沿，谈天说地，叙生述死，评古论今；而且也从文学、绘画、雕塑、音乐、哲学、逻辑、语言、宗教诸方面围绕着知识的界限、科学的极限这一中心议题进行阐述。巴罗教授不仅对过去的，也对现在的和未来的科学界限进行了详尽的讨论。

本书字里行间充满了光明睿智，对于诸如人类为什么偏爱对称，具有高智商的蚂蚁是否能使用火作为工具之类的问题，答案妙得发人深省。人若执着于刻板的知识，不打开智慧的活源，便会失去洞察的能力。诚如佛光禅师所说，白云也许很美，但会蔽障视线，使鸟儿迷失归路。本书中讨论了许许多多的悖论，使人获得启迪。为此，不禁使人们想起唐代南泉禅师的"瓶中鹅"公案，这实际是一个具有象征意义的悖论，它说明了当一个人被过去的经验、知识和习惯制约时该怎么办的道理。

中国是博大久远的中国。无论是春秋战国的诸子哲学、汉魏各家的传经、唐宋的诗词文章、元明清的戏曲小说；无论是先民的天文地理、算术格致、农学医书，无不充满着对社会家国的情怀，对苍生万有的期待，对自然天地的热爱，激荡交融、相互辉耀、缤纷灿烂地造就了中国——平易近人、博大久远的中国。正因为如此，就使中国文化有可能也更容易地汲取世界各种文化的养分。我们何在？为何在？从何而来？又往何处去？为何生？为何死？为何思？又如何思？诸如此类问题，我们皆可从本书中汲取到有益的养分。

1609 年，伽利略在帕多瓦将望远镜指向了月球，这个事件标志着近代科学的开始。常常有人发问，科学为何发端于西方？西方文明仅是一种独特的文明发展形态，并不能替代其他种类的文明形态。在北宋元丰元年，中国铁产量已达 12 万 5 千吨，而英国 1788 年铁产量

只有6万8千吨，这是英国工业革命已开始的年代，离元丰元年已经
710年了。北宋大儒程颢吟道："道通天地有形外，思入风云变态
中。"有形外是指有形背后的无形，这里的思也不是笛卡儿"我思故
我在"中的思。在中国传统中，存在与价值相辅相成，既是本心良
知，也是宇宙天道。在西方人眼中，东方文明更强调整体性和事物的
有机关联。中国古代有各种各样的科学活动，如在天文学、数学、气
象学、地震学、医学等领域的研究，但是中国古代社会没有为"为
科学而科学"的纯科学留下空间。近代科学发生于西方，是历史命
运的顿挫，还是地缘乾坤的定数？不得而知。

　　自本书英文版问世以来，在徐建军、翟向华两位教授的齐心协助
下，我们在译文上花费了大量精力。通过逐字逐句的推敲，中译本成
了一件手工艺品，想必会得到广大读者的喜爱。尽管我们的目标是精
益求精、美轮美奂，但限于学识，谬误之处难免，望请读者指正。

李新洲

戊戌三月十七于上海

序

书籍之要在于序，评者亦善待之。

——菲利普·圭达拉
(Philip Guedalla)

哲学家和科学家都十分关注不可能性。科学家喜欢论证那些被广泛认为不可能的事物实际上是完全可能的；与此相反，哲学家则倾向于去说明那些被广泛认为是可行的事物实际上是不可能的。然而事实上，科学之所以成为可能，恰恰在于某些事物是不可能的。

自然界被一些可靠的"定律"所支配，而那些表明这一观点的无可置疑的证据容许我们将可能从不可能中分离出来。况且，只有那些认为可能与不可能之间存在明显差别的文化才能提供孕育科学进步的土壤。"不可能性"不仅仅涉及科学。在接下来的篇章里我们将会看到，艺术、文学、政治和逻辑中的不可能性是如何促使人类意识发生惊人的进步：揭示不可能这一概念如何使现实事物的本质和内容更加清晰地表现出来。

　　不可能这种观念在许多人的意识里都鸣响了警钟。对于一些人来说，任何宣称人类在对宇宙或科学进步的理解上存在极限的说法，都会被认为是有损于我们对科学事业信念的危险信号。同样无可厚非的是，另一些人怀疑人类对未知领域过度探索的动机，并害怕由此而导致的危险，所以他们极力地赞同任何科学是有限的说法。

　　在每个世纪末，似乎都会对科学进行一次反思。我们看到，在19世纪末，科学的极限问题也曾是一个很活跃的问题，而且人们还试图去提出一些永远也不可能解决的问题。这些问题即使是在现在看来依然十分有趣。但是，在一百年之后的今天，我们该对我们所关注的事情说些什么呢？我们正临近又一个世纪之末*，并回首这个发生了非凡进步的世纪。显然，正是这种进步才使20世纪具备了非凡的特征。在人类许多认知领域中已经产生了一种模式，即一种科学理论在定性和定量的准确预言方面取得了巨大成功后，就会使其应用者们开始怀疑它是否有终结——他们的理论是否可以解释它所能包含的一切问题。随后，一些奇怪的事情发生了。理论自身预言了它是不可能预言所有一切的。由此得出的结论是，它的应用范围不是简单地受到限制，而是自我限制。这种模式惊人地一再重复出现，以至于我们可通过看是否具有自我限制的特征来判断某种理论是不是一种成熟的科学理论。这些极限的产生并不仅仅因为理论不充分、不准确或不恰当，它们进而告诉我们一些关于知识本质，以及在宇宙内研究宇宙意味着什么的深层事物。

　　对于科学的极限和极限的科学的研究，把我们从对经费、可计算性和复杂性等现实极限的思考中带到了那些限制我们认知范围的约束上，而这些约束则是由我们处在自然界系列的中间位置所具有的尺

---

　　*　英文版初始发行于1998年，正临近20世纪之末。——译者注

度、年龄和复杂性造成的。我们将推断我们可能的技术前景，并且在处理自然界中大的、小的和复杂的领域的可能性系列上，对我们当前的能力进行定位。显然，现实性并不是我们所面临的唯一极限，此外还有人类本性所带来的极限。人类的大脑并不是为科学而进化的。科学研究就像我们的艺术鉴赏力一样，都是那些为了能更好地适应远古时期的环境而得以优先保留下来的各种特性的副产品。或许这些起源的模糊性将危及我们理解宇宙的种种探索。接下来，我们将开始探索可求的知识的边缘。我们将了解到，那些关于宇宙的起源、终结和结构等重大的宇宙学问题都是不可回答的。尽管天文学家已经满怀信心地用现代宇宙观点做出了阐述，但这些阐述都做了简化，回避了我们不知道的问题：宇宙是有限还是无限的呢？开的还是闭的呢？有终结还是永恒的呢？此后，我们将探讨涉及数学局限性的著名而神秘的哥德尔定理。我们了解到，肯定存在着这样一种算术陈述，其真实性永远无法得到肯定或否认。这究竟意味着什么？难道它意味着存在一些我们永远都不能回答的科学问题吗？我们将看到对此问题的回答是出人意料的，并且还会促使我们去思考自然界的不自洽性、时间旅行悖论、自由意志的本性，以及意识的工作机理等一些问题的可能含义。最后，在试图把个体的选择依次传递给集体的选择时，我们将探索其中所隐含的一些奇怪的东西。不论是一次选举的结果，还是当存在几种选择时所做出的决定，我们都发现了一种在整个复杂系统领域中起作用的深邃的不可能性。

在这个由一些基本极限所构成的奇异世界里，我们知道那些复杂得足以必然地表现出某些个性的世界展示出一种开放式的终结，而这是一个单一的逻辑体系所不能描述的。复杂得足以产生意识的宇宙对于身处其内的我们能知道些什么也做了限制。

在我们旅程的终点，我希望读者能够认识到不可能性比我们初看起来具有更多的内涵。在我们理解事物的过程中，它并非只起负面的作用。事实上，我相信我们将会逐渐地接受不可知、不可为以及不可见，它们将比可知、可为以及可见更加清晰、完整和鲜明地定义了我们的宇宙。

谨以此书纪念罗杰·泰勒（Roger Tayler），他不幸没能亲眼见到本书的脱稿。由于对在苏萨克斯的同事以及英国和世界天文学界的无私奉献，他赢得了全世界科学家的尊重、崇拜和友谊。我们深切地怀念他。

我还要对那些为我提供建议、评论或提供图片和参考书的人表示感谢。他们包括 David Bailin、Per Bak、Margaret Boden、Michael Burt、Bernard Carr、John Casti、Greg Chaitin、John Conway、Norman Dombey、George Ellis、Mike Hardiman、Susan Harrison、Jim Hartle、Piet Hut、Janna Levin、Andrew Liddle、Andre Linde、Seth Lloyd、Harold Morowitz、David Pringle、Martin Rees、Nicholas Rescher、Mark Ridley、David Ruelle、John Maynard Smith、Lee Smolin、Debbie Sutcliffe、Karl Svozil、Frank Tipler、Joseph Traub 和 Wes Willams。我的妻子伊丽莎白（Elizabeth）在许多事务上帮助了我，并且还以惊人的好脾气容忍在屋子里存放了难以计数的文稿纸。而对我们的孩子戴维（David）、罗杰（Roger）、路易丝（Louise）来说，本书的主题仅仅引起他们对电话使用也存在着某种基本极限的担忧。

约翰·巴罗

1997 年 11 月于布赖顿

第一章

不可能之艺术

如果一位资深而著名的科学家说某件事是可能的，那他极可能是说对了，但当他说某件事不可能时，则他很可能是说错了。

——阿瑟·克拉克[*]
(Arthur C. Clarke)

逆向思维的魅力

你们大家都只会带给我问题，而杨爵士却带给我答案，这正是我喜欢他的地方。

——玛格丽特·撒切尔[**]
(Margaret Thatcher)

---

[*] 20世纪英国科幻小说作家，曾预言卫星通信。——译者注
[**] 撒切尔夫人早年曾在牛津大学攻读化学，后自学法律和税务。1970—1974年任爱德华·希思内阁的教育和科学大臣，1975年任保守党领袖。1979—1990年任英国首相，性格坚强，素有"铁娘子"之称。——译者注

书架上摆满了阐明思维和硅片成果的著作。我们期待科学告诉我们什么是能实现的，什么又是将会实现的。政府仰仗科学家来改善生活质量并维持以往所取得的进步。未来学家认为人类的探索是无止境的，而社会学家认为随之而来的大量问题也是无穷尽的。关于科学未来的发展方向，传媒几乎众口一词地认为，将是破译人类基因密码，治愈所有的疾病，计算宇宙中每一个原子，而更重要的是制造出超过我们自身的智能。人类的进步愈来愈像一场控制我们周围大尺度和小尺度世界的竞赛。

叙述成功的科学故事是容易的，但我们要说的是另一个故事，一个关于未知的而不是已知的故事，一个关于不可能性的故事，一个关于不可逾越的极限与障碍的故事。听起来也许有点儿怪。难道不将不可知扯进来就真的不足以谈未知吗？不可能性是一个有用且永恒的观念。很少有人注意到，它对我们历史的影响是深远且广泛的。在更深层次上，它在关于宇宙图像形成中的地位是不可否认的。但它的正面作用从未受到公众的注意，我们的目的是重新揭示科学的某些极限，来看看对不可能性的新认识如何带给我们关于现实世界的新展望。

年轻的时候，我们似乎什么都懂，而随着年龄的增长，我们变得更有见识了，我们逐渐发现自己所知的远比想象中的要少。诗人奥登（W. H. Auden，1907—1973）*是这样描写人生的：

> 在 20 到 40 岁之间，我们致力于认识自我，这包括认识相对局限性与绝对局限性之间的差异，前者将会随着年龄增长而消失，后者是指我们不能坦然超越的自然局限性。[1]

---

* 20 世纪 30 年代英国左翼青年作家领袖，后加入美国籍，是继艾略特之后最重要的英语诗人。他的诗以当代社会和政治现实为题材，描写知识分子和公众关心的道德问题，描写人们的内心世界。——译者注

　　我们关于宇宙发展的基本知识的积累过程是相似的。一些知识实际上就是更多的观测事实、更宽广的理论以及用更先进的仪器做更精确的测量。它们的增长速度总会受到经费和现实条件的限制，我们尽力一点一滴地克服这些限制。但是，还存在着另一种形式的知识，这是一种对任何理论（即使是正确的理论）都存在局限性的认识。对于那些谦逊的研究者来说，总会观察到有些事情是超出自己能力所及的，然而这还不尽如我们所想要说的。在我们的认识过程中，不可避免地会遇到一些极限，而发现这些极限对于理解宇宙是至关重要的。这意味着，对知识极限的研究并不是简单地划一条边界，从而区分出那些有希望取得发现的科学领地。这已成为我们理解自然的一系列发现的积累过程——我们称之为科学——的一个重要特性：一个令人惊奇的悖论，我们可以知道哪些是我们不可能知道的东西。这是人类意识中最引人注目的一个推论。

　　在许多人类认知的深奥领域中存在着一些有趣的模型。我们对世界进行观测，识别出可以运用的模型，并用数学公式来描写。公式预言了愈来愈多的观测事实，我们对于它的解释和预言能力也愈来愈充满信心。在一个很长的时期内，公式似乎从未出过差错，它所预言的每一个现象都被观测到了。这些奇妙公式的使用者开始论证说，他们可能会让我们理解一切事物。对某些分支而言，似乎已看到了人类认识的终极。于是人们开始撰写著作，颁发奖励，无止境地进行科普宣传。就在这一时刻，一些意想不到的事情发生了。并不是公式本身与自然相矛盾，也不是观测到了令人惊奇的事件，而是一些很不寻常的事情发生了。公式变成了一种"内战"的牺牲品，它预言了存在不可预言的事件，观测不可能进行，结论的正确性无法证实或证伪。理论被证明是有界限的，这个界限不单是指可以应用的范围，而是指理论自身的局限。在还未揭示其内在的不自洽，或尚未表明不能解释已经观测到的现象之前，理论已经给出了"行不通"的结论。我们将会看到，只有那些简单的、非现实的科学理论才能避免这一命运。复杂世界的逻辑描写已经为其自身播下了局限性的种子。一个充分简单的能够完全理解的世界，将会因其太简单而不能包含能够理解它的具有意识的观测者。

面孔与游戏

吾非年少，足知万物。

——巴里*[2]

（J. M. Barrie）

完整无缺的认知实在是悬在天上的一块诱人馅饼。尽管对某些评论家来说，这是科学追求的明确目标。但在当代科学的著作中，这是一个在很大程度上不为人知的观念。实际上，这是各种伪科学的特有标记。正如无数关于世界起源和本性的远古神话与传说中所宣称的那样，这些故事没有任何疏漏，它们提供了任何事物的答案。他们的动机是消除由无知产生的不安全，提供世界的完整而互相关联的图像，而人类在这样的世界中扮演了有意思的角色。他们丢弃了关于未知的令人不安的想法。如果你在与暴风雨抗争，他们便将那些无法预测的因素归结成风暴之神的特征。迄今为止，那些用错误的观点来解释我们周围世界的理论仍带有这样的标记。占星术企图得到一个将星的方位与人的命运联系起来的确定关系。关于明天的不确定性可以蕴藏于事件的未来过程的含糊推广中。在占星术下，人们的每个想法和行动

---

*   英国小说家与剧作家，代表作有长篇小说《小牧师》等。——译者注

都是安排好的。奇怪的是，有多少现代民主制度下的居民会对此感到不安呢？

在"民科"的大多数例子中，都充斥着这种想要给出天衣无缝解释的愿望。每当有人写信给我，宣称可从金字塔的几何或者卡巴拉（Kabbalah）*的密码中找出宇宙结构的解释时，我发现这些解释通常具有下述特征：它完全是阐述性的工作；没有预言，没有关于其正确性的验证；它把什么都包含在内。它不是任何一项研究项目的开始。无可辩驳地，它就是最终定论。

这种将所有事物都联系起来的欲望是人类深层次的嗜好。这并不是一种伴随着文字处理器而来的现代时髦，它古老得在毕达哥拉斯学派**的工作中都可以找到。这个学派将数学与神秘主义相互融合在一起。[3] 他们认为数是宇宙中唯一的原则，于是任何可以用数字表示的事物最终将与具有相同数字的另一事物联系起来。除与其他数字的关系外，数字另有含义。这样，音乐的和谐与天体的运动联系起来了。当不能用分数来表示的数被发现时，竟然引发了如此深刻的危机，以致这些数不得不被称为"无理数"。毕达哥拉斯学派精心构筑了宇宙的完美算术图景，而这些无理数却出现在这一图景之外。

这种统一的倾向是人类智能的一个重要的副产品。的确，这是自我思考的智能在我们现有水平上的特征之一。它使我们可以将知识分类，学习原则和定律，并将它们应用于无数种情形，从而了解大量

---

* 卡巴拉是犹太教的一门神秘学说，主要研究神秘的创造原理和宇宙结构。卡巴拉包含了诸多符号、象征和宇宙的奥秘，被认为是掌握宇宙真理的一种方式。它在犹太教中具有特殊的价值和地位。——译者注

** 毕达哥拉斯在公元前6世纪末创立含宗教、哲学为一体的学派。他是西方最先提出勾股定理的人，他指出弦长比愈简单、音韵愈和谐。他去世后，该学派一分为二，其一继承发扬了他的神秘主义和戒律，另一派致力于数学、天文学、生理学和医学研究，但仍受他的神秘主义影响。在现今的许多人群中，毕达哥拉斯的影响仍然存在，如神奇的3、幸运的7等。——译者注

的事物。我们不必记住每一对可能的数之和，我们只需要记住加法的原则就可以了。寻觅表面上不同事物的共性的能力，是记忆与从经验中学习（而不仅仅是利用经验）的先决条件。某些文化已产生了一种宗教世界观，认为生活和自然的每一个方面都有一位神，与其他文化相比这远非一个统一的观点。* 在这种意义下，单一信仰提供了最为经济的神学概念。与此相反，存在多个神的信仰似乎吸引力就较小。

人类的所有经验都与对现实完全描述的某种加工相联系（"我们无法忍受太多的现实"）。我们的感官对提供的信息做了取舍。眼睛仅对很窄的光频范围产生感觉，耳朵也只对一定音量和音频范围内的声音有反应。如果我们的感官将世界上所有输送给我们的信息全部接收下来，它们将不堪重负。稀缺的基因资源将不平衡地集中在那些收集信息的器官上，代价却是那些无需太多信息便可以助我们逃离狩猎者或捕获食物的器官得不到足够的基因资源。完全的外界信息宛如是张一比一的地图。[4]一张地图如果是实用的，它必须得到简化以突出地形的最重要概貌：必须将信息压缩成简略形式。大脑必须能够处理这种简略形式，同时要求外界足够简单并有足够好的次序，以使在时间和空间的某些维度上作节略成为可能。

我们的大脑不仅仅收集信息，还对信息进行加工并寻找它们之间特殊的相关性。大脑已能够有效地从收集到的信息中获取模式。一旦识别出模式，大脑可以将整个图像用一个简化的形式代替，当需要时再将其恢复。这对我们非常有用，也提高了我们的思维能力。我们可

---

* 以日本的神道教为例，可以较深刻地理解宗教与科学之间关联的问题。神道教已有2000多年的历史，历来有800万神、1 600万神的说法。古代社会的人们慑于自然现象的威力，将其尊为神，也将先祖作为神加以尊敬。在现代日本社会，神道仍是日本人生活中的要素之一。1870年之前，日本事实上不存在物理学研究，日本物理学研究先驱长冈半太郎访欧的信件可以证实这一说法。——译者注

以在不同情形与不同时间恢复特定的图像，可以设想它的变化，对它补充细节，或将其忘却。经常会有这样的事，伟大的科学成就实际上是某位杰出的人物将复杂的大量信息简化为一个单一图像的结果。这种简化的倾向并不只停留在实验室里。在科学领域之外，我们偏好对经验做宗教的和神秘主义的解释，我们可以将其理解为这种加工能力的另一种应用，也就是将现实加工为少数简单的原则，使其看起来在我们的控制之下。这一切都导致了对立。我们最伟大的科学成就来自对大自然的表观复杂性做最深刻和最优雅的简化，以揭示其内在的简单性；而我们的最大失败常常来自对现实进行了过度的简化，接着又发现它远比我们所认识的要复杂得多。

我们偏爱完美性与我们喜欢对称性是紧密相关的。我们对模式和对称鉴赏具有天生的敏感性，能很快指出对完全对称的细微偏离。在很大的程度上来讲，这种对世界做出完美无缺描述的欲望来自某种难以理解的敏感性。它究竟从何而来呢？

几百万年前的生活环境与当前有很大的差异，由此来认识我们大脑的演化，是一种理解我们为什么具备许多奇异能力的有用方法。在那种原始的环境中，具有某种能力的人会比不具有者更易生存。这种生存优势可能是一些事先并不具有确定目标的基因混合的产物。尽管一种优势的某个特征或许对生存有利，随后它也许会以各种意外的方式显示出它的副作用。我们许多关于美的感受就是以这种间接的方式产生的。由此，我们有了合理的进化理由以发展出对对称性强烈的偏爱。如果在一个杂乱拥挤的环境里，横向（左右）对称性是区分生物与非生物的一个非常有效的判据。这使你能知道何时有一个生物在注视着你。这种感觉显然具有生存价值，使你认清潜在的危险、同伴和食物。偏爱对称性的生物学根源为下列事实所支持：对于对称最敏锐的感觉体现在对人类自身上，特别是对面孔的偏爱（参见图1.1）。

图 1.1　平均的人类面孔，显示出横向对称性。[5]

人体形态的对称性——特别是人脸的对称性——是最普通的人类美的初始指标，我们会不遗余力地增强和保护它。[6]在低等动物中，这是求偶的重要标志。在人类身上，它有各种各样的副产品，这些副产品影响着我们的审美，并成为我们对图案、对称性和形式的敏锐感受力的基础。值得注意的是，还没有一台计算机能够重现我们对图案的多层次视觉敏感性。[7]

这种敏感性意味着我们可以很快地分辨出对称偏离，并对其做出深奥微妙的解释。由于它强烈地吸引了我们的注意，所以在（英式）幽默中用得很多。鉴赏一下下面一个典型偏离长短对称的短诗所产生的幽默效果：

米兰年少，

诗韵特糟。

问其为何，

理由一条，

"我总是试图在最后一行挤进尽可能多的词藻。"

在游戏世界中，我们可以找到追求完美的类似情形。像"圈叉棋"这样简单的游戏是完全可以预测的。不管是谁先走，也不论你的对手如何走，你只要稍微想一下，就能设计出一个永远立于不败之地的方案。由于不存在这种完全可预测的完美性，国际象棋（或中国象棋）就成了一种让人很过瘾的游戏。最简单而又可永远弈下去的游戏据说是德博诺（Edward de Bono）的 L 游戏。[8]每一位弈者都有一把 L 形的尺，可将其放在小棋盘上的任何位置。放好 L 形尺以后，可以将一个或两个黑点放在空格上，也可不放，目的是阻止对手的尺下一步移动。初始位置及典型的取胜图形显示在图 1.2 中。

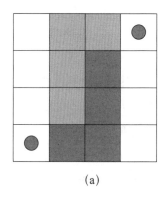 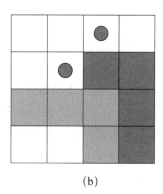

(a) 　　　　　　　　　　(b)

图 1.2　（a）德博诺设计的 L 游戏在开始时的位置。游戏者可以先移动其 L 形尺的位置，然后将一个或两个黑点放在未占据的方格上，也可不放。目的是阻止对手在下一步移动 L 形尺。（b）浅色 L 形尺对深色尺来说处于胜的位置。深色 L 形尺现在不能移动。

有些游戏的规则看似简单，如康韦（John Conway）的生命游戏[9]，却具有极多的复杂游戏进程，因而不可能确定它会产生出多少种新花样。事实上，已经有人证明这个游戏具有和整个算术体系相同的复杂程度。我们也许会感到困惑，在任何意义上，我们对自然界的探索最终是否会终结呢？纵然我们无法列出自然定律的全部外延，或许我们会发现所有的自然定律？就像长弈不衰的"圈叉棋"游戏，我们是否会不再为自然界中的任何发现感到惊喜了呢？在以后的章节里，我们将从不同的角度多次回到这个问题上。

无所不能的神

在人这是不能的，在上帝凡事都能。*

——马太[10]

（St. Matthew）

在历史上，不可能的观念是与我们的宗教热情紧密相连的。绝大多数的人类文明显示了对超越其自身的存在或精灵的敬畏之情。这些"神"通常都被赋予超人的能力，这也是神与凡间男女的区别所在。他们的能力可以超出人类所具备的能力，或者具备人类不可能有的能力。在极端的情形下，神可以具备无限的能力，以致他们无所不知，无所不能。

这个靠不住的简单想法并非没有问题。我们可以看到，对于某种神的信奉者来说，有吸引力的只不过是为了避免改换门庭，才相信他们的神具有无限的能力。但是，再看得深一些，如果他们的神的能力受到某种限制的话，那么无论谁以何种方式超越这个限制，都将会具有比神更强的控制事件的能力。如果你的神无法控制风，则可以认为风是更厉害的神。于是，人们将信服风的超能力。

对于一个能力有限的神会产生信任问题，然而无所不能则会产生更严重的原则问题。无所不能的上帝会是怎样的呢？他可以使 2 加 2 等于 5？可以终止自身的存在？可以不受逻辑的制约？显然某些事情一定是不可能的，或是混沌的，并有矛盾存在。如果一个神具有确定的特征，那么也一定会有其不可能做到的与此相反的特征。现在传统

---

*　译文取自《圣经·马太福音》第十九章，"贪财的难进天国"一节。香港圣经公会，1987，第二十七页。——译者注

的宗教很少去考虑这个困难的问题了,[11]而这些问题仍然困扰着许多科学家。已逝的帕格尔斯（Heinz Pagels）说过，这个问题对他摒弃信仰上帝起了怎样的决定作用：

> 当我还在念中学时，我曾思考过上帝是什么样的存在，这使我感到很困惑……我还曾发问，如果上帝是全能的，那么他将可以做诸如改变逻辑一类的事情吗？如果他可以改变逻辑法则，那么他是一个人类思维无法理解的、毫无规则的存在。另一方面，如果他无法改变逻辑法则，则他就不是全能的了。这个二律背反使我不满意……这个"少年神学"问题给了我这样的感觉，或者上帝不受逻辑的制约，这样将无法合理地想象上帝；或者上帝要受逻辑的制约，那他就不是一位深刻的上帝了。[12]

有人满足于"奇迹"这个概念，即指那些看来是违反自然定律（或至少违反我们的经验）的事件，但迄今为止还没有破坏逻辑或数学定律的证据。

对于具有神性的存在，古代的权威们试图更细致地将其区分为逻辑上能成立的和不能成立的两类。但对现代人来说，这样的区分是难以接受的。一些坚信奇迹能发生的人认定，我们关于宇宙中可能性的知识还不完备，并将上帝的行为看成是自然定律的例外。而另外一些人则试图将其解释为我们无法确定的混乱而微妙形势的未来进程。[13]

如果考察一下像犹太教、基督教的宗教传统，就容易发现，上帝的能力中具有完成人类所不能做的事的明确特征。正如布朗（Thomas Browne，1605—1682）早在17世纪就指出的那样，"仅仅相信可能性不是一种信仰，而只是一种哲学"[14]。这一特征也可用来作为上帝与人的差异之一：人类的极限正好确立了上帝与人类之间的鸿沟。于是，术士和巫师就显示超自然的力量并做一些我们所不可能实现的事，以此来确立他们的地位。他们拥有这样的宇宙观：存在是有等级的，一种存在的等级取决于其行为所受限制的强弱，限制越弱则等级越高。

传统的宗教往往认为人类思想和行为的限制是由上帝制定的，而非由自然所规定。它们更像高速公路上的速度限制，而非引力规律的限制。它们被视为禁忌，若要违反，就要冒很大风险。不论是访问某地，或者统计人口，也不论是否以上帝的名义，在很大的范围内人类文化都存在着某种禁忌。[15]正如世俗的统治者为了使自身有别于其臣民就给他们的行为加上某些限制那样，尽管这些限制除了使被统治者加深印象外，并没有明显的好处。由此可以想象，神必将以同样的方式行事。服从的习惯是任何人都值得上的一堂课——这是任何一支军队的军官都衷心拥护的观点。于是看到，不可能性的观念已经用许多不同的方式深深地根植于我们的宗教信仰之中。

《创世纪》中"善恶智慧树"的禁果是一个有趣的例子，[16] 因为它将被禁的行为与被禁的知识合在一起，这两个概念通常是分开的。智慧树的果实是被禁食的，这是为了防止知识的某种新形态的觉醒。"禁果"一词已经成为人类行为的任何一种禁忌的代名词。

行为被禁止的事是经常会遇到的，在我们的司法系统中就有大量的例子。知识被禁是一个更容易引起争论的观点。所有现代国家都有机密，将一些信息封存起来不让某些民众接触，并显然有各种理由这样做，安全、保密、财政状况、伤害和意外等等；但也有许多人认为，信息应当完全公开，不论是何种形式的信息，这是与公正、教育一样的基本人权。在诸如是否对因特网加限制这个问题上已引起了争论。某些政府对如 PGP（"Pretty Good Privacy"，即"极好的私密性"[17]）这样的简单加密程序的态度也是不同的，因为这是任何政府的计算机系统都无法破译的密码。我们或许可以采用（英国式的）

折中立场，知识不是特殊的，像人类的任何活动和占有（枪、汽车等等）一样，为了公众的利益，必须以民主方式加以限制。正如你不会愿意每天在报上公布你的信用卡密码那样。

宗教禁忌的形成通常是为了维护上帝的唯一性。如果全能对占有者是一种优势的话，则对其他人来说，有些事必定是不可能的。在某些东方文化中，人们不愿生产完全对称的镶嵌图案，因为这样会进入神的独有领地——完美。因此，在一些宗教中，存在着人类能力所限而无法知道的事；在另外一些宗教中，有些事情不是不知道如何去做，而是避免触犯上帝的唯一性而不能去做。

克罗默（Allan Cromer）认为，科学很难在伊斯兰教和犹太教这样的一神教信仰所创造的环境中得以发展，主要是因为这些宗教所关注的神是感受不到不可能性的：

> 相信不可能性是逻辑、演绎数学和自然科学的出发点。它只能产生于一个从认为自己无所不能的信仰中解放出来的心灵。[18]

相反，一个不受自然法则限制的、无所不能的干涉主义者的存在破坏了对自然自治性的信仰。不可能性概念似乎是科学理解世界的必要前提。这是一个有趣的论点，因为也有人声称一神教提供了一个使科学繁荣的环境，因为它对大自然存在普遍法则的想法给予了可信度。无所不知的神的裁定使人们相信，事物的规律是外界加上去的，由此来支配世界的运作，这与事物的行为是由自身性质所决定的观念相反。其间的差别是至关重要的。如果每块石头都依照其内在性质运动，或以此产生与其他石头之间的和谐，则每块石头都将以不同的方式运动，人们就不会去寻找石头运动的共同规律。这一见解与抽象科学的成长是一致的，但却不能保证自然定律是外加的。尽管古代中国就是一个很好的证据，可用以说明没有一神教会阻碍数学科学的发展，并导致缺少对自然的内在统一理念，[20]但这却不说明西方科学是犹太-基督教和伊斯兰教文化的必然产物，不说明没有一神教科学就不能发展。西方科学很可能是有神论世界观的意外副产品，但犹太-基督教和伊斯兰教这两种文化的目标和世界观可能截然不同。或许，正如王尔德（Oscar Wilde，1854—1900）*曾非常严肃地说过的那样："信仰一旦被证明是正确的，它就消亡了。科学是死亡的信仰的见证。"[21]

本节从介绍人们熟知的上帝开始。上帝是全能的，即是无所不知的。存在于我们脑海中的这一可能性并没有引起大家的警觉，被理所当然地认为是对的。然而，一旦进一步深思这个问题，就会发现无所不知将在逻辑上产生悖论。人类思维的准则是，对任一论断必须证明之或证伪之。为了看清这一点，考虑下述测试命题：

谁都不知道本命题是真的。

现在让我们来考虑假想的无所不知者所处的困境。先假设该命题为真，也即无所不知者不知道本命题是真的，因此无所不知者并不是无所不知的。再假设该命题为伪，则意味着必定有某存在者知道该命题为真，因此上述命题一定是真的。不管输入的假设是命题为真或为伪，我们必然得到上述命题为真的结论！由于上述命题为真，那么包括无所不知者在内的所有存在都不可能知道它为真。这证明了总存在着任何存在都无法知道其为真的真命题。所以，不可能有知道所有真理的无所不知者。可以同样推断，我们或我们的子孙也不可能是无所

---

*   爱尔兰作家、诗人、戏剧家。19世纪末英国唯美主义运动的主要代表，"为艺术而艺术"的倡导者，主张美没有功利主义价值，反对用道德伦理支配艺术。——译者注

不知的。所有可以被认识的只是那些可以被认识的，而不是所有为真的。

　　附带说一下，对于全球有关上帝行为的传统神学问题，如受难这样的问题，美国政治学家布拉姆斯（Stephen Brams）曾做过许多有趣的分析。[22]布拉姆斯使用的是"博弈论"方法。博弈论是数学的一个分支，在采用不同的行为导致不同结果的情况下，可用它来确定是否存在一种最优对策。"博弈"一词用来描述任何有二人或多人参加的、可以选择的情形。不同的选择将付出不同的代价，得到不同的利益。布拉姆斯试图弄清，我们是否能搜集到任何证据，以证明宇宙的本性反映了无所不知者的最优选择。结论令人深思。邪恶和受难能被看作是采取行善行为这种最优对策的不可避免的一面。由此可以推理，如果采取某种策略的话，无所不知者的存在性在逻辑上是无法判定的。

　　不应当完全以负面的态度来看待失去无所不知这个限制。在认知过程中，错误和不自洽性起着重要作用。我们可以从错误中学习。一旦碰到不自洽性，我们就会重新计算，重新检查我们已做的假设。迄今为止，还远未弄清楚人工智能在这一点上能模拟人类到什么程度。人类进化到某一阶段才具备想象的功能，这使得我们既可以学习可能性，又可以学习不可能性。这使我们理解世界的能力在深度和广度上有了极大的提高。特别地，人类可以想象那些不可能的事物。的确，在日常生活中大多数人常相信每件不可能的事情不仅是可能的，而且是实在的。大多数人对可能的事情具有更大的兴趣（这种倾向有时被称作实用主义），但有些人却对不可能性怀有极大的兴趣。后者并不能简单地被称作为理想主义者或幻想主义者。事实上，正是由于对语言和视觉上不可能性的不断挑战，才产生了幻想文学和艺术。

悖　论

一个悖论是站在真理之上而引起人们注意的真理。

——尼古拉斯·法利塔[23]

（Nicolas Falletta）

悖论（paradox）一词是两个希腊词的合成词，para 意味着超越，doxos 意指相信。它有许多不同的含义：如某些看起来是矛盾的，但实际上是正确的事；某些看起来是正确的，但实际上是矛盾的事；或由一个自明的出发点经严格的推理链导出矛盾。哲学家喜欢悖论。[24]确实如此，罗素（Bertrand Russell，1872—1970）*曾说过，一个优秀的哲学家将从一个过分明显而无人感兴趣的论点出发，导出一个无人会相信的结论。

有些悖论是平庸的，但有些悖论则反映了我们思维方式的深刻性，并促使我们重新考察它们，或在我们自己认为显然是正确的信念中找出无可争辩的矛盾。策略分析中的相悖的结论常常产生于乏味的开始，该领域的国际权威拉波波特（Anatol Rapoport）指出，悖论已在人类思维的许多领域中起到了重要作用：

悖论在知识的历史中已经起到了极其重要的作用，它常常预示着科学、数学和逻辑学的革命性的发展。在任一领域，每当人们发

---

*　20 世纪声誉卓著、影响深远的思想家之一，曾获 1950 年诺贝尔文学奖。在其漫长的一生中，完成了 40 余部著作，涉及哲学、数学、科学、伦理学、社会学、教育、历史、宗教及政治等各个领域。罗素哲学生涯具有怀疑主义和谨慎的风格，探索"我们能知道多少以及具有何种程度的确定性和可疑性"。主要著作有《数学原理》《哲学问题》《数理哲学导论》等。——译者注

现某一问题不能在已有的框架下得到解决时，就会感到震惊，而这种震惊将促使我们放弃旧的框架，采用新的框架。正是这样一种知识融合的过程才使数学和科学中的主要观念中的大多数得以诞生。芝诺的阿喀琉斯与龟的悖论产生了无穷级数收敛的想法。二律背反（数理逻辑中的内在矛盾）最终产生了哥德尔定理。迈克耳孙—莫雷光速实验似是而非的结果使相对论得以诞生。光的波粒二象性的发现促使人们重新考虑确定论的因果性，这正是科学哲学的基础，最后又导致了量子力学的诞生。麦克斯韦妖的悖论由西拉德在1929年首先找到了解决方案，最近它又更深入地启迪人们去思考信息和熵，而这是表面上毫无关系而本质上紧密相连的两个概念。[25]

视 觉 悖 论

如果你是幻想小说家，那么你是在通过说谎来表述真理。与之相反，如果你是记者，那么你是通过报道真相来试图达到说谎的目的。

——梅尔文·伯吉斯[26]

（Melvin Burgess）

由于20世纪的艺术家关注于抽象图像和我们这个世界的畸形的日常生活图像，艺术图像和科学图像之间的差异就变得更加惊人。想象物理上不可能实现的事物的能力，是人类意识最奇妙的结果之一，利用这一方法，我们可以用一种特别的方式去探索自然，即在由不可能事件所定义的框架下考察自然。用这种方法，我们可以产生意义上的共鸣、观念上的并置，这是拓宽和激发思维。这很吸引人，很奥妙。有人通过各种不同的方式产生和欣赏这类变异的现实，不惜花费毕生的精力。我

们的大脑对这种活动的共鸣令人担忧。先进计算机对变异现实模拟的
突然出现以及已达到能够以假乱真的计算机游戏揭示了这种体验对青
年有多么大的诱惑力。你坐在舒适的椅子上就可以通过计算机体验到
各种不同的经历。也许这种虚拟历险的吸引性是要告诉我们，人类思
维还有很大未开发的潜力，而在 20 世纪日常生活中极少用到这种潜力。
我们已经用计算机进行交互式教学，但至今在想象方面还极少用到。
我猜想，在一种有风险的新方式中，有不少机会来教多门课程，特别
是科学和数学。甚至于世上最简单的计算机功能，如文字处理，已不仅
仅是使书写和编辑更有效率，它已经改变了作家的思维方式。过去作家
是因为他们有话要说，现在，他们写作是在发现自己是否有话可说。

　　对不可能性的表现已经成为现代艺术世界的一个重要部分。存在
着多种表现形式。埃舍尔（Maurits Escher, 1898—1972）[27]采取的是
异常细致的图的形式，它看上去似乎是个真实的世界，但仔细观察就
会发现，这实际上与我们生活的空间是矛盾的。埃舍尔喜欢这样一类
不可能的客体，我们称之为貌似三维物体的二维像，即它不可能在三
维空间上被构造出来。

　　对这些图像的三维解释是另外一回事。眼中看到的像最终并不能
自洽地组成一个可见的物体。雷乌特斯瓦德（Oscar Reutersvärd）[28]首
次画出了不可能的物体。1934 年，他画出了第一个已知的例子，即
不可能的三角形（参见图 1.3a）。他又在 1958 年给出了第一个不可
能的立方体。在 1961 年由莱昂内尔·彭罗斯（Lionel Penrose）和罗
杰·彭罗斯（Roger Penrose）* 重新得到了不可能三角形，他们引入
了一个永无止境的楼梯（参见图 1.3b）。[29]埃舍尔在其名画《瀑布》

---

　　* 　英国数学家、物理学家。与霍金合作证明了黑洞奇点定理，他发明描述时空的图，称作
　　　彭罗斯图。他多才多艺，在众多领域作出了创新性的贡献。他的《皇帝新脑》，引起了
　　　知识界广泛关注，被认为开创了认识论研究的新方向。——译者注

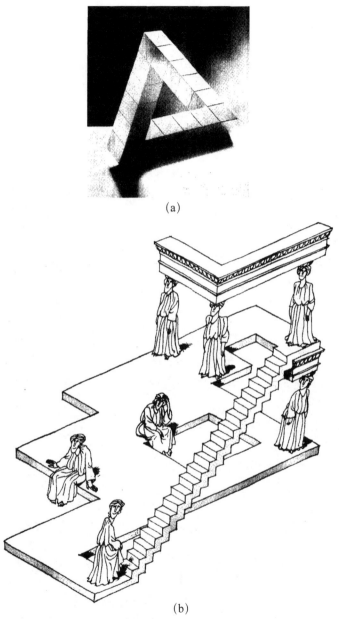

(a)

(b)

图 1.3　(a) 第一个不可能物体的现代作品。这个由 9 个立方体组成的三角形是由瑞典艺术家雷乌特斯瓦德于 1934 年创作的（©DACS，1998）。(b) 雷乌特斯瓦德在图画《女像柱》上创作的连续楼梯，厄恩斯特（Bruno Ernst）添加了人物形象后更进一步强调了空间的不一致性（©DACS，1998）。

（1961）和《上升和下降》（1961）中引用了这个范例。

　　人们已经重新认识到大量存在着此类古怪现象的老例子。贺加斯（William Hogarth，1697—1764）的铜雕《伪透视》（1754）[30]就是一个极好的例子（参见图 1.4）。这是贺加斯为了强调那些愚蠢的设

图 1.4　贺加斯的铜雕《伪透视》。

计师们的错误而做的。他在画上写道："那些没有透视知识的设计师很可能要犯这件作品所显示的荒谬错误。"

1916 年，杜尚（Marcel Duchamp）为涂料商沙波林（Sapolin）制作了一个广告，[31] 其中的床架引入了一个三脚或四脚结构（参见图1.5）。这个题为"涂珐琅的阿波利奈尔"的作品，原件现存于费城艺术博物馆。

图 1.5　杜尚题为"涂珐琅的阿波利奈尔"的作品（费城艺术博物馆：路易丝和沃尔特·阿伦斯伯格捐赠。ⓒ ADAGP，巴黎和 DACS，伦敦 1998。）

著名的意大利建筑师和雕塑家皮拉内西（Giovanni Piranesi，1720—1778）在 1745 年到 1760 年间给出了一系列的迷宫设计。这些奇妙的设计画出了不可能的房间和楼道的网络。这些工作表明他是严谨地画出了这些不可能的图形。

勃鲁盖尔（Pieter Brueghel，约 1525—1569）的《绞架上的喜鹊》

（1568）严谨地采用了不可能的四边形。而不经意得到的不可能物体可以在更远早的时间发现。已知的最古老例子可以回溯到 11 世纪。[32]

这些不可能的图形揭示的实质远比设计师的技术深刻。它对空间性质和大脑对空间的分析做了阐述。我们的大脑已经具备了分析关于现实世界的几何学的能力，它拥有保护我们免受错误或模糊的透视蒙骗的机制。在这种双关的机制下，大脑时时刻刻都在改变已经做出的错误选择。一个简单的例子是内克尔（Necker）立方体（参见图1.6），它看上去很像在两个不同方向之间来回摆动。[33]

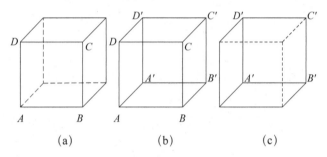

图 1.6　所有棱均由实线画出的内克尔立方体，见中间（b）。在左右两边（a）、（c），我们画出了两种不同的视觉图像，立方体显示了不同的方向。让眼睛在两种图像之间迅速移动，实线在前面，虚线在后面。

超现实主义的艺术作品还另有目的。它迫使大脑去思考那些不可能的情形而激发思维。将这些不可能的事物表现出来，我们就会有难以忘却的印象。通过这种方式，它们表明自身不是真实世界的一个简单、准确的复制品，而是完全不同的客体。马格里特（René Magritte，1898—1967）那幅在空中的《比利牛斯山上城堡》违背了万有引力定律，这是一个典型的例子（参见图 1.7）。[34] 或许我们喜欢这种不可能的虚幻世界，因为这种极端不可能性增强了此类描述奇异境界艺术的吸引力，让我们可以安全地去体验这种不可能性，它容许我们进

图 1.7　马格里特《比利牛斯山上城堡》（蒙耶路撒冷的以色列博物馆同意复制）。©ADAGP，巴黎和 DACS，伦敦 1998。

人危险的境界，而不会遇到真实的危险。实际上，任何人都不可能有这样的经历。这是魔鬼列车和恐怖电影吸引人之处的延伸。

当物理学家刚开始重视非欧几何与物理的关联时，几何上的畸变图画就已大量出现了。如毕加索这样的立体主义先驱总是否认科学发展对他们有任何推动作用。[35]另一方面，埃舍尔很重视数学家对其他几何的研究。确实，他的工作甚至可能推动了人们对某些新空间分类的探索。[36]

文学作品中也存在着描述不可能性和悖论的作品。卡罗尔（Lewis Carroll，1832—1898）*也许是早期的最伟大代表人物，他是维多利亚时代的超现实主义者。我们可在博尔赫斯（Jorge Luis Borges，1899—1986）和其他作家[37]的短篇小说中看到更加折中和更加奇妙的表现。奇怪的是，这些幻想出来的世界仍是有吸引力的创造活动：真正的独创性是唯一的。

所有这些例子的有趣特征显示了我们对不可能性的认知。即使是我们身体经验之外的可能性，也绝不是我们大脑经验之外的东西。我们可以构造一个与我们日常经验完全不同的想象世界。显然，有些人确实更欣赏这些不可能世界的图像。

语 义 悖 论

理性的最大胜利是怀疑它自身的合理性。

——米格尔·德·乌纳穆诺

（Miguel de Unamuno）

---

* 英国数学家、逻辑学家，原名道奇森（Charles Lutwidge Dodgson）。他以卡罗尔为笔名所写的两部童话《爱丽丝漫游奇境记》和《镜中世界》流传极广，备受儿童和成年人欢迎。——译者注

　　不可能的图形是视觉悖论的例子，也许我们应当称之为倒转的悖论。通常的悖论看上去是错的，而实际上是正确的。不可能的图形看上去是对的，实际上却是错的。我们也许曾期待人们对此或者困惑，或者厌恶，实际上却迥然不同。人们喜爱悖论，在幽默、故事、绘画以及大量令人叫绝的表示人类特征的双关语等多种形式中，悖论是一个中心。

　　饱含幽默的悖论紧接着会使人体会到深刻的内涵。历史上的例子比比皆是。芝诺悖论曾经帮助我们理解无限。[38]芝诺*是公元前5世纪的希腊哲学家，他因这些悖论而出名。这些悖论似乎证明了运动是不可能的。他那最著名的例子是阿喀琉斯与龟赛跑。假设乌龟先跑100米，阿喀琉斯比乌龟快100倍。当阿喀琉斯跑到100米处，乌龟又向前跑了1米。当阿喀琉斯再跑了1米时，乌龟又向前跑了1厘米。如此下去，乃至无穷。结果阿喀琉斯永远追不上乌龟！如果认识到在阿喀琉斯追上乌龟之前会经过无限多个时间段，但无限多个时间段加起来却不一定是无限长的时间，[39]那么这个问题就迎刃而解了。

　　现代科学中，"悖论"一词常用来表示那些对基本原理有重要作用的反直觉的发现（这时又常叫作"佯谬"）。于是，我们有相对论的"双生子佯谬"[40]、"薛定谔猫佯谬"[41]、"爱因斯坦-波多尔斯基-罗森（EPR）佯谬"[42]、量子场论中的"克莱因佯谬"[43]及量子测量中的"维格纳朋友佯谬"[44]。这些佯谬的产生或许是因为我们对事物进程的知识不完全，可能是用以描述的理论本身，也可能是观测

* 这是爱利亚的芝诺（Zeno of Elea）。他认为世界上运动变化着的万物是不真实的，唯一真实的东西只能是所谓的"唯一不动的存在"。古希腊还有一位同名哲学家称作季蒂昂的芝诺（Zeno of Citium），是斯多葛学派的创始人。——译者注

到的状态的特征不完全。换个角度来看，佯谬的产生也可能仅仅是因为我们的期望是错误的，是从非常有限的实际经验中导出的（如双生子佯谬）。可以预料，随着我们对事物理解的进一步发展，或者解决表面上的佯谬，或者揭示出佯谬实际上并不存在。

语义和逻辑悖论与此完全不一样。它们简单到任何人都能理解。它们恰恰影响到我们用来思考万物的工具，因而更加令人烦恼。逻辑似乎是人类思维的最后一站。我们可以从科学退到数学，从数学退到逻辑。但从逻辑似乎是无路可退了，这是逻辑必须解决的问题。*

逻辑悖论已有很长的历史。最著名的是《保罗达提多书》（*Titus*）中重复提到的"革哩底人中的一个本地先知说，革哩底人都说谎话"。**[45]这就是使徒书悖论，或称撒谎者悖论。[46]多少个世纪以来，这样的悖论只是被看成是一种妙语而已，似乎它从来不会在实在的重要场合中出现。时至 20 世纪，悖论的重要性与日俱增，它们已上升为某种本质的东西。这是逻辑结构的推论，由于这种结构复杂到足以自引，一旦我们没有足够仔细地去区分用不同语言表示的结论时，就会出现悖论。语义悖论绝不是平庸的，在对逻辑系统的逻辑完备性的形式证明中，这种区分方式起着中心作用。

哲学家罗素是一位被悖论所困扰的最著名的现代思想家。1901年，他发现了逻辑包含的基本矛盾。此后，这被称为"罗素悖论"：

> 对笔者而言，似乎一个集合有时是它自身的一个元素，有时又不是它自身的一个元素。比如茶匙的集合，不是另一把茶匙。

---

* 原文为"The buck stops there"，源于美国总统杜鲁门办公桌上的座右铭"The buck stops here"，意指任何问题到了总统这里就再也不能推诿了，直译为："雄鹿停在这儿。"——译者注

** 译文取自《圣经·保罗达提多书》第一章"当斥责传异教者"一节。香港圣经公会，1987，第三百零七页。——译者注

但非茶匙的集合却是非茶匙集合的一个元素……这使我考虑由不是自身的元素组成的集合类，它们应当构成一个集合。笔者自问，这个集合是否是自身的元素。如果它是自身的元素，则它必须具有该集合的定义性质，即它不是自身的元素。如果它不是自身的元素，则它不具有该集合的定义性质，因此它必须是它自己的一个元素。这样，每一次不同的选择都导致相反的结果，因而存在着矛盾。

罗素将这个由所有不是自身元素的集合组成的集合的困难用最难以忘却的方式告知人们：一个小镇上有一位理发师，他给所有不给自己理发的人理发，那么谁给理发师理发？[47] 让罗素伤透脑筋的是，这一悖论渗入到逻辑自身。只要存在任何逻辑矛盾，人们就可以利用其推出任何事物都是正确的结论，整个人类理性的大厦将会倒塌。罗素对此极为沮丧：

> 每天早晨，我面对一张白纸坐在那儿，除了短暂的午餐，我一整天都盯着那张白纸。常常在夜幕降临之际，仍是一片空白……似乎我整个余生很可能就消耗在这张白纸上。让人更加烦恼的是，矛盾是琐碎的。我的时间都花在这些似乎不值得去认真考虑的事情上。

以后，我们将会发现，看起来无关紧要的语义悖论揭示了整个逻辑和数学内在的深刻问题，证明了在我们确定一个结论是否正确的能力与证明我们所用的理性系统是否自洽的能力之间有一个平衡。我们可以择其一，但不能两者都选。我们将会发现，数学能为我们做的是有限制的，并不仅仅是因为人类要犯错误，才出现了这一限制。

确定性极限

有这样一种理论，说的是一旦有人精确地发现宇宙是什么以及它为什么存在，它将会立即消失，代之而起的是更奇怪、更难以理解的某种东西。另一种理论说，这实际上已经发生了。

——道格拉斯·亚当斯[48]

(Douglas Adams)

我们所考虑的语义和逻辑悖论可以追溯到两千年前的古希腊。我们已经遇到了不同的悖论：这将决定我们能做什么而不是简单地能说什么。在 20 世纪的头 25 年，相对论和量子论的发现揭示，对于在极端条件下可以发生什么，存在着意想不到的限制。当实验和理论研究探索小或大的尺度、高速、极强引力场、极高的能量以及极低的温度等前沿领域时，常常会遇到不可预料的界限，对我们能对宇宙状态做什么或知道什么做了限制。这是无法预料的，因为这与我们将自然定律做简单外推不一样，后者是指将一般实验条件下的自然定律向不熟悉的环境做外推。由物质的量子性质而来的测量极限、由相对论所隐含的宇宙速度极限就是其中的两个，它们现在成了理解世界的基石。

近年来，普遍使人感兴趣的科学领域一直是量子论。[49]内行人对此未免有点惊奇，因为并未发生什么新东西。理论是很久以前就完成了，之后所有报刊特有的兴趣一直是集中在对量子论的解释上。量子理论的奥秘之一是，将令人惊讶的实验方面的成功与对这个世界的全盘认识完美地结合起来，而这个认识与我们通常所感知的完全不同。量子领域是小尺度的原子及其复合体。量子理论有可能令人惊讶，是由于我们所熟悉的关于物体运动的直觉是从对宏观物体的经验一点一滴积累起来的。

量子论告诉我们，所有物体都有波动的一面。这种波动性是在犯罪波*的意义下而不是在水波的意义下的波。也就是说，这是一种信息波。如果一个中子波经过你的探测器，则它告诉你，一个中子可能在那儿被探测到。这些物质波的波长与它们的物理尺寸成反比。当一个物体的量子波长比它的物理尺度大时，它的行为就完全是量子方式的；当它的波长比它的物理尺度小时，它的行为是经典的牛顿方式。于是，很大的物体，比如典型的我们自身，行为是按"经典方式"运行的，而小的物体，比如说基本粒子，其行为则按"非经典"或量子力学方式运行。经典行为只是量子行为在一个物体的物理尺度比它的量子波长大许多时的极限。

某些经典不可能的事情在量子情况下将变成可能的，而某些经典可能的事情在量子情况下却变得不可能，这是量子领域的一个奇特的现象。例如，在经典的牛顿科学中，我们假定一个粒子的位置和运动是可以在任意精度内同时确定的。事实上，对可以达到的精度可能会有技术上的限制，但是没有理由在原则上有什么极限。正如我们已经在做的那样，随着技术的进步，测量精度愈来愈高。然而量子力学告诉我们，即使仪器至善至美，同时测量一个物体的位置和速度的精度也不能超越一个临界极限，这一极限由一个新的自然常量，即普朗克常量所定义。这一常量及其所描述的精度是我们这个宇宙的基本法则之一。不管在仙女座上还是在地球上，物理学家将受到该法则同样的限制。

---

* 犯罪波原文为 crime wave，中文并没有对应的词。意指某种犯罪情绪的传递，如球迷从足球比赛时的过激情绪，发展到群体闹事，在场的人往往受影响后亦发生犯罪倾向。有些学者将此译作情绪波，但译者认为该词已有一个"精神转化为物质"的过程，直译为犯罪波更为妥帖。——译者注

这个测量精度的极限称为海森伯不确定性原理。为什么会存在这样一个极限呢？分析一下测量过程对被测状态的作用，将会有助于我们的理解。被测的物体越小，测量过程对其所加的干扰越大，直至干扰大到完全替代了未受干扰状态的所有信息。于是，现实的量子图像就给我们的世界引入了一个新的不可能性，这一不可能性代替了原先关于对自然界的实验研究不受限制的信念，而此信念是建立在存在的客体都是可测量的错误概念之上的。还可以用更准确的方法去考察不确定性原理。针对上述这个简单而容易理解的例子，也许有人会建议我们事先计算出某个特定的干扰效应，并将其考虑进去，从而表明并不是由于测量过程的干扰使我们无法把握现实。事实上，不确定性原理告诉我们的是，在尺度足够小的量子领域，那些成对的概念，如位置和速度，或能量和时间只能在由普朗克常量所限定的有限精度内共存。尽管涉及的概念是经典的，但它们的应用范围却受到了限制。仅当我们错误地假设在原则上可以进行任何测量的能力没有限制时，我们才会对海森伯不确定性原理感到震惊，并将其看作是对我们能做些什么的某种限制。海森伯告诉我们，科学家并不是一个能完全隐藏起来的观鸟者。观测世界必然使我们与这个世界相互耦合在一起，影响它的状态，使得这个世界只是部分可知或只是部分可预言的。

海森伯不确定性原理对人类关于确定性和知识的思考产生了广泛的影响。[50]它是许多关于科学与宗教关系讨论的重要特征，因为它提供了一个现成的保证，总是存在着需要上帝来填补的空白。一般来说，这些讨论的要领是对海森伯所保证的无知表示欢迎而不是感到绝望。偶尔，会有人企图发现不确定性原理对思维的影响。但一般认为，在神经元的尺度上此效应太小，因而不会对人类思考过程产生任何显著影响。[51]自然选择无疑使我们期待：如果由不确定性原理的限制导致任何显著的非理性，则生存机会将会显著减小。具有足够大的尺度以避免显著的量子不确定性原理影响的神经网络，在进化过程中，将会比那些小尺度而易受量子不确定性原理影响的各种生物更容易生存。我们的世界之所以具有量子不确定性是因为普朗克常量不等于零的结果。我们不知道为什么它取这么一个不为零的值。如果它的值比现在的大，则大的物体也将显示很强的波动性。伽莫夫（George Gamow，1904—1968）＊ 在著名故事"汤普金斯先生"中就是通过描绘当普朗克常量很大，日常物体都变成完全波动性时世界的可能情形来解释量子性质的某些方面。[52]

支配物体如何运动的经典牛顿定律，描写的是原因和结果的规则。如果一个物体受到某个力的作用，则它将以确定的加速度运动。这些定律使我们在知道其初始位置后，就可以精确地计算出在外力作用下物体运动的轨道。以这种方式，我们可以计算行星围绕太阳的轨道。这样我们看到，自然定律包含某些运动是不可能的概念；也就是说，如果发生的话，它将违反运动的定理，或者破坏像能量守恒这样一类的附加原理。在量子力学中，这个图像完全改变了。对已知初始状态的物体，量子力学对其后的位置和运动速度并不给出精确的预言，它只给出以某个速度在某处被观测到的概率。如果运动物体比较大（在上面所描写的意义下），则这些概率的弥散可以忽略，对于所有实际的目的（概率几乎精确地等于百分之百），物体的位置和速度将与牛顿定律预言的一致。然而，如果物体足够小，波动性非常显著，则物体处于某个为牛顿定律所禁止的状态的概率不可忽视。这种状态常常被观测到，它们被用来区分微观世界的行为与日常的经验。在量子力学中，任何事都可能以某种概率被观测到——尽管这个概率

＊　乌克兰出生的美国核物理学家和宇宙学家，因倡导宇宙"大爆炸"学说而闻名。他的科普著作深入浅出，使非专业人员也能理解像相对论和宇宙学这样的艰深内容，影响深远，因而于 1956 年获联合国教科文组织卡林伽奖。——译者注

可以小得几乎是零。

宇宙速度的极限

> 自然规律的简单性是通过描述它的语言的复杂性得到的。
> ——尤金·维格纳 *[53]
> （Eugene Wigner）

　　在 20 世纪初，爱因斯坦完成了新的自然图像，其中许多科学家都对此做过贡献，但他们对所有这些东西加起来之后会得到什么图像，没有像爱因斯坦看得那么深刻，那么清楚。爱因斯坦证明，牛顿定律用于描写高速运动物体的运动时会失效。牛顿定律只是一个更一般的定律在低速情况下的一个很好的近似，而这个一般的定律将描写以任何可能的速度运动的物体。但我们所说的"高速""低速"是什么意思呢？显然，自然告诉我们的方式没有包含主观判断和对我们自身运动的参考。所有速度都将与真空中的光速去比较。这个速度，即光速 299 792 458 米/秒是宇宙的速度极限。[54]没有什么信息可以通过任何方式以超过这个值的速度传递。注意，光在介质中的传播速度要比真空中的速度慢，因此有可能介质中信息的传递速度要比介质当中的光速快，只要它比真空中的光速慢就可以了。[55]牛顿运动定律没有给出这样的速度限制（信息传递是瞬时的），把牛顿定律运用到以接近光速运动的物体时就会给出错误的预言。这是"高速"或相对论运动的领域。

　　自然界中的信息传递速度有一个限制，这个事实导致各种各样的

---

* 出生于匈牙利的美国物理学家，因提出将宇称守恒定律应用于核物理而获得 1963 年诺贝尔物理学奖。——译者注

不寻常的结果。它可以解释我们天体为何是孤立的。发送或接收其他星系的光或者无线电波需要很多的时间是光速有限的结果，这可以解释我们现在的存在方式，尽管这一点并非一目了然。如果光速不是有限的，则各种辐射都将在发出以后立即被同时接收到，不管它的源在多远。这将导致非常恐怖的后果。我们将会被从各个地方来的信号所淹没。我们将同时受到宇宙所有变化的影响，而且远处的影响并不比近处的小。信息不可能以大于光速的速度传递使得我们可以对任何信息进行选择和组织。

我们的世界是由相对论支配的，因为光速是有限的。我们不知道为什么光的速度取这样一个特别的值。如果它的值小得多，则缓慢运动的物体也将受到由于它接近光速时时空发生畸变的影响；在核反应中当物质湮灭时得到的能量将更少；光与物质的作用将更强；物质将更不稳定。

下面，再来看一下关于不可能性的概念和它的推论，可从速度的极限得到两方面的进展。在爱因斯坦之前，牛顿关于世界的图像没有给速度加以限制，光和其他形式的信息可以在宇宙中以任何速度传递。但是这个假设和宇宙结构的其他方面的联系没有被认识到。而实际上，牛顿的宇宙是不可能的。因为它太简单而不可能把光考虑进去。在爱因斯坦之后，我们得面对大于光速的信息传递和空间旅行在原则上是不可能的这样的事实，但正是这种不可能性使宇宙定律的自洽性成为可能。

本 章 概 要

在梦里，我已死了并到了天堂，圣彼得领我到了上帝那儿。

上帝说，"你不会记得我，但是我在 1947 年在伯克利听过你的量子力学课。"

——罗伯特·瑟伯[56]

（Robert Serber）

　　我们已经从几方面探索了不可能性的概念，它是人类许多想象达到高峰的根源。我们已经从文化发展的不同领域撷取了一些影像，其中不可能性这个概念起了很重要的作用，它既限制了人类的行为，也替代了无所不能者的概念。不可能性在艺术中通过创作不可能的图形而对艺术起了推进作用。在哲学中，悖论一直是令人感兴趣的问题，它促使人们对无限、语言、真理及逻辑等问题作本质上的新的深入思考。最后，我们看到了理解物理世界进展的两个例子，证明什么是可测量的或者在信息可以传递得多快这样的问题上，存在着无可争议的极限。对物理世界运转方式的复杂描述的进展，似乎不可避免地导致知道自身局限性的理论：即可预言其所不能预言的。

　　这些简单的考察促使人们更仔细地开始考虑，在试图理解宇宙时将会遇到的极限类型，去考虑我们是否能够期待会继续进步，以及"进步"意味着什么。

第二章

进步的希望

强调的是肯定，

去掉的是否定。

你筑起篱笆，

围上了确定。

——约翰尼·默塞尔

（Johnny Mercer）

越 过 彩 虹

生命的奥秘在于生是向前的，理解却是向后的。

——瑟伦·克尔凯郭尔*

（Søren Kierkegaard）

---

* 丹麦出生的19世纪著名宗教哲学家，被认为是存在主义创始人。因对成体系的理性哲学的批判，特别是对黑格尔主义的批判而著名。其论据是：真实的生活不能由抽象的概念体系所包含。代表著作有《非此即彼》《人生道路的阶段》等。——译者注

在诸如机械、医药、教育、计算机系统、运输等等绝大多数实用的领域中，我们希望回顾一下一个世纪来所取得的成就。容易发现，这类成就看起来是不可列举穷尽的，进步是不可否认的。但是，问题在于进步的速度：它是在加速呢，还是减速？我们所能拥有的自然知识会持续增加吗？或者说，滔滔的洪流终将变成涓涓的细流吗？

在过去的 30 年里，科学已经逐步解决了新技术所带来的种种问题。新知识总是意味着信息传递的新器件和新方法，它们所需的时间和能量不断减少。但是，新知识是否必定会有新的实际效用呢？或者说，能做到的是否会越来越滞后于想象呢？

当代物理理论使人相信，自然界只有数量上少得惊人的几条基本规律。然而，这些定律所允许的不同状态和结构，看起来好像有无限多种。正如在棋类游戏中，只有很少的规则和棋子，却可以玩出无穷多种花样。[1]任何尚未发现的力必须极为微弱，其效应必定受到极强的限制，或者是限制在很短的距离内，或者只对很特殊的客体起作用。物理学家非常自信地认为没剩下什么力还未发现。[2]但他们对于运用这些定律所导出的结果，却缺乏相应的自信。新的发现正在不断涌现，对复杂结构的产生问题以及对其与周围环境相互作用问题的理解也正在不断加深。这种趋势，也许仅仅是一种趋势，将按其自身方式运行，最后累积成对所有能够存在的复杂性的完全理解。我们也许正处于复杂性研究[3]的黄金时代，犹如 1970、1980 年代是粒子物理的黄金时代一样。实验科学是建立在发现上的，正如北欧海盗（Viking）会对哥伦布先生说，美洲大陆只能发现一次。*

---

* 在古代斯堪的纳维亚语中，Viking 意指海盗。1997 年 9 月，丹麦考古学家在哥本哈根西面 40 公里处的罗斯基勒港的泥淖中，发现了一艘长达 35 米的长船。正是这些装满武士的窄体长船组成的船队，攻击从不列颠的诺森伯兰群岛到北非的海岸，将武士们送往不列颠诸岛和诺曼底地区，并使北欧海盗从大约公元 800 年到 1100 年间成为欧洲的一支占统治地位的海上力量，这一时期称为"北欧海盗时代"。北欧海盗长船有一个带有桅杆和帆的新船型。这些新船是一些专为商业贸易、探险和殖民活动建造的帆船，著名的"克瑙"（Knorr）——具有深度底舱的大船，曾横穿大西洋将北欧海盗送到美洲。——译者注

一些科学家和哲学家采纳了下述观点：科学作为一个整体已经经历了一个黄金时代，而这个时代终究将结束。的确，新的发现越来越难，小的改进已成了主要的目标。更深入的理解将需要日益艰巨的思考才能达到。对一个巨大复杂体系结构的总体把握已需要越来越大的计算机。对"有用的科学"这一金矿的开采在某一天也许会到尽头，只是在这儿或那儿残留下零星几块，迫使人们只得用更大的努力去找寻。当然，也许我们并不知道金矿已被采尽，天上不会掉下"金矿已尽"的条幅。进一步的基础性进步需要人类的猛然一跃，而不是闲庭信步。科学的消亡也许并不会伴随着声嘶力竭的狂呼，可能只有临终前低低的呓语。探索新知识的费用最终将需耗尽人类有限的资源。任何潜在的利益都不会大过探索的成本。

即使这一悲观的景象尚未来临，探讨一下也可以帮助我们加深对现实的理解。科学研究耗费已成了一个政治问题。倘若研究可能没有或仅有很小实用前景的技术副产品，那么一个国家的国民生产总值中应该拿出多少用于科学研究呢？由此而得的利益究竟在多大程度上能看作是科学的利益呢？本章在回顾以往预言家的预言前，先来看一下科学进步的现代观点。那些预言家曾在世纪之交*时，对于进步是否已经到头产生怀疑。他们并不满足于泛泛而谈，常常用他们认为永远不能解决的问题作为说明。他们的忧虑在某些方面与我们现在很相似。

科学未来的进程并不仅仅决定于科学家，当他们的活动变得非常昂贵，并对国家没有直接的技术或军事上的用途时，对他们的继续支持将由社会所面临的其他大问题来决定。倘若存在着气候问题，那么气象学家和空间科学家就会比基本粒子物理学家或冶金学家更容易得

---

* 指 19、20 世纪之交。——译者注

到政府基金的资助。在将来，大的环境、社会和医学问题将威胁人类的生存和生活，人们称其为"问题科学"。我们期待这一学科的发展，它们将会受到更多的关注并得到更多的资源分配。纵观人类历史，战争的存在及其威胁，促使科学家和数学家集中精力去研究一些特殊问题。到了将来某个时刻，危险的状态也许会迫使我们集中力量，去考虑我们自身以往活动的副作用及其对自然界气候与生态的破坏。如果不经常重视防治工作，偶发的病症会变成常见病。

那些对科学技术有广泛投资和依赖的"发达"社会，似乎越来越倾向于制造其他内部问题、紧张局势和难以满足的期望。那些有资金资助科学研究的人总是有很多其他的资源需求。这些需求也不仅仅来自需要修补粗心的错误。成功也可能代价高昂。曾经有过许多无法治疗的疾病，人们相继发现了它们的医疗方法。但是，一旦进入大规模推广后，就被证明它们过多耗费了社会的财富。随着更加复杂的医疗方法的采用以及一些曾一直是致命的中年晚期的疾病可以根治，维持私人与公共医疗的费用与日俱增。每一次系统的医学成就，总是克服了某一种致命的疾病，留下了新的幸存者群体，他们将会在更大年龄时，遭遇下一次劫难，而这一切便造成了新的社会挑战。

在新的水平上发展更微型化、高速化和复杂化的计算机系统，也许是科学持续进步的一个希望。促进这些新技术发展的纯科学项目在将来会起到重要作用。在探索基础科学时得到了计算机技术的支持，这在以往的"大科学"项目中屡见不鲜。早期美国空间计划的最大收获不是月球岩石的样品，而是大型可靠的实时计算机系统的迅速发展。更近一点的例子是，全球计算机的因特网起源于欧洲核子研究组织（CERN）。

科学的成功已将其自身的活动提高到一个新的规模和复杂程度之上。"大科学"意味着数百名科学家之间的国际合作，数亿英镑的预算，研究的时限可以超过主要研究参加者的整个有创造力的年华。一个接着一个，不同的学科都将到达这样一个阶段，为了加入大科学联盟，希望建立一个巨大的项目。这种合作项目的形式越来越吸引人，这是自然科学达到一定成熟程度的标志。这样的项目必定已有一个成功的中心理论，能够利用的极大量的数据以及计算分析用的大型设备。物理学家首先走到了这一步（在粒子加速器上），随后是天文学家（哈勃太空望远镜），现在是生物学家（人类基因组计划），而其他学科也肯定将会跟上。大部分国家的科学预算已经不得不接受下述事实：廉价的科学探索时代已一去不复返，科学探索不再是只需要几个试管、几本书、一些化合物、自己吹的玻璃器皿和一些低技术设备；现在需要的是大型计算机系统、质谱仪、电子扫描显微镜、小型加速器以及其他昂贵的硬件设备，不可缺少的运转经费，加上经常的设备更新费用，这样才能使研究者在世界范围内保持领先。

对进步不断的要求实际上是深深扎根于我们内心本性的，这种进步已经导致人类对金钱和财富的永无止境的渴求。也许这一点儿也不神秘，人类本是漫长演化史的产物，自然选择使人类具有这样的特征，由此而更适应于生存。我们所具备的改造周围环境与塑造自己生态位的能力，已使人类优越于其他任何物种，并使自己生活在地球表面的每一个角落。竞争越厉害，通过采取某些新方法去取得一些微弱优势的压力就越大。面对不断变化的环境，那些勇于改进的人要比一成不变的人更适宜生存。有时，改进活动似乎有点疯狂，并引发各种问题，但是，这就像人衰老一样，从另一个角度去看时并不如原来想象的那样糟糕。

今天，绝大多数的西方发达国家的人比他们的祖先们过的生活要奢侈得多。也许人们会担忧，随着舒适程度提高，新思想随之减少。展望未来，未免感到困惑，随着技术社会越来越向更少的工作时间、更长的寿命和更多的闲暇方向发展，人类在科学技术中产生新思想和新方法的激情与欲望是否会最终被遏止呢？下层的依赖文化倾向和上层的懒散文化倾向日益增强。为了遏止这些倾向，政府不断尝试创造"经济环境"来刺激和鼓励新思想、新方法。长期的趋势又如何呢？创造性自身可能已进入了其他领域，正如业已证明的那样，个人会毫无疑问地被吸引到虚拟的电子现实与其他的高科技娱乐之中。另一方面，对事业缺乏兴趣已是一种普遍现象。面对挑战与被告知你将永远如此生活时的心态居然没什么不同。你是选择匆忙出发，开始你那无数个事业中的第一个，还是选择安静躺下，认为人生有的是时间，将一切放到明天去做吧。[4] 社会分析学家何塞·奥尔特加·伊·加塞特（José Ortega y Gasset，1883—1955）说过一段所见略同的话：

> 人性最极端的分类是将人分成两类：一类对自身要求很高，担负了很沉重的困难和责任；另一类对自身毫无要求，对他们而言，活着就是无所事事，从不为了使生活日臻完美而付出一丁点儿的努力，他们犹如一些浮标在波浪中浮沉。[5]

我们人人都熟悉这两种类型的人。

不过，对人性这样的分类也许太尖刻了一些，在应用时必须十分小心。在谈论"人类社会"或"科学家"时，往往有些随意，很容易将其看作是一个个体。与此相反，这是许多带有不同动机和信仰的个体所组成的整体，这些动机可能会集中在两个相反的极端。但不论是何种社会，仍然存在着一系列不同的动机和信仰，展现了与当前两种极端混合而来的现实迥然不同的未来。

通过电讯大道前往波利尼西亚的航程

在博尔吉亚统治下的 30 年，意大利充斥了战争、恐怖、谋杀和血腥，但出现了米开朗琪罗、达·芬奇和文艺复兴。

在瑞士，民众有着兄弟般的爱，500 年的民主与和平，但他们提供了什么？报时声如杜鹃的钟。

——奥森·韦尔斯[6]*

（Orson Welles）

推动科学前沿前进的耗费日益增加，其后果之一是导致更多的对科学的哲学分析，以及对诸如"宇宙是如何创生的？"这样无法回答的"人生意义"问题的讨论。由此，科学的核心也许会被掩埋，只留下表面的虚饰，人们可以对问题有自己的观点，却没有可供检验的答案。1969 年，在加州大学伯克利分校工作的著名生物学家斯滕特（Gunther Stent）在《黄金时代的来临》[7]一书中首先提出科学会遗憾地自动消亡的观点。新近，这一观点由美国记者霍根（John Horgan）重新发现并在其著作《科学的终结》[8]**中加以发挥。

斯滕特认为，科学正在走向尽头——但并不是因为它变得过于昂贵。他认为伟大的发现已经完成，科学正朝着已经在许多创造性艺术

---

*　20 世纪美国著名电影演员、导演和制片人，代表作有《公民凯恩》《上海小姐》等。引文中的博尔吉亚系教皇亚历山大六世的私生子，善于利用阴谋和暗杀达到自己的目的。意大利文艺复兴时期政治思想家马基雅弗利著《君主论》，宣扬欲达目的可不择手段，即以博尔吉亚为新时代君主的师表。——译者注

**　此书中文版由远方出版社于 1997 年 10 月出版。霍根是《科学美国人》的资深撰稿人。该著作分别论述了哲学、物理学、宇宙学、进化生物学、社会科学、神经科学以及机械科学等学科的终结。全书以"上帝在啃他的手指甲吗？"这一问题的记述而告终。——译者注

中出现的那种巴洛克式精心设计、主观主义和内省的未来发展。历史告诉我们，古人常常忆恋着那个神秘的黄金时代，那时人世间有个特权种族在地球过着天堂般的生活。按照希腊神话，在潘多拉揭开她的盒子放出了许许多多从前不知道的邪恶到这个世界之后，地球上最幸福的状态从此就消亡了。紧接着黄金时代而来的是光辉陨落的时代，在经历了银器、铜器和英雄时代之后，来到现在这个辛劳和悲伤的铁器时代，其间人类承受了众神们的苦果。犹太传说中有一个类似的且大家更为熟悉的故事，这是关于从伊甸园赞歌到充满艰难和麻烦的世界的故事。

斯滕特认为应当将这个神话描述倒过头来看。科学的黄金时代并不是在过去，事实表明，黄金时代就在我们的面前。这个现代黄金时代最显著的特征不是其辉煌的成就，而是它标志了科学快速上升的巅峰。斯滕特的同时代人显示了已经比预计走得更远的迹象，那么是什么导致了刹车呢？

斯滕特没有将科学终结临近的主要原因归为能够解决的问题已经都解决了。与此相反，他将科学的消亡看成是成功的结果，这些成功包括在相继的世界大战中经历了困苦和恐怖之后，生活水准、社会和谐以及安全保持持续增长。如果科学取得成功的话，那它就促成这样一种社会环境产生，在这种环境下，改造自然、追求进步所必需的心理动机会变得很弱。他写道：

> 我将试图证明，在进步、艺术、科学以及其他与人类状况相关的现象中的内在矛盾——命题与反命题——使这些过程变成自限的，这些过程在我们的时代达到了它的极限。最后，所有的一切都导致一个大的最终的综合，黄金时代。[9]

这个事态可与南太平洋群岛的特殊历史相比较。这些岛民是三千年前东南亚水手的后裔，他们的祖先为了寻找一块更好的栖身地，乘坐小船越过太平洋抵达那里。在以后的两千五百年里，出于寻找食物与土地的目的，他们散布并占领了南太平洋上所有适宜于居住的岛屿。大约在四百多年前，这一过程结束之后，事情又转了个向，面对丰饶的土地和出产丰盈的大海，探险精神逐步消退，享乐主义逐步滋长，人们不再努力了，过去的创造性技艺慢慢消亡。[10]对于波利尼西亚这一悲惨史实，斯滕特看到了人类浮士德*精神衰退的后果，而这种精神正是以新的方式改造周围环境所必需的。

> 在简单而轻易地丢弃劳作的喜悦之前，闲暇的威胁至少已遇到过一次了。在有经济保障的前提下，大多数人当他们不再有理想的工作时，他们不会发疯。起初，太平洋上的海盗一定具备强烈的浮士德精神，但当库克船长发现他们时，浮士德式的人几乎都消失了……[11]

在评判这些对比的价值时，我们必须考虑到斯滕特当时所处的时代背景。他是于 1969 年在伯克利写作的。那时学生自由言论发起了大规模示威活动后不久，世界各地学生运动风起云涌。在伯克利，学者们与大学当局，对这些前所未有的学生示威活动的起因与长期影响，做了许多深刻的反省。在最低程度上，可认为已有很大一部分美

---

* 浮士德（Faust）系欧洲中世纪传说中的人物，为获得知识和权力，他向魔鬼出卖了自己的灵魂，以换取知识和权力。历史上的浮士德死于 1540 年左右，留下了一个有关巫术、炼丹术和占星术的乱糟糟的传说，大多与妖法、降神术和同性恋有关。歌德曾创作了著名的同名诗剧，由一系列叙事诗、抒情诗、戏剧、歌剧以及舞剧组成，根据神学、神话、哲学、经济学、科学、美学、音乐以及文学，以种种文体与韵律，作出了一个不同的解说。在歌德的笔下，浮士德得以净化和赎罪，获得了圆满的结局。——译者注

国青年，集体改变了自己关于什么是生活中有价值的目标的观点。美国之梦已变成了美国噩梦。受这种方向性变革的震撼，斯滕特认为美国青年已经丢弃了对知识的追求，并且永远不再回头。让他最为沮丧的，是示威的本质，而非示威的目的。他们被看成是反理性和反成功的，简而言之，他们是反对进步的。从伯克利校园里的教师俱乐部来看，作为理性产物的科学，从长远的角度看并不是很有希望。伯克利的科学、科学家与美国军界之间的密切关系也没有显示出有希望的未来。由特勒（Edward Teller）领导的利弗莫尔武器实验室，形式上是大学的一部分，距大学仅 45 分钟的车程。科学的减速是由于社会的迅速变化，而不是自身已经穷尽。

斯滕特的思想深受 19 世纪"进步哲学"的影响，他们认为自己已经找到了人类进步的客观度量，只要勾画出人类改造自然的能力范围即可。[12]在他们的引导下，斯滕特认为，人类的演化史已经赋予人类自己一种改造和控制周围环境的本能。我们可以通过教育，特别是幼儿教育将其更迅速地传下去，而不是通过痛苦且缓慢的基因遗传过程。这是一种日益影响工业化社会发展的本能。更进一步地说，当我们以一种对自己有利的方式改造自然界时，我们就会感到幸福。但当战后的社会变得更富有之后，用以激励这种改造活动的社会条件逐渐消失了。垮掉的一代*是第一批在相对富裕的条件下成长起来的人。斯滕特的学生们在经济上得到保障后，逐渐失去了进步的欲望，这正与他们那些经历过大萧条和从贫穷、苦难之地移民来的前辈们至死不渝的追求形成鲜明的对照。

---

* 所谓"垮掉的一代"是指二战后美国出现的一批年轻人，他们对现实社会不满，蔑视传统观念，在服饰和行为方面摒弃常规，追求个性自我表现，长期浪迹于社会底层，形成独特的社会圈子和处世哲学。原文 beatnik generation 来源于 beat 一词，在美式英语中，beat 又作游手好闲的人或一贯赖账的老赖解释。——译者注

当我们去探讨技术进步的发展和可能的极限时，我们将再回过来看一下斯滕特的观点。除去伯克利在 60 年代中期所具有的特殊性，他的观点是简单的，即进步是自我限制的，因为进步的初始动机是改造我们的环境、控制我们的未来这样一类的心理愿望。在这一方向上，我们越是取得成功，生存就越安全，生活就越富有，因而要求继续进步的欲求就越低。从我们时代的角度来看，斯滕特的观点似乎太悲观了。披头士文化是一个短暂的社会波动，紧随其后的是自由企业文化的传统激烈竞争，参与的人更为广泛。财富的增加导致更强烈追求富裕的欲望。

回想起来，斯滕特也许不切实际地简化了他的分析。他没有认识到进步是一个多方面的事物，某方面的进步也许会在其他方面产生问题。社会中的重要因素并不是总体上的舒适水准，而是身边不同个体之间在成功度上的感知差异。这些差异可能是比总体繁荣水平更重要的激励因素。即使没有差异，不断增长的和平与成功也有着微妙的意义。人们已经开始认识到技术进步有严重的负面效应，它往往会产生环境问题。为消除这些问题，花费的人力物力往往大于从该技术得到的利益。如果其他形式的技术进步也有类似的负面效应产生，克服它们就成为人类想象力中的持久刺激。斯滕特所说的黄金时代的终结可能永远不会来临。

霍根看到的是一个不同类型的科学未来。斯滕特想知道科学的心理动机是否会减弱，是否会被科学之外的和平与安全所破坏，而霍根想知道所有可回答的问题是否会被穷尽，科学是否会被内部的颓废所破坏。基础研究的所有领域能否都会很快达到令人着迷的推测前沿，而它们无法通过实验或观测进行明确的检验？

初看起来这似乎是很可能的。宇宙中人类自身所处的状况以及人类的技术能力并没有被"安排"得足以使我们获得宇宙的完备知识。

没有任何理由相信，宇宙的存在只是为了我们的便利或娱乐。我们所能做的与所能知道的应该有个极限。如果有极限，而知识是不断积累的，因而我们只能逐步接近这个极限而别无他法。最终，我们将不可避免地达到这样一种知识状态：只要逻辑上表达合理就可以被认为是重大"进步"。不能用确定的实验方式去区别它们或摒弃它们。按霍根所起的绰号，这种状态被称作"质朴冷嘲科学"*，它将提供饭后茶余闲谈的趣料，也许会出现一千本科普书，但它永远不会帮助任何人建造一台更好的机器，也不会为成熟的科学知识体系添加点什么。在某种意义上来说，科学事业的这一未来景象让人想起许多创造性技艺的命运。那里的"冷嘲"标签突出了后现代主义者的态度：从深层次看，不存在独立于读者的真理精髓。文本就是你所见到的那个，所有文本都具有与读者有关的多重含义，唯一的"真实"意义是文本本身。文学批评已进入解构主义阶段，即对一本著作的任何解释都与其他解释一样有效，甚至包括作者自己的解释在内。[13]于是，霍根看到了那些工作在基础物理科学领域的人所面临的未来。

> 人们将以一种非经验的、纸上谈兵的方式去追求科学，我称之为冷嘲科学。** 冷嘲科学有点像文学批评，它提供的是观点、看法等等。它至多是有趣的，并引起进一步的评论。它并不引向真理，它不可能达到实验上可证明的结果，从而不能使科学家对他们描述现实世界的基本体系作本质的修改。[14]

---

*   质朴冷嘲科学的原文为 naive ironic science，意指仅能提供观点、看法、评论，而不能进入到实验验证阶段的科学。霍根所提出的观点，确实是发人深省的。针对"自然界的全部发现是否寿终正寝"之争执，引起诸多学者参与论战，用科学史例与自然界的科学实例予以反驳或论证。——译者注

**   霍根在他的《科学的终结》中称霍金为质朴冷嘲物理学与宇宙学的主要开创者。他认为霍金与其说是个真理的追求者，不如说是位艺术家、幻想家，或者是开宇宙玩笑者。——译者注

也许科学所面临的是这样一种主观厄运：许多科学家认为这是一种比科学之死还要糟糕的厄运。不管这种探索是否会对职业生涯某阶段的成功经验科学家有特别吸引力这样的心理问题，实际上这是对宇宙本质的预言。我们可以期待我们可以观测的那部分会有一个限度。存在着我们不可能看到的事物，不可能记录的事件，无法排除的可能性。当这些发生时，我们所能做的只能是描绘出所有可能的图像，而这些图像应与我们所知不多的理论自洽。然而，正是这些留存在我们知识体系中的空白使各种不同的可能性存在。虽然今天这些空白只占科学的一小部分，但它们的相对大小会日益增大。总有这么一天，我们的后代会察觉到，它们已经成长，能够覆盖已知和未知之间的整个边界。

近年来，科学的宣告和预言已变得越来越大胆和冒险。科学家们似乎已经不再满足于仅仅描述他们做了些什么抑或自然界是什么样的，而是急于要告诉他们的听众，他们的发现对于越来越广泛的深刻哲学问题（诸如生命意义之类）的意义；是以更接近于科幻的方式，而不是以科学事实的方式来探讨将来的可能性。常常浮现于脑海中的例子是：寻求人工智能，寻找外星文明，用适者生存来诠释人类感情，破译基因密码并重组基因以消除疾病和大大延长人类平均寿命。宇宙学家告诉我们关于我们的宇宙和其他宇宙创始的故事，给出自然最终定律的形式，而另一些人就着力描绘永恒宇宙的未来图景。每一个例子就其本身而言都是一个故事，但人们不禁要发问，科普是为了告诉我们关于某学科本质深刻的事情？还是要迎合听众的需要？

有些人可能认为，科学普及中对超验的偏爱是对传统宗教衰落的一种替代。不少人将科学看成是超验想法的源泉。这些想法使我们摆脱诸如政治、绯闻、经济、犯罪和社会热点之世俗。对于神奇事物、星相学和其他神秘事物的强烈兴趣都归结为对宇宙的兴趣。在英国和美国大选中古怪亮相的"自然法则党"及其支持者的喋喋不休的废话即是一个明证。对于超越自身的事物和对宇宙意义的理解，人类似乎存在着一种深层的欲望。一些作者已相当谨慎地认识到这一点了。例如，戴维斯（Paul Davies）已经声称科学提供了一条更明确的通向上帝的道路。*[15]但这绝不是什么新观点，极有影响力的数学家兼物理学家外尔（Hermann Weyl，1885—1955）**在1932年已详细地考虑了这个问题，他写道：

> 许多人认为现代科学远离上帝。与此相反，我发现，对于一个有知识的人，如今从历史、精神世界、道德等方面去接近上帝更加困难；因为在这些领域，我们遭遇了世界的苦难和邪恶，难以将其与大慈大悲的、全能的上帝相调和。在这些方面，显然，我们还未能成功揭开遮蔽事物本质的人性面纱。然而，就自然界的物理知识来说，我们已掌握得非常深入，已得到了完美和谐的景象，这与崇高的理性相一致。[16]

在事业上，传统的科幻小说要比神学艰难得多，[17]因为科学常常以一种比任何科幻作家所能想象的更不寻常的方式去发现可能性。不过，他们已经努力利用自己的长处去扩大题材范围，深入地探讨心理问题

---

*　戴维斯提出的所谓"新物理学"观念是指，20世纪出现的相对论、量子论以及由此诞生的物理学，不仅仅是物理世界一个更好的模型，而且对实在的最基本方面做出全新的违背常识的解释，特别是对空间、时间以及思维与物质的看法。戴维斯认为新物理学从根本上破除了宗教关于上帝、人以及宇宙本质的教义，但又认为宇宙中存在着精神，而精神是一种抽象的、整体的组织模式，甚至可以离体存在。或许这样的想法有些古怪。无论如何，科学实际上已发展到了这一地步，它可以认真地讨论以前从属于宗教的问题了。——译者注

**　数学家，对数学有多种多样的贡献，把纯粹数学和理论物理学联系起来，特别是对量子力学和相对论有巨大贡献。著有《空间、时间和物质》《群论和量子力学》等。——译者注

和非技术问题。

　　人们也许会感到疑惑，是否由于大众科学在市场上的成功而使这些探索者变得越来越想取悦读者。这使得研究更具推测性。但存在着一个更直接的可能性。科学戒律中有一个"填充因子"，以衡量在现有的实验精度、计算机技术和人类数学工具下，已做出的发现具有多大的完备程度。如果所有该得到的结果都已得到了，并且已用简单语言解释给外行听了，那么剩下的就只是对该学科的边缘作推测性的考察了。如果一个学科的高度推测性的外推大量增加，那么这就是一个信号，或者是观测事实很难发现（如对宇宙遥远过去的研究），或者该分支学科太成功了，在其领域内该发现的都已被发现，几乎没有什么信息剩下（如实验粒子物理学）。

进步与偏见

乐观者就是认为将来是不确定的人。

——佚名

　　不断进步的假定是一个相当现代的观点。[18]这是长寿、生活节奏加快的结果。过去的生活更缓慢，交流更困难，促进变化更难，只有极少数人能促使它发生。对大多数人而言，变化与进步之间几乎没有什么关联，生活是单调乏味的，得到的很少，失去的几乎是全部。

　　在某些文化中，进步可能会被那种关于历史进程和目的根深蒂固的信仰所阻碍。许多东方社会坚持着一种轮回传统，这是从季节交替、自然界中生死交替类比得到的。[19]基督教社会把人类历史看成是被天堂遗弃的、有朝一日能重建的历史。这些观点与历史长河中人类持续进步的观点并不容易融合。

在中世纪，哲学家和科学家花更多的时间去回顾过去，而不是朝前看。亚里士多德*的经典著作曾经被广泛地认为对理解万事万物都是必要和充分的。这是检测新概念的权威。而不像现在这样，观测是将事实从假象中分离出来的必要工具。伽利略并不能说服比萨的哲学教授相信判别他关于木星有卫星的最好方式就是通过他的望远镜去看、去观测。对文献和权威过分信赖的副作用就是认为探索和发现的黄金时代只存在于过去。大哲学家只是生活在古希腊，我们是站在柏拉图和亚里士多德这样的巨人肩上，我们不能指望超越他们。

文艺复兴抛弃了这种过分的对过去的崇拜。文艺复兴时期的画家、雕塑家和科学家证明了他们可以比先辈做得更好。人类能力上自信心的重生使人类渐渐恢复了对进步和成就的感觉，并一直延续到现代。

如果你想度量所取得的进步，应用科学的发展提供了不错的度量标准。比如，在航海国家，时间测量每达到一个新的精度都被看成是一件大事，因为它决定了经纬度的测量可以达到的精确度。在牛顿时代，英国海军曾提供巨额资金，奖赏给海上航行用的最精确计时装置的设计者。

古代圣贤也给我们留下了对于未来的不同态度。亚里士多德及许多追随他的思想家在解释事物发生的原因和过程时很强调"目的"的地位。在对待人类与动物时，这似乎是清楚的；在对待非生物时，就变得令人困惑了。亚里士多德坚决维护变化是有目的并有未来目标的，他称之为"最终原因"。这揭示了事物为什么会发生。在生命科

---

*　古希腊哲学家和逻辑学家，西方思想史中实在论哲学学派的最杰出代表。他奠定了逻辑思维理论基础，作为百科全书式的思想家，对众多学科均有贡献。在自然哲学方面，他留下了《物理学》《论天》《论生灭》《气象学》《动物志》《动物的结构》等著作。——译者注

学中，这种观点成为以人类为中心的设计理论，把生物世界的结构看成是设计的一个成品。一个成功地生存下来的生物特殊种类，其所需的条件与其所处环境的结构是紧密相配的，这被解释成是神事先策划的证据。[20]这种目的论观点的一个推论是，在某种意义上来说当今世界的状态是最好的。为了使生物更好地适应环境的进步是不需要的。如果你将人类的眼睛溢美为完美无缺的光学仪器的奇迹，那么进步和改良是难以想象的。[21]在生命科学之外，其他更微妙的这类思维方式也是存在的。它们不要求生物功能与环境相匹配，而是要求自然规律的美妙简洁性、普适性和恰当性，就像牛顿已经揭示了的地球和太阳系结构的规律。

对变化的鉴赏最有可能来自生物研究。但是，生物学不是天文学。尽管生物的变化很容易看到，却很难理解，已经发生了的很难重现，也没有简单的方程去预知未来。生命实在太复杂了。中心问题是要就生命是怎么来的给出一个令人信服的解释，而不是那种"事情是这样的因为它本来就是这样的"之类故事。为什么它们看起来就像是为所处的环境所特制的那样？

使人信服的第一个尝试是由法国动物学家拉马克（Jean Baptiste de Lamarck，1744—1829）* 做出的。拉马克肯定了生物总是很好地适应环境这一事实。但他看出了一个大问题。环境是变化的，因此，生物如果要继续适应它们的环境，就必须跟着改变。拉马克的理论是生物要学习新的行为或发展新的结构作为对环境变化的反应，这种变化由于不断反复而逐渐加强。生物以某种方式保持与环境相应的步

---

* 　法国生物学家，进化论者，认为所有生物均由原始的小体进化而来；首先使用"生物学"一词（1802 年）。在达尔文的《物种起源》出版后，拉马克理论成了争论的焦点。他晚年双目失明，在贫病交加中去世。20 世纪 30 年代后，拉马克主义受到大多数遗传学家的怀疑，但在苏联新拉马克主义与米丘林主义、李森科主义相结合，严重地影响了苏联遗传学研究的发展。——译者注

伐。当树长高后，长颈鹿便慢慢加长它的腿或脖子，这样能继续吃到树叶，达到生物结构和其需求之间和谐的结果。在这幅图像之后是这样的信念，即生物体是朝着最和谐、最完美的方向演化。因此它们生存了下来。当然，拉马克理论的主要漏洞在于缺少一种机制，这种机制将环境变化的信息传递给生物，使生物体"知道"它们必须随着变化。

在 19 世纪中叶，达尔文（Charles Darwin，1809—1882）和华莱士（Alfred Russel Wallace，1823—1913）各自独立地提出了与拉马克理论完全不同的自然选择进化论。达尔文认识到，环境是杯酒，一杯极其复杂的、由各种彼此冲突的影响和变化构成的鸡尾酒。完全没有理由认为，环境的任何一种异乎寻常的变化都应当与生物体的某种变化交织在一起。事情实际上要简单得多。他认识到，当环境发生变化时，一些生物发现它们能够适应新的环境，而另外一些生物却不能适应。前者以较高的概率生存了下来，并将使它们生存下来的特性传下去，而其他生物则未能以较高概率将其特性传下去。于是，那些有利于生物在某一特殊环境下生存下来的可遗传特性，在长时期的进化过程中被优先地遗传给它们的后代。这一过程被称为"自然选择"。它并不保证下一代一定会很适应环境。如果环境突然变化，则以前好的、使其适应环境的性质也许会阻碍其适应环境。如果环境变化得过分激烈，生物不足以去适应它而生存，该生物最后就会灭绝。

环境对生物提出挑战性的问题，唯一可以找到答案的地方是发生在生物种群中的变异。如果环境在一个很长的时期内变化，则在某一种群中那些最能跟上环境变化的成员更有可能生存下来，并逐渐造成种群的改变。能成功地适应环境的生物容易生存，但没有理由说在任何方面它们都是最好的。事实上，这一适应环境的进化过程可能是非常复杂的。因为一个生物的环境包含其他生物，生物的存在又改变了环境。因此，更精确的说法应该是不同生物与环境的共同进化，而不是单个生物或单个种群的进化。

与拉马克不同，达尔文认为生物的变异是随机产生的*，在需要这种特性之前就存在了。并没有一只看不见的手来产生某种变异去满足环境提出的要求。有用的特性被挑选出来是因为这些性质在长期进化中不断地被用到。

自然选择过程尚有更丰富的内涵，不过就我们所感兴趣的话题来说，只讨论一个中心内容就足够了。自然选择否定了世界是由设计而得到的成品的概念。设计是不必要的。一个已设计好的世界是不稳定的。在环境变化时，为保持其与环境的最佳适应状态，它需要不断调整。为了跟上自然的所有变化，需要有一个复杂的反馈过程——这就是自然选择过程。

自然界不像钟表机械。一只没有完工的表是不会工作的。世界的未来与现在必定不同。如果我们愿意的话，不妨将未来与现在的差别称之为"进步"。前提是我们要认识到它很可能在某些方面具有负面效应，纵使它在其他方面均是正面效应。

在达尔文之后，有许多人试图将进化论的观点推广到社会事物，用"适者生存"这同一原理去解释所有的事情。这些推测中很少有坚实的基础，但它们给出了进步的特定概念和变化的方向。[22]在第五章中，当讨论到进步的技术容量时，我们再进一步叙述它。

我们已看到，进化论摒弃了生命世界是一种成品的观念。这打开了通向进步（和退步）以及研究世界将会如何变更的大门。这些观念对于生命科学家来说更为自然。物理学家研究自然界的数学定律，

＊　达尔文是英国博物学家，进化论的奠基人。幼时学习成绩不佳，后对博物学产生兴趣，终成正果。他为人坚韧不拔，虚心好学，诙谐幽默，尽管身体欠佳，未老先衰，但童心不灭，终生是个老顽童。新达尔文主义彻底排除了拉马克获得性遗传理论的影响。——译者注

其重点立足于这些定律的不变性质上。20 世纪之前，这些定律最成功的运用是关于月球与行星运动的研究。在天文学领域中，所看到的变化是缓慢的、简单的，比生命世界更有可预见性。一直到 20 世纪，天文学家才产生了恒星和星系的起源与演化、宇宙膨胀的全新观念。

牛顿的发现在近二百年时间里曾被认为是最终的理论。没有任何人建议应对他的定律做修正。他的引力理论成功地解释了每个观测到的天文现象（除了水星绕太阳旋转轨道的很小的进动外＊）。事实上，终其一生，他在力学方面的成功使人们推测他的理论可以提供所有问题的答案。牛顿的《原理》（1687 年）一书的令人惊叹的完备性及其数学推理的威力导致了一大批遵循牛顿模式的思想家。出现了关于政府和社会规则的牛顿模式的书籍，关于儿童和"女士"的牛顿方法。[23]没有任何东西是超越牛顿的。连牛顿自身也无法摆脱这股热潮。在晚年，他对炼金术和圣经的批评工作正是反映了他根深蒂固的信念，即他有能力揭示人类的所有秘密。自从牛顿揭示了上帝设计的物理真相后，他似乎发现自己在精神和神秘世界中具有类似的职责。[24]以现代科学眼光来看，牛顿是位十分矛盾的人物。＊＊作为一位有史以来最具有数学天才和锐利的物理直觉的科学家，但他的一只脚停在中世纪，显示出犹如魔法师一般具备解决一切问题、克服所有障碍的能力的信念。他的成就一定让他同时代的人相信，17 世纪末确

＊   水星距太阳近且轨道偏心率大，适宜用来研究太阳的引力效应，观测表明水星轨道的长轴每世纪进动 5600″，而根据牛顿引力理论计算出的进动为每世纪 5557″，还有每世纪43″的进动无法解释。1915 年，爱因斯坦的广义相对论完成后，他立即完美计算出了水星轨道的进动，因而水星进动是广义相对论的一个验证。——译者注

＊＊ 在物理学家霍金的《时间简史》中，霍金有点尖刻地评论牛顿，他写道："牛顿不是一个讨人喜欢的人物。他晚年的大部分时间都是在激烈的争吵与纠纷中度过的。""在剑桥他曾积极从事反天主教运动，后来在议会中也很活跃，最终作为酬报，他得到了皇家造币厂厂长的肥缺。"但在通常的评价中，牛顿是 17 世纪科学革命的顶峰人物，也是有史以来最伟大的科学家之一。他的《自然哲学的数学原理》是科学史上最重要的著作。——译者注

实就是科学完成的时代。

无限度知识的大观念

定义：科学是系统的正确的知识，或者在某一个时期、某个地点被认为是系统的正确的知识。

定理：正确知识的获得和系统化是人类唯一真正具有积累性和进步性的活动。

推论：科学史是唯一可以解释人类进步的历史。事实上，在科学以外的其他领域，进步并没有确定而无可怀疑的意义。

——乔治·萨顿[25]

（George Sarton）

19 世纪的评论家几乎表述了对科学未来的所有可能看法。其中一些人认为科学的完成在原则上是可能的，但在实践上是不可能的。另一些人则在寻求不同类型知识确定性之间的细微差别。对于后一种观点，最引人注目的新转折点是把世界区分为原本的世界和我们感觉及理解的世界。这个区分是由德国哲学家康德（Immanuel Kant, 1724—1804）* 于 18 世纪细致地建立的。他认为，我们对世界的理解总是经过了大脑的加工，在这个过程中必定会有某些东西被遗漏或曲解，我们不可能得到事物的未经加工雕琢的真相，在现实与我们对现实的理解之间必定存在着一条鸿沟。就这样，康德揭示了，我们对事物的认识有一个根本的局限：在事物的真实性和我们所能了解的之间

---

* 启蒙运动最重要的思想家，历史上最伟大的哲学家之一。由笛卡儿开创的理性主义和由培根开创的经验主义新思潮，在他身上得到集中体现。主张自在之物不可知，人类知识是有限度的，提出星云假说，著有《纯粹理性批判》《实践理性批判》等。——译者注

存在一条不可逾越的鸿沟。

尽管无法否认该鸿沟的存在，但它究竟有多宽仍然是个值得探讨的问题。如果差别很小，鸿沟不鸿，我们就可泰然略之。或许可能是这样一种情形，我们的思维过程是经过特殊设计的，以接受关于世界的某些特定信息，当考虑事物的这些方面时，差别最小，甚至为零。我们对自然选择的了解在一定程度上支持了后一种观点，由于我们现在知道，而康德并不知道，我们用以理解世界的思想类别是自然选择过程的结果。它们之所以被选择，很可能在于它们成功地对现实的某一部分进行了准确描述，这对于生物生存是重要的。这可以解释为什么在不同人之间，关于世界的图像和理解看起来是相同的。[26] 在用理解范畴去抵御对现实的曲解时，我们要特别小心。并不是所有理解范畴都是进化的直接结果。如果它们只是其他能力和功能的自然选择的副产品，则这一切并不令人感到满意。是整个人类能力的总和决定了能否生存。

在人类探索的某个领域内，长期隐藏着一种自信，即有能力了解到某些宇宙的终极真理。如果认为在一个探索领域内的成功是可能的，那么为什么在其他领域就不会成功呢？这份自信起源于对几何的年代久远的研究，欧几里得和古希腊对此奠定了坚实的逻辑基础。

欧几里得几何的巨大成功不仅仅帮助了建筑师和地图学者，它还建立了一种推理范式。真理可以从一些不证自明的公理出发，应用一些确定的推理规则得到。神学和哲学也模仿了这种"公理化方法"，大多数哲学讨论的方式都遵循它的一般范式。在极端情形下，如在荷兰哲学家斯宾诺莎（Baruch de Spinoza, 1632—1677）的著作里，* 哲

---

* 斯宾诺莎肯定"实体"，即自然界，是一切事物的统一基础。他认为"实体"有无数"属性"，人们只能认识其中的两种，即思维和广延；并用"样态"这一名词来说明运动变化现象。他又认为感性知识不可靠，只有用理性直觉和推理才能得到真正可靠的知识。——译者注

学命题甚至是像欧几里得的著作那样分为定义、公理、定理和
证明。[27]

欧几里得几何成功的最重要的推论是使人相信它描述了世界是如
何运行的，它既没有做近似，又不是人类构造的。它是事物的绝对真
理的一部分。因此，对它的理解是非常令人鼓舞的。它赋予了我们有
能力获得世界绝对真理的自信。如果一个神学家问关于上帝本质的问
题，那他就会遭到批评，因为这样的绝对真理超出了我们能力的范
围。但是，他可以用欧几里得几何作为反例，证明某些绝对真理是可
以被获得的——既然一部分是可能的，为什么其他部分就不可能
了呢？

这种自信是突然被破坏的。数学家发现，平面欧几里得几何不是
唯一逻辑自洽的几何，还存在着非欧几何可以描写曲面上的点和线之
间的逻辑关系（参见图 2.1）。这些几何不仅仅限于学术上的兴趣。
确实，其中一种给出了描述地球表面长距离的几何，平面欧几里得几
何不过是地球表面局部范围内的一个很好近似。由于地球很大，当我
们考察小距离时，曲率就不被注意到了。所以，石匠可以使用欧几里
得几何，海员则不行。

这一简单的发现揭示了欧几里得几何只不过是许多逻辑上自洽的
几何体系中的一种而已。没有一种几何占据绝对真理的地位。不同的
几何适应于不同类型曲面上的度量。在现实中，可能存在也可能不存
在某种曲面。由此可知，欧几里得几何的哲学地位被动摇了，不再能
作为我们掌握绝对真理的例子。由这个发现将衍生出许多关于我们对
世界理解的相对主义变体，[28]可能会谈及政府、经济和人类学的非欧
模型。"非欧"成了非绝对知识的代名词，它也被用来对数学和自然
世界之间的差别做最生动的解释。存在着描写自然界某一方面的数学
体系，但也存在着并非描写自然的数学体系。此后，数学家利用在几

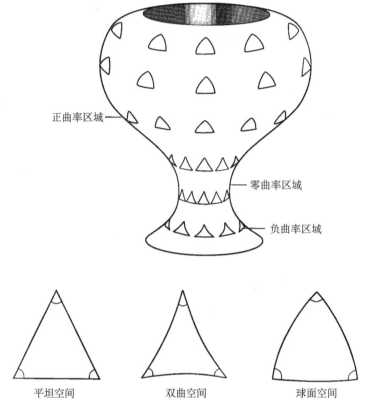

正曲率区域

零曲率区域

负曲率区域

平坦空间   双曲空间   球面空间

图 2.1   花瓶上的不同区域具有球面、双曲面和平面（欧几里得）几
何。这三种几何由三角形的内角和来定义，三角形是由面上三点中两
两之间的最短距离线段构成的。如图所示，球面几何的内角和超过
180°，双曲面几何的小于 180°，平面几何的等于 180°。

何中的发现去证明还存在着其他的逻辑体系。作为一个结果，甚至于
真的概念也不是绝对的。在一个逻辑体系中的错误，可能在另一个逻
辑体系中是对的。在平面欧几里得几何中平行线永不相交，而在曲面
上该命题不再成立（参见图 2.2）。

这些发现揭示了数学与科学的差别。数学在某种意义上是比科学

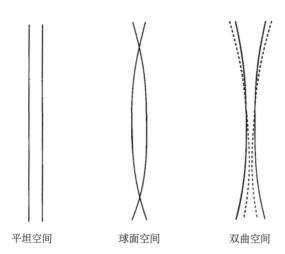

平坦空间　　　　　　　球面空间　　　　　　　双曲空间

图 2.2　在平面上，只有平行线永不相交。在球面
上，所有直线都相交。在双曲面上，存在许多永不
相交的直线。直线是由连接曲面上两点的最短程线
所定义的。

更大的东西，它只需要自洽。它包含了所有可能的逻辑模式。其中一
些模式为自然界的一部分所遵循，而其他的则不然。数学是开放的，
不可穷尽的，无限的；而宇宙很可能不是这样的。

否　定　论

泰坦尼克号在黎明启航。

——鲍勃·迪伦[29]

（Bob Dylan）

回顾历史，容易发现，在任何时刻关于科学的可能进步都混杂着
乐观与悲观的观点。[30] 在 19 世纪，悲观派形成了一个哲学运动，在
当时被不适当地称作为实证论。[31] 我们将更妥帖地称之为否定论。

实证论是由法国哲学家孔德（Auguste Comte，1798—1857）*宣扬的，随后为有影响的科学家和哲学家马赫（Ernst Mach，1838—1916)**所采纳。马赫的运动观点对爱因斯坦有深远的影响，并促使他最终形成狭义相对论和广义相对论的想法。但马赫是一个极端保守的哲学家，像孔德一样，他坚持认为可靠的知识只限于我们可以直接感知的那部分现象。这将导致一个不幸的结果。与单纯地要求科学家寻求更多的证据以及对他们的理论作更多的批评相反，这种哲学显然不鼓励科学家去在可能有新发现的许多领域从事研究。

孔德给出了不少特例，他认为别人是不可能回答这些问题的。[32]作为一个发展过程，他认为人类思维必须历经三个阶段。神学与形而上学是前两个阶段，它们是人类思维尚未成熟的标记，且只不过是第三阶段也就是最迫切需要的实证阶段的前兆。在神学阶段，人类思维尚处于认知探索的必要启蒙阶段。但是，在这一阶段中：

> 人类思维主要指向对存在的内在本质的研究，对它所观察到的所有现象的最初与最终原因的研究——一言以蔽之，在于对绝对知识的寻求。因此，这些现象或多或少地被解释成超自然力量的直接和连续作用的结果。这些力量的随意中断造成了宇宙的明显反常……（神学阶段）在用单一存在的天命活动取代原始思维中的多神活动之后，它达到了完美的最高形式。[33]

---

* 孔德是法国实证主义哲学家，认为哲学不应以抽象推理而应以"实证的"、"确实的"、"事实"为依据。他认为只能认识事物的现象而不能认识其本质。1839 年他提出了"社会学"的名称，把社会发展分成三个阶段，即神学阶段、形而上学阶段和实证阶段。他以实证的观点把社会学划分为社会静力学和社会动力学。他的社会学以进步和秩序为两个基本概念，为社会寻求安定发展、寻求社会与个人的和谐局面。——译者注
** 马赫是奥地利物理学家、经验批判主义哲学家。在力学、声学和光学上做出过不少贡献。在哲学上，他认为没有主体就没有客体，物体只不过是色、声、味等感觉"要素"的复合，而"要素"是既不属于心理的也不属于物理的"中立的东西"。——译者注

在接下来的形而上学阶段，他看到事情有了改观，不过只是一丁点儿，这是因为：

在形而上学阶段，实际上只对第一阶段做简单而一般的修正。在世界的不同存在中，超自然的天命被抽象的力、实在或人格化的抽象所替代。这些实在被认为可以由其自身产生并得到所有观察到的现象，每一种现象又可通过将其归结于某一类实体而得到解释……在形而上学的最终阶段，将不同的特定实在用一个大一统的实在——自然来代替。自然被看作是所有现象的唯一源泉。[34]

最后，在第三阶段，也就是"实证"阶段，思维放弃了解释那些不可能解释的事物的想法，以及寻求最终答案的努力。从此，思维变得成熟起来。

人类思维在认识到不可能获得绝对真理之后，便放弃了对宇宙本源和深层原因以及对现象最终原因知识的探索。现在，通过把推理与观察密切结合，去力图发现现象的实际规律，也就是说，它们的演替和表象的不变关系。对事实的解释就这样约化到其实际的内容，从此以后仅存在于不同的特定现象与一些一般事实的联系之上。科学的进步使得这些一般事实的数量变得愈来愈少。[35]

与前两个阶段存在着最高的形式类似，第三阶段也有一个理想的目标：

尽管永远不可能达到这样一个阶段，但总能不断地向着这个目标前进。如果我们可以将如此众多的不同现象看作是一个单一的普遍事实的不同情形，就像引力那样，那么就达到了这个目标……实证论哲学的基本特征是考虑受不变的自然定律所支配的所有现象。对这些定律的正确发现并把它们约简到最小数量构成了我们全部努力的目标，因为我们寻求的所谓原因，不论是初因还是终因，都是绝对不可知的和无意义的。[36]

孔德极力说服科学家要满足于自然的运转模型，如牛顿引力定律，而不要去寻找诸如引力的原因或热的起源，因为他认为这些更深的原因是不可知的。人们已经看出，这种不令人满意的科学哲学究竟要证明什么。然而，我们很可能无法完全和最终地理解关于力的本质的观点，例如对于引力，因为目前没人会告诉我们离真理还有多远*。也许通过对引力与其他力或与宇宙结构的其他方面联系的研究，可以进一步加深我们对它的了解。尽管他看到了将科学定律统一为单一的自然定律是人类求知的最终目标，但他并不认为人类能获得这种终极知识，因为：

在我个人的根深蒂固的信念中，这些用单一定律来统一解释所有现象的企图只不过是一种梦想，纵使这些企图是由最聪颖的大脑所提出的。我坚信人类思维的资源太贫瘠了，而宇宙又太复杂了，因此我们不可能达到科学的完美……对我而言，做到这一点似乎只能通过将所有自然现象与提供给我们的最普遍的实证定律联系起来，正如引力定律已将所有的天文现象与地球物理的一

---

*   21世纪20年代的引力学家会关心这样一个问题：在理论和观测两方面，广义相对论是唯一的理论吗？各种各样的引力理论层出不穷，一场创新运动方兴未艾。——译者注

些现象联系了起来那样……当试图尽可能多地减少用于对普遍现象进行实证解释的普遍定律的数目时……我们会认为，即使在遥远的将来，希望将这些定律严格地减少到一条定律也只是一个天真的甜梦。[37]

孔德提出了四个特殊的领域。在这些领域中，科学探索受到无法获取"实证"知识的限制，即无法直接感知数据。在天文学领域中，他给取得恒星实证知识的可能性打了折扣。他（错误地）认为我们根本无法确定恒星的化学组成，他还（至今仍是正确地）认为存在许多用光学观测手段看不到的恒星（天文学家现在称之为"暗物质"）。尽管他认为天文学没有受到神学和形而上学的玷污，把天文学看成是实证科学的最高成就，然而令人惊奇的是，他居然持地心说的观点。他古怪地认为海王星的发现，即使是天才的，也只不过是一个发现，除了对天王星的居民外没有任何实际意义，并且认为，天文学仅仅在涉及研究事物如何影响到地球时才有意义。他认为：

当假设所有天体都与地球相联系或者处于从属的地位时，任何天体都不应该被忽视。但对我们来讲，现在地球的运动是已知的，除了出于地球上观测的目的，没有必要去研究那些固定的恒星……纵使假定这些研究可以延伸到其他（太阳）系，也没有什么需要去这样做。我们现在知道，这种研究不会导致任何有用的结果：它们不可能影响我们关于地球上的现象的观点，这才是值得人类注意的。[38]

他将生物学和化学贬低为仅仅是数学的有益运用，反对进一步理解热、光和磁的努力，将使用统计推理斥为反理性。他反对使用

"原子"作为物质的基本构造，相信"物质的最终结构一定是超越我们的知识的"。孔德的观点应对以后法国科学的衰落负多大部分的责任问题，迄今史学家们仍争论不休。[39]

孔德主张的人类求知的神学、形而上学和实证三个阶段演化观点有一个奇特之处，它显得与霍根指出的趋势正好相反，当求知方向的经验部分穷尽之后，它就进入了形而上学分析的阶段——"这种知识意味着什么？""世界是否会是另一种样子的呢？""事物为什么是这样的呢？"如此等等——接着而来的是神学分析——"为什么存在着一些事物而不是空无一物？""我们所知的与上帝的存在是一致的还是不一致的？""关于宇宙中生命的起源、目的和最终命运问题，我们的知识告诉了我们什么？"如此等等。

在两类分析中均存在着极大的简化，不仅所有的科学家都被作为一个单一的个体（科学），而且每个科学家都被看作仅从事单一的活动。实际上，现代科学家通常会有许多研究兴趣，比如对最终的宇宙问题有兴趣的科学家，通常会与观测天文学或数学结构研究有直接关联。

关于不可能性的 19 世纪观念

作用力使自然充满了活力，并组成了多姿多态的存在。在某个时刻，给定一个可以了解所有作用力的大脑——一个庞大得足以容纳所有数据并加以分析的大脑——那么，它将宇宙中最大物体的运动和最小原子的运动纳入同一公式中，对它而言，没有什么东西是不确定的，未来就和过去一样，将呈现在眼前。

——拉普拉斯[40]

（P. S. Laplace）

　　大自然在时空中编织出各种花式，当用数学去描写这些式样时，往往会得到令人惊叹的成功。没有什么能比对天体运动的描述更成功的了。牛顿定律是科学决定论的完美典范。如果知道了现在，则它可以让你重建过去和预言未来。这一成功吸引了两位伟大的科学家来探讨这样一个问题，如果我们具有超人的能力，那么牛顿定律会让我们走多远。进行这些探讨的真正动机在于勾画出一幅无限知识的图像。这是通过下述一个极限过程来思考的，先从我们自身出发，然后再放大我们自身的能力，从而得到一个无所不知的存在。如此得到的无所不知的存在与我们只有量的差别（而不存在质的差别）。让我们来看一下他们是怎样思考的。

　　我们的两位科学家，拉普拉斯（Pierre Simon Laplace，1749—1827）＊和莱布尼茨（Gottfried Wilhelm Leibniz，1646—1716）＊＊都认为牛顿发现的自然定律使未来完全可知：只要大脑容量足够大，就可以完全知道宇宙现在的状态，并通过必要的计算去预言未来的状态。尽管我们知道，目前离达到这一知识水平和计算能力尚远，但这些决定论者把我们与这样一个超人之间的差别，仅归结为程度上的差别，而非本质上的差别。他们所探讨的概念中让人感兴趣的是这样一个事实，即他们打开了完备知识观念的大门。这一乐观主义精神并非来自对未来进步的希望，而只产生于对现有知识的完全应用。莱布尼茨把这一乐观看法推广到更广泛的领域。他想出了一个受逻辑法则控制的符号处理过程，可以用来决

＊　法国数学家和天文学家，因研究太阳系稳定性问题被誉为法国的牛顿。他研究范围极为广泛，在概率论、天体力学、势函数理论及毛细现象理论等方面均有贡献。——译者注
＊＊　德国自然科学家、数学家、哲学家。他是微积分、数理逻辑研究的先驱，二进制的提出者。他广博的才能影响到诸如逻辑学、数学、力学、地质学、法学、历史学、语言学以至神学等广泛领域，在 17 世纪晚期和 18 世纪早期的德国知识界占主导地位，其科学思想在 20 世纪初叶和 70 年代再次显示出智慧的力量。——译者注

定任何一个论断在逻辑公理下是真还是伪。他有点乐观地设想这一形式过程，可使所有人类争论在逻辑下得以解决。例如，宗教的真理可以仿照数学证明的方式严格推演出来，于是给无休止的神学争论画上了句号。在此，我们又一次看到了无限知识的观念（尽管不是完全的）。这一观念仅需要延伸我们已具备的通常能力，而不需要人类能力进行巨变。这些观念隐含着所有问题都可以通过系统的方法得到答案。显然对科学界而言，只要通过放大我们的能力，就不存在什么克服不了的障碍。今天，对拉普拉斯想象出的超存在的反应大不相同了。我们已经知道，要精确地确定宇宙中每一个物质粒子的位置及其运动状态不仅是困难的，在原则上也是不可能的。物质的量子图像告诉我们，对任何物质粒子的位置与速度的同时确定有一个基本限制。如果小的误差无关紧要的话，那么这也许不会太糟。恰恰与此相反，我们已愈来愈注意到这样一个事实，典型的自然系统对精确位置和运动具有极端敏感性。于是，如果我们稍微改变一下空气中一个分子的运动，空气将迅速偏离干扰前的运动状态，这种敏感性现在被称为"混沌"。这意味着拉普拉斯的超存在如果遵循物理定律的话，它就不可能以足够的精度知道世界每一部分的位置和运动，以百分之百的精度预测天气。这最后的警告很重要，因为拉普拉斯并没有讨论我们预测天体未来的能力。他所说的是，"天文学诞生于人类智慧所提供的、仅在完美形式下的抽象大脑，这样的大脑究竟是什么仍是一个模糊的概念。"

当孔德对人类知识增长阐述广义怀疑主义时，拉普拉斯却对决定论表现了过分的自信。19世纪关于科学极限的争论还有第三种观点。在某种意义上它更具有魅力，因为它提供了一系列不可解问题。

人们也许会想起，在19世纪末人们对科学极限的讨论也曾很激烈。当时，最有影响的事件发生在两位德国科学家之间，他俩当时在科学普及方面也很有影响。杜布瓦-雷蒙（Emil Du Bois-Reymond，1818—1896）* 是位生理学家、哲学家和科学史家，他的论战对手海克尔（Ernst Haeckel，1834—1919）** 是一个具有强烈人文主义和一元论哲学倾向的动物学家。

1880 年，杜布瓦-雷蒙发表了两篇分别作于 1872 年和 1880 年的公开讲演稿，这是两个很有影响的关于科学极限的演讲，[41] 后一次正是当年 7 月在柏林普鲁士科学院纪念莱布尼茨时的演讲。他相信科学有一个确定的极限，因为力学解释和实验方法的应用是有限度的。对杜布瓦-雷蒙来说，自然科学是关于原子运动的科学，只是"将自然过程分解为原子的力学"。他的观点极富挑战性，因为他试图提出不可解的问题，即依他所说的"七大宇宙之谜"。从拉普拉斯的超存在观念，杜布瓦-雷蒙想象出一种适用于一切事物的大数学理论，从宇宙的现在状态去预言宇宙的未来进程。

我们可以想象，整个宇宙进程中自然科学的作用可以用一个数学公式，一个无限的微分方程组来描述，它可以给出宇宙中每一个原子任何时候的位置、运动方向和速度。

将此方程回溯往昔，它可以告诉我们世界是如何开始的，因为：

如果在这个普适公式中令 $t = -\infty$，则将发现所有事物的神

---

* 德国生理学家，现代电生理学的奠基人，以对神经及肌纤维电活动的研究著名。杜布瓦-雷蒙在柏林大学制定了生物物理学研究计划，旨在将生理学还原为应用物理学和化学，从生理学中清除活力论影响。——译者注

** 德国动物学家，进化论者，达尔文主义的支持者，提出生物发生律，为进化论提供了有力证据。海克尔不轻易改变观点，常与人争论。——译者注

秘的原始条件。

另一方面，我们用它推测遥远的将来时，将发现宇宙是否会像卡诺热机[42]那样稳定地运行下去，最终完全达到平衡状态和"热寂"。这是因为：

> 假如让时间趋于正无穷，则可以知道卡诺定理是否会威胁到宇宙取决于在有限的时间内还是无限时间内进入冰冷的寂静状态。

在引入无限知识这个概念之后，杜布瓦-雷蒙转而考虑由于人意识的局限而造成的极限。他相信，拉普拉斯那无所不知的超存在和普通人之间的差别尽管很大，但也只不过是程度上的差别：

> 我们与这个想象出来的超存在很相似。我们甚至可以问这样的问题：像牛顿这样的人与拉普拉斯设想的超存在之间的差别，也许并不比野蛮人与牛顿之间的差别大。

我们所受到的限制是清楚的，我们永远也不能获得这个普适公式所需要的全部事实。虽然在原则上我们可以使用这个普适公式去重建过去和预言未来，但在实际上这是不可能的：

> 对普适公式的微分方程组进行阐述、积分并对其结果进行讨论都是不可能的，但这些并不是实质性的。问题的实质在于不可能获得必要的决定性事实，况且，即使这变成可能的，也不能掌握它们的无界扩充、多重性和复杂性。

　　在这些广泛的讨论之后，杜布瓦-雷蒙推出了他的七个不可解问题。这些问题分成两大类，第一类包含四个困难的、但有希望解决的问题：生命的起源、语言的起源、人类理性的起源以及有机体的进化适应性；第二类包括两个原则上被认为不可能解决的问题，以及另一个或许具有类似性质的问题。第一类问题是精心选择的，甚至在今天它们的重要性依然存在。如今对这些问题已有相当多的了解，但没有一个能认为是已解决了的。我们知道绝大多数谜的关键在于它最终有谜底，而不是谜底究竟在何处。但是，与其他复杂的科学问题相比，没有理由去相信这些问题会有特殊的不可解性。第二类问题是决然不同的，为了将杜布瓦-雷蒙的思想与我们的思想做比较，以及与他同时代更乐观的观点做比较，进一步仔细讨论应是饶有兴趣的。当年杜布瓦-雷蒙的选择与当今大众科学读物的常见主题惊人的一致，即为下述问题：

不可解问题 1：自然界力和物质起源

　　杜布瓦-雷蒙所提的问题是，我们能否比用一些概念模型来描写物质做得更好一些。下面所讨论的"原子"并不是现代物理学和化学意义上的原子，它只是物质的最小单元。如果我们想象这些基本砖块无限小，则它不过是"数学中的一个有用概念"或者是"哲学原子"。他还为一些古老问题操心，像引力这样的作用力如何能在一个空的空间中起作用。他认为，我们已经通过外推我们直接感知的经验发展了我们关于力和物质的概念。由于外推到远离我们所能感知的数据范围，故我们得到的是不可靠的知识。如果我们将这些外推结果作为切实的知识进步，我们就是在欺骗自己。事实上，我们只是在探索。杜布瓦-雷蒙认为该问题太大、太困难了，即便对于拉普拉斯的超存在也是如此：

任何人……都不得不承认我们现在所面对的障碍是无法超越的。无论我们如何努力去回避它们，它们还是以这样或那样的形式出现在我们面前。不管我们从哪个方面去处理它们，不管如何压制它们，它们仍是无法战胜的……甚至对于比我们高明得多的拉普拉斯想象中的超思维，对这个问题也没有更高明的见解。我们十分失望地意识到，这是对我们认识的限制之一。

杜布瓦-雷蒙所阐述的是，我们永远不能知道最终的基本粒子和自然力。他的结论是很实际的。为了精确地解释这些事物，我们必须对它们的本质有全面的了解。但是，这就要求我们将外推达到无限小的尺度，并且了解在该尺度上起作用的所有力，而这是我们无法做到的。也就是说，我们无法把握这些事实。

不可解问题 2：意识和感觉的起源与本质

杜布瓦-雷蒙的第二个不可解问题是关于意识的。在这里他看到了双重极限。首先的问题是解释它是什么；接着的问题是它的存在破坏了拉普拉斯精灵的预言能力。在地球上的生命演化中，意识是：

某种新的非同寻常的东西，是某种犹如力和物质那样不能完全被理解的存在。从负无限时间延续到今天的理解力主线到此中断了，我们的自然科学遇到了一条鸿沟，没有桥，没有任何理论使我们能够跨越：我们遇到了又一个认识的限制。

杜布瓦-雷蒙试图设想我们怎样才能探讨感觉和精神活动，就像研究天体力学问题那样，应当注意到每个粒子的位置和运动速度，然后用牛顿定律去预言它们未来的进程。应用这样的方式去描述大脑，我们也许可以将某些精神现象的发生与一些特殊的肌肉反应联系起来。这必定是这样的：

> 对于一个给定的精神现象，如果我们能够说它是某些确定的神经元和神经中的某些确定的原子发生了某些确定的运动，那么这就是人类知识的巨大胜利。这将十分有趣，如果我们能用计算机器计算出问题的答案，然后用理智的眼睛去看大脑力学的运行；甚至我们可以这样说，碳、氢、氮、氧、硫和其他原子的什么活动对应于我们听音乐时获得的愉悦；又有什么活动可以解释为什么会有性感高潮；当我们头痛时，什么样的分子剧烈活动才使三叉神经受到压迫，从而产生了剧痛。

纵使我们具备了关于人脑中原因和结果的知识，杜布瓦-雷蒙仍然认为这并不能帮助我们理解感觉经验的本质：

> 不管这二者之间可想象的联系有多么牢靠，一方面是我大脑中确定原子的确定运动，另一方面是……这些不可否认的事实，如"我觉得痛或兴奋；我尝到了甜味，或闻到了玫瑰的香味，或听到了风琴的声音，或看到了红的东西"等，立刻就可以确定"我是存在的"。说大量的碳、氢、氮、氧原子与此有关是绝对不可想象的。

不可解问题 3：自由意志问题

杜布瓦-雷蒙发现，我们自由意志的存在是完全让人困惑的。这似乎与宇宙力学观不相容，但是他尚不知如何完全确定地表述这一问题。这一问题被确证为不可解问题的内涵最终可能被认为属于意识问题的内涵。

杜布瓦-雷蒙的论断引起了广泛的议论，部分原因是他的科学成就所带来的权威地位。最尖锐的反驳来自一本被广泛传阅的书，动物学家海克尔著的《宇宙之谜》。[43] 很明显，海克尔厌恶杜布瓦-雷蒙几乎就像他厌恶关于科学极限的观点一样。他称自己为"少数几个具有足够科学知识和道德勇气的人之一，去反对柏林科学院那些手握大权的独裁者们的独断专横"。海克尔把生命之谜——生命和语言的起源——归结为可用自然选择理论解决的问题。他认为，自由意志是个伪问题，没有证据说明除了假象以外还有什么。他断言，自由意志"是一个实际上不存在的、纯粹建立在假象之上的教条"。最后，他认为物质、运动和力的每个问题都是两类问题混淆产生的。第一类是哲学而非科学问题。第二类的科学问题部分，他相信可以用质量和能量问题来解决。他的结论是：

> 在 19 世纪的进程中，世界之谜的数目在不断减少……现在只剩下唯一的宇宙之谜——物质的问题了……（但今天）我们已有了强有力的、完全的"物质定律"，即物质和力不变的基本定律。物质永远处于运动和变化之中的事实使其自身具有了进化的普适定律的特征。由于这个最高定律已被牢固地建立，故其余的定律都处于从属的地位。我们得到了这样的信念：自然界是统一的，它的定律是永远适用的。从毫无希望的物质问题我们得到了清楚的物质定律。[44]

海克尔以自己的方式和杜布瓦-雷蒙一样误入歧途。他认为科学正快速发展到这样的状态，所有主要问题都将被解决，剩下的不过是关于这些解的意义的语言和哲学上的问题。与此相反，杜布瓦-雷蒙认为科学正快速地走向另一种类型的终点，即将遭遇到基本极限。在某种意义上来讲，他们的观点实质上很接近，他们都看到科学正走向尽头。杜布瓦-雷蒙相信这与人类的基本限制有关，而海克尔认为科学正在接近终点是由于我们很快将得到所有的科学知识。

1870 年到 1905 年间，许多人都持有海克尔式的乐观主义观点。美国科学哲学家皮尔斯（Charles Sanders Peirce，1839—1914）[45]支持这样的关于真理的理论，其中将"真理"定义为科学研究的积累；[46]科学研究的大目标即将实现，许多科学家认为他们的课题就要完成。年轻的普朗克（Max Planck，1858—1947）* 曾回忆起 1875 年的往事。当时人们认为所有重要的物理问题都已解决，作为一名年轻学生，普朗克跟随着导师一起卷进了生物科学研究中去：

> 当时我开始学习物理学并寻求有关忠告……为了我学业的前程请教了著名的导师冯·乔利（Phillip von Jolly），他把物理学描绘成一门高度发展的、完全成熟的学科。由于能量守恒原理的发现，物理学又添加了一块坚实的基石，物理学即将会有稳定的形式，也许在这个或那个角落里还有一些细节需要补充，但这个体系作为一个整体已是完整地耸立在那儿。理论物理学正在飞速地走向完备，宛如几何学在几百年前就达到了完备的程度那样。[47]

---

* 德国物理学家，量子物理学的开创者和奠基人，1918 年诺贝尔物理学奖获得者。自从量子这一概念 1900 年引进物理学以后，在愈来愈多的研究领域中量子概念起到重要作用，在原子尺度以下的微观物理中尤为重要。如果确实有一位量子之父的话，非普朗克莫属。——译者注

在大西洋彼岸，我们也听到了同样的声音。美国物理学界的领头人物，以后的诺贝尔物理学奖获得者迈克耳孙（Albert Michelson，1852—1931）1894 年在芝加哥大学的一次公开演讲中说道：

> 最重要的物理基本定律和物理科学的事实都被发现了，物理学的大厦已被坚实地建造起来了，它被将来新发现取代的可能性非常之小。不过，已经发现对大多数定律都存在着明显的例外，特别当我们扩展到观测的极限情形时……我们将来的发现必须在小数点后第六位寻找。因此，在将来的发现中，仪器的测量精度是一个可能的因素。[48]

19 世纪的最后 25 年是科学家们喜欢对过去的成功互相祝贺的时代。他们的事业如日中天，所有大原理似乎都已被发现。能量守恒、运动定律、引力、电学和磁学以及热力学似乎能够对付他们面临的任何问题。哲学家的批评大部分是指向人类科学的，这是尚未充分发展的学科，或者指向一个基本实质层次上，如物质的起源问题，这些都可以合理地划入不可回答的问题之类。将其贴上"哲学问题"的标签是有帮助的。

回顾历史，我们可以看到这一时期确实是物理学发展中一章的结束。常被称作"经典物理学"的物理学已走到了尽头，但不是物理学走到了尽头，甚至也不是走向尽头的开始。革命爆发于 1905 年。不久就导致新理论的诞生，量子力学、相对论、原子结构、引力论一个接着一个地出现。奇怪的是，新理论中没有一个是用前所未有的精度对自然现象测量而取得的，即通过测量发现了新的无可争议的、无法解释的细节。所有的革命都是从我们熟知的内部开始的。

本 章 概 要

有理智的人使自己适应世界，而非理智的人坚持让世界来适应自己。因此，所有的进步取决于非理智的人。

——萧伯纳*[49]

（George Bernard Shaw）

本章中，我们已经拓展了考虑不可能性的思路。我们不仅考察了它是如何定义科学的存在，而且（在某种程度上）进而考察了科学的极限及可能产生的不同方式。科学进步的极大加速意味着，如果存在极限的话，我们正在接近它。

我们看到了两种截然不同的关于科学正飞速走向某条道路（如果不是确定的一条的话）尽头的观点。令人啼笑皆非的是，这些结果都来自科学的成功。在斯滕特的眼中，西方民主社会的生活已不断表现出享乐增加和竞争缺乏，从而导致缺少技术发明的动机；而记者霍根所看到的是基础科学的另样的最后阶段。鉴于检验新想法的手段越来越落后于我们的新思想激增的能力，所以，科学的前沿已经变得越来越集中在那些我们永远也不可能观测到或检验到的探索性概念上。科学因而走进了一条渗进太多人文因素的危险道路，陷入了相对主义的泥淖，除了一些概念外什么也没有。与此相反，也有一些人把科学看成是不断前进的事业。我们考察了这一观点的 19 世纪背景和

---

  * 英国剧作家，费边社会主义者，获 1925 年诺贝尔文学奖。代表剧作有《恺撒和克娄巴特拉》《人与超人》等。费边社是 1883—1884 年间在伦敦成立的社会主义团体，信奉渐进社会主义，不主张革命。1906 年，费边社隶属工党，萧伯纳曾主编《费边社社会主义文集》，费边社的名字来源于善用缓进待机战术的古罗马名将费边。——译者注

相反的观点，即科学面临无法解决的问题，这两种观点在上世纪末*都很著名。当时受到更多关注的悲观看法更令人感兴趣，其中一些是很有特色的，它们提出了不可解决的实际问题。生命、物质、意识和自由意志的起源问题是被认真选择出来的问题。它们很可能要继续长期伴随着我们，直到遥远的将来。

---

*   指 19 世纪末。——译者注

第三章

着眼未来

你不可能与未来斗。

时间在我们这一边。

——威廉·尤尔特·格拉德斯通[1]

（William Ewert Gladstone）

什么是我们所说的科学极限的含义？

知识阶层与其他阶层一样不愿承认人类在智力上存在竞争对手的可能性，这会使得他们失去更多。

——阿兰·图灵*[2]

（Alan Turing）

"科学的极限"的简单提法会发生误导。我们熟悉科学家的极

---

* 英国数学家、逻辑学家，计算机理论和人工智能的奠基人之一。1936 年首先设计了一种理想的计算机，现称为图灵机。——译者注

限；我们熟悉关于事物原理的部分理论；我们也熟悉那些完全错误的理论。上述这种一开始就会被认为是科学极限的情形，实质上完全不是我们所要说的。或许，科学最终并不存在真正的极限。[3]科学的极限会是一种假象吗？是因为我们对事物的本质缺乏了解所造成的，还是因为我们选取了过分简单抑或过分复杂的实际模型所造成的呢？这是一个必须认真对待的问题。我们试图描述大自然的运作、预测或控制未来的事件，所有这些努力都是基于一种科学方法，这种方法建立了大自然某些方面如何运作的"模型"。我们进行的观测越多，则我们对自然界的描述就能得到更完整和更精确的验证与推广。我们的自然模型总是带有数学化的特征。这一特征并不像初听起来那么狭隘。尽管在外行看来，数学以一种周密的分析方式看待世界，实际上它要深刻得多。它与人类对这个世界的其他图像紧密联系在一起。从根本上来说，数学是我们给所有可能模式及其相互关系的集合所起的名字，其中有一些是关于形状的，另一些是关于数列的，同时还有更抽象的结构之间的关系。数学的本质在于量与质之间的相互关系。所以，现代数学的兴趣所在不是数本身，而是不同数之间的关系。为此，数学学科中充斥着诸如"变换"、"对称"、"程序"、"运算"、"序列"等描写事物之间关系的名词。

一旦世界的某一方面用一个模型，即用某组数学规则来描述，我们马上会面临如下的深层次问题：

——现实与数学描述之间的差距是无害的吗？

——使用的数学模型是否会引入某种限制，使我们无法导出更多的结果？

——在描写我们观测到的自然界时，可能存在两种限制，一种与模型选择有关，另一种与模型无关。我们又如何才能区分这两种不同的限制呢？

首先，我们可以看出用计算机预言复杂的自然现象如何发生时，距现实总差那么一点。然而容易看到，人类大脑总是以类似的方式使我们受到限制。人脑在许多方面与复杂的计算机有相似的性质。对计算机系统规模的任何限制，均可转嫁到对人类思想能力的限制上。近年来，人们对人类意识问题的兴趣突然大大增强了，不同领域的科学家都想在这个问题上插一手。有一些人坚定地认为人脑与计算机的差别只是能力和集成度上的差别，另一些人则认为存在着本质上的差别。后一种观点的最坚定支持者是罗杰·彭罗斯。[4]他认为，尽管算法计算机能部分地模拟大脑，但无法模拟数学直觉的过程。*[5]

在我们开始考察关于科学及其可能极限的现代观点之前，先来看看往昔的一些断言，从中得到一个大概的展望是有益的。在以往的几个世纪里，对人类进步采取了何种态度？对人类能力是否有太过分的自信？往日的思想家是否对所能期待的过于悲观了一些，还是太缺乏想象力以致他们对事物发展的方向毫无概念？在某个科学分支取得巨大进展的时期，往往会出现一些极有启发性的论述。

可能的未来

成千上万的人渴求长生不老，但他们在下雨的周日下午却不知道该干些什么。

——苏珊·厄茨[6]

（Susan Ertz）

---

* 彭罗斯在《皇帝新脑》中写道："意识是如此重要的现象，不能相信它只不过是从复杂的计算'意外'得到的。……只有意识现象才能把一个想象的'理论'宇宙变成真实的存在。"他又写道："精神意识不能像计算机那样运行是显而易见的。"——译者注

　　我们并不擅长预言未来，而职业赌徒却靠它吃饭，星相学家在鉴定它。假如我们像传说中的英雄那样，沉睡几千年甚至几百万年后再醒来，人类知识将会达到怎样的程度呢？科学进步已达到了怎样的水平呢？或许，由于所有可能得到的真理均已发现，在各方面看来它都已完善？求知的基本构架是否已经完成？后继者是否总是突然地冒出来？预言未来对我们而言确实是件勇敢的行为。我们将尝试做一件相对容易的事，即对人类关于宇宙知识发展的未来可能性作纲领性的描述。但是，在探索一些貌似真实的未来场景之前，我们要对过分简单化的进步观念做出告诫，并刻画出一幅科学的进步新图景。

　　容易掉进这样的思维陷阱，即科学进步完全靠事实的不可抗拒的积累。实际上并非如此，科学的进步并不仅仅是新的发现。有的时候科学的进步是因为证明了某个已有观念的错误，或过去的测量在某种意义上被误用了。总的趋势是朝前的，正如一江春水总是向东流，而水面上树叶的运动路径却千转百回。

　　有若干科学成长的图像，其中特别有趣的有四种。当然，部分原因是在于它们的精彩叙述。第一种是由法国物理学家迪昂（Pierre Duhem，1861—1916）提出的潮水图像：

　　　　科学进步常常被比作涨潮；将其应用到物理理论的演化，对我们而言是非常恰当的比喻，下面将详加说明。

　　　　任何一位匆匆一瞥海浪拍打海岸的人是不会看出潮水上涨的；他看到的是海浪升起、奔腾、伸展、遮盖狭长的沙滩后又离开了这似乎已被征服的领地，随后一个新的海浪又涌来，有时它比前浪冲得更远，有时却达不到已被前浪湿润过的地方。在这个表面上的来回运动里，孕育着另一个更深刻、更缓慢的运动。偶然的观察者是感觉不到的。它是一个持续的、稳固的、前进的运动，海面因此而不断上升。波浪的来回运动是试图解释那些上升不过是消亡、前进不过是迂回的可靠图像；隐藏其中的持续而缓慢的进步潮流稳固地征服着新的土地，并保证了物理学传统领域的延续。[7]

迪昂图像抓住了这样的事实，即当存在进步趋势时，潮流是不可阻挡的。然而，存在着的错误转折、后退及暂时的低潮似乎经常会比缓慢而坚实的增长给人以更深刻的印象。

第二种是建筑图像，由很多人来建造大楼，每人各司其职。这是由布什（Vannevar Bush, 1890—1974）所提出的图像，而布什是美国战后科学发展的领导人及国家基金会的创立者。由于它是在"无垠的视界"这一标题下出现的，显得特别有趣。这是布什用来支持他关于科学进步观点的口号，是在美国辩论科学的开放性问题时常用到的一个短语。[8] 布什从强调表征科学活动的有序与无序的混合开始。对于外行来说，无序是特别明显的，这些活动的自组织方式很像蚁群的活动。

知识边界的向前推进与有组织科学结构的建立过程的确是一个复杂的过程。可将它类比成在一个条件艰苦的采石场中寻找适合大楼建筑的材料，但还存在着显著的不同。首先，这些材料变化很大，隐藏得很深，覆盖着无用的碎石……其次，所有的努力都不是有组织的，不存在来自建筑师或采石场主的直接命令。个人或小组在做自己的事时，不受阻碍，不受控制，愿意在哪儿挖就在哪儿挖，并将材料加工使其适合大楼的需要。

他接着开始讨论科学究竟是发明还是发现的问题。常常会发现某建筑物的一部分与相隔很远的另一部分非常相配，似乎它们都经过精心雕琢而成天作之合。

最后，大楼本身有一个显著特点，它的形式事先由逻辑定律和人类理性的本质所决定。在想象中它几乎早就存在，它的建筑砖块被散布到各处隐藏、深埋起来，每一件都保持着唯一的形状以适应它唯一的位置。与此同时，还存在着这样的限制，即这些砖块在建筑进行到某一步之前不会被发现，而到了这一步，它的位置和形状就会被聪明的采石工人的慧眼发现。在建筑进行的过程中，大楼的一部分要被科学应用到，但另一部分不过让人欣赏它的美与对称，它的可能用处是不必谈的。

他注意到了由建筑师、工人、组织者、懒汉及旁观者所组成的精细社会学：

在这样的环境中，工作者的行为捉摸不定是一点都不奇怪的。有些人非常安于采掘，拿一些工具去采挖地下的怪石，遵循其他工作者的意见将其堆放起来，对石头的适用性漠不关心。不幸的是，还有些人只是在仔细观察，直到某个工作组挖出了一块特殊的装饰石，而它又非常适合某处的艺术风格时，他们就会屈从众人的意见。一些人从不挖掘，把整天的时间花在与人争论屋檐或承台的准确位置。另一些人则整天试图将砌上的砖石撬下一两块来。还有些人确实不挖石，也不争论，混杂在人群之中，悠悠忽忽，不务正业，尽情地享受着良辰美景。一些人坐在那儿提建议，另一些人只是坐着，无所事事。

在工作者中，他挑选出一些具有非凡远见的建筑大师，他们能够事先指出哪些方式最有效，能够把握整个结构，而其余的人就算这些东西放在眼前时，也无法看到这一点：

> 另一方面，有这样一些特别有眼力的人，他们能够事先知道要使大楼的某一部分施工迅速需要什么样的砖石，他们可以用自己的直觉告诉我们在哪里可以找到它，谁具有清除杂质的技艺使它迅速重见天日。这些是大师级的工匠。他们中的每一个人都相应需要许许多多工作努力、但尚未达到把握全局程度的人，但不管怎么样，他们使得大步前进成为可能。

最后，还存在着这样一些人，他们寻求的是如何介绍这座建筑物，它的历史，它的意义，它的美，而所有这些都在将计划变为现实成果的过程中起到了应有的作用。

> 有些人能给出结构的意义，他们可以从最早时候起追溯它的历史演绎，描绘出它所拥有的全部光辉，以此来激励工作者和欣赏者。他们是这样来鼓励人们的，尽管建筑师没有前来指导或下命令，单调地砌墙并不是一切，还有建筑风格在那儿……
>
> 还有一些老年人，造房的日子已过去了，两眼昏花，看不清拱门或基石的细节，但他们曾在这儿或那儿砌过墙，在大楼里生活了很长时间，知道去爱它，甚至对最终的意义抓住了片言只语，他们坐在树阴下为青年人打气。[9]

试图理解科学和数学进步的第三种图像是树的图像。与潮水和大楼不同，树有生命，它长出具有不同强度的分权，通过根须从多个源头汲取力量。波普尔（Karl Popper）* 写道：

> 我们应当把知识的大树看成是从数不清的根中生长出来的，这些根是向上长的，而不是向下长的，最后，根越长越高，汇成一根主干。[10]

19 世纪的数学家西尔维斯特（James Joseph Sylvester，1814—1897）将数学，包括那些支撑其他学科发展的部分，看作是一棵生长迅速、永无尽头的知识大树。因为：

> 数学不像一本书那样，局限于封面之内，压在镇纸之下，其内容只需要耐心地寻找；它不是一个矿井，那里的宝藏只埋藏在矿脉和矿层的有限几个地方，也许要花很长时间才能找到；它不是土壤，其肥力在连续丰收之后会被耗尽；它也不是大地和海洋，它们的面积可以测量、周线可以确定。它是没有边际的，就像那个对于其抱负来说总是太狭窄的空间一样；它的可能性是无限多的，就像那些永远涌入并倍增在天文学家视野中的星球一样；它无法被限制在指定的界限内或被简化为永久有效的定义，就像生命意识一样，似乎沉睡在每一个单孢、每一个物质原子、每一片叶子和芽细胞中，并永远准备爆发成植物和动物的存在新形式。[11]

一些评论家坚定地认为，生命类比与建筑类比是决然不同的。

---

* 逻辑实证主义主张，人们通过归纳、反复的经验检验或观察去证明一个理论。波普尔否定这个观点，认为观察永远不能证明一个理论，而只能证伪它。波普尔还将他的证伪原则扩展为一种哲学，称作为批判理性主义。——译者注

1899 年，福斯特爵士（Sir Michael Foster, 1836—1907）在史密松研究所作的有关美国科学在 19 世纪的进展报告中指出：

> 科学进步的路线不会总是沿着一条直线；其间必定会有左右摇摆。相同的观念会一次又一次地遇到，就像圆规一样回到了同一点。但总可发现它们达到了一个更高的水平……并且，科学不像盖房子那样，一块砖一块砖地垒上去，一旦垒上去，就一直在那儿不再改变，科学的成长就像生物的成长，就像胚胎，一个阶段接着一个阶段，每一部分在不同时期都以不同的面貌出现，尽管它们仍然是同一个部分。所以，某时代的科学概念与随之而来的下个时代的概念是有差别的。[12]

这些类比听起来表面上是不同的，在本质上却是相同的。因为它们都抓住了有组织的复杂系统的特征，即用与表征生命过程相同的方式表征了建筑过程。多个部分的有机结合产生了一个比部分之和要大的整体，最后的结果并不能通过列举它的要素，或分离出单个部分，或通过建筑工作者的个体活动来理解。这不仅在于每个部分本身，更在于各部分之间复杂的相互关系网络。

我们还将介绍另一种有关科学进步的图像。这是一种新的图像，它以全新的方式抓住了进步的某些不可预言性，以及不同科学领域的不同发展之间的联系。这是一种建立在人群中疾病或谣言传播的模型基础之上的图像。在任何时候，我们都可以将科学知识看成是信息岛的集合，这些信息被测量、理论、类比等等联系起来。自洽要求使我们看到，这些交叉联系越多，这些事实结合得就越紧密。虽然这并不能保证它们一定是正确的，但这使错误信息的加入更难。科学的大部分日常活动就是逐渐扩大这些知识的小岛，深化有关的概念与事实之间的内在联系。常常会发生这样的情况，进步并不是由于做出了新的发现，而是找到了导出已知事物的新方法。这些新的推导方法在某种意义上讲更简单，这不只是做了简化，而是使用了更简单的概念组合。具有讽刺意味的是，这些组合会更长！外行人可能会感到惊讶，竟然有这么多的科学文献只是给出了已知事物的新推导方法，或者只是对他人已经观测到的现象作再次观测。这些确认加强了不同知识岛之间的相互关系，使不同事实之间的结合有了更多的依据。

当小岛的尺度变大时，某些更值得注意的事会偶尔发生。一次顿悟或一次观测可能使一个小岛与另一个小岛连接起来。有力的观念使许多小岛彼此联系起来，而且，在这种时候被联系起来的观念的内涵往往会猛然剧增。这种现象，科学家称之为"逾渗"，[13]它与观念的扩散不同（参见图 3.1）。它的特征是相互联系的区域突然增大，在此之前，不同事实之间的联系是缓慢地向"临界"水平增加。这使得知识的传播与流行病的传播很相像。如果一座果园感染了枯萎病，枯萎病开始只发生在一株果树的一只苹果上。逐渐地，同一棵树上邻近的苹果也感染上了。随后，枯萎病从一棵树传播到另一棵树。靠得越近的树，被传染得越早。将果树间距不同的果园进行比较，我们可以研究在某个给定时间内传染遍及全果园的概率。当间距减小时，会存在一个临界值，此时概率突然大增，完全传播成为可能。谣言的迅速传播也是类似的，当有足够多的人足够频繁地互相谈论时，流言就传播到每一处了。

在实践中，我们的知识系统离逾渗，即离彼此完全联系起来的观念系统还相差很远。生物学的部分并没有很好地与生命起源的生物化学研究联系起来，而生命起源与我们关于行星形成的天文学知识又少有联系。计算机科学正试图与大脑研究产生一个明显的交叉，但迄今为止，这些交叉小而且极微弱，也正因为如此，一些人就完全否认这

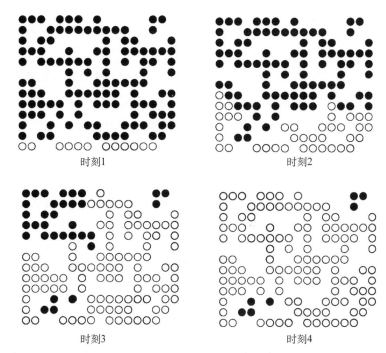

图 3.1　逾渗过程。白色区域以一定的概率感染最邻近区域。逾渗问题的特征是存在着一个临界的概率值，当超过该值时，全体均会受到感染。

种联系的存在。

　　为什么我们如此急于找到逾渗联系是极为引人注目的。是出于美学的理由？还是继承宇宙大一统的一神教信仰传统，使我们倾向于相信在某个更深层次上万物是彼此相关的？对于宇宙的描述而言，一条最终原理必定优越于两条原理。在讨论基本规律时，统一性比多样性更容易得到认同。

　　逾渗图像抓住了这一潮流的本质。有时从知识的主要传播点来看，在很长时间内观念集合彼此仍不相关。这很可能是因为在更基本层次上它们是错误的，所以不能将其与其他已知的事物联系起来。但也存在着相反的例子，如爱因斯坦的广义相对论，它的发现已远远超越了他那个时代。爱因斯坦的著名理论在很长时间内，在与实验方法，即与天文学和引力的实验研究相接触、共同发展之前，一直是个孤岛。直到最近，它才开始与基本粒子研究、其他自然力的研究相互渗透起来。颇具戏谑意味的是，逾越这一逾渗发展障碍的前驱，普林斯顿大学的威滕（Edward Witten）*，却被认为超越这个时代 50 年。[14]

自然界的一个微妙之处在于，它是以这样一种方式构成的，即不需要发生整体逾渗，在各个独立的知识孤岛内推进知识就可以取得相当大的进步。科学能够通过还原论取得相当大的进步。流行的整体主义观念认为，要理解整体的部分，需要理解整体的一切，但这不为我们的科学方法的经验所支持。那些采用神圣的整体哲学的东方文化企求科学神速进步，但结果反而是进步很小。这并不是说，在理解事物时整体的观点不占重要的地位。它确实重要，不过是要在一点一点地理解自然、取得足够的进步之后才行。

这一逾渗图像的另一特征是，在我们知识的相互联系水平上对发生突变的期待。如果方向正确的话，许多小的进步能够在我们相互关联的知识核心产生巨大的飞跃。然而，稳定进步的小增长是特定知识岛屿的标志，而飞跃和边界是不同知识岛之间逾渗的特征。这个图像与库恩（Thomas Kuhn）**的伴随激烈变革的范式迁移不同。[15]库恩的图像不能认识到存在着采取新理论和新图景的某些理由，这些理由并非简单地是可能出现在集体活动变革中的那些原因，不管是巴黎的时装、有组织犯罪，抑或是发型的变化。

----

* 　威滕是引力学家的儿子，在 1971 年获得了历史学学位并想成为一名记者，但不久后便到普林斯顿学习物理并于 1976 年获得博士学位。他倾力建立合理的现实世界的超弦模型，20 世纪 80 年代，他从拓扑学和量子场论中创建了一种新技巧，并由此而获得了1990 年度的菲尔兹奖。——译者注

** 　库恩认为，"范式"可以指导科学家应该相信什么，怎样去从事研究。但是，总会有范式无法解释，甚至与之相悖的现象存在，当这样的"反常"积累到一定程度，就会引发科学革命。——译者注

和这种逾渗式科学进步观类似的一件事，是我们对什么是伟大进步的感受。伟大的思想将表面上毫无关系的概念统一了起来。正是在这里，同时蕴含了艺术和科学的美的感受。美是表面上的多样性的统一存在。这种统一性可以在思想的模式中，也可以在花瓣的图案中，甚至在定义悲剧英雄的特征中找到。这里同样存在着危险。非正统科学充斥着徒劳地寻求"魔力公式"的企图，用一些数字来导出自然常数，不管是金字塔的尺寸、音阶的音符还是 π 的小数展开。我们具有一种统一本能，这是我们智慧的一部分。我们可以综合不同的事实，分类并综合，找出共同的因素，相应减少需储存的信息量，并将其取出。所有这一切都表明，并没有一个魔力公式或魔力定义可以定义什么是好的科学。

杂乱无章学

你不会拼写的东西都不会起作用。

——威尔·罗杰斯
（Will Rogers）

考虑科学在遥远的将来将走向何方时，认识到科学探索的双重推进很重要。对基础物理学这样一类学科的探索就是找出自然最基本的砖石以及支配它们的定律。当前，人们只相信存在四种这样的"自然力"，并且相信它们并不是彼此独立的力，而只不过是一个单一的"超"力的不同表现形式而已。强力、弱力、电磁力和引力，这四种力支配着在宇宙中已经观测到的每一个物理现象。描写这些力的数学理论均是冠以"规范"名称的理论的特殊形式，规范理论的结构来自描述某种力的自然定律在对称性下保持不变的特性，而对称性是由该力所支配的粒子性质所产生的。将这些力统一到一个理论的大统一方案，就是寻找一个将它们联系起来的对称模式，使这四种模式能够嵌入并统一成为一个。这有点像拼图游戏。这一寻找的可能结果将在第五章中讨论。这里，我们的目的是强调下述要点：纵使我们知道的这一小部分自然定律已经是全部的定律，并且它们的统一也令人满意地实现了，仍然会留下大量的事情要做。

知道自然定律是一回事，通晓这些定律的结果则完全是另外一回事。自然定律的结果要远比定律本身复杂得多，因为定律的结果并不需要具备定律的对称性。我现在正站在宇宙的某个特定的地方，但自然定律对于特定的时间和地点并没有任何偏爱，它是完全民主的。实际上，对于定律的任何结果，这些对称性都是破缺的，或者是隐藏起来的。这一简单事实，就是宇宙之所以如此、之所以可以由很少的一组简单的对称定律来描述却又显示了极大量复杂的非对称状态与结构的理由。它也揭示了科学为何如此艰难的理由。我们所见到的是通过周围事件和结构所表现出来的、具有对称破缺的世界，我们必须从相反的方向着手，重建支配它们的对称定律。

对定律与结果的科学展望的差异，将帮助我们理解为何对科学的某些领域作展望时会显出不同性。试问一下粒子物理学家，世界是什么样的，他们很可能回答你说，这是非常简单的，只要你以"正确"的方式看待它，每一事物都是由几个基本力所支配的。但如果向生物学家或凝聚态物理学家问同样的问题，他们将会告诉你世界是非常复杂的、非对称的、无序的。粒子物理学家利用对称性和简洁性研究基本力，与此相反，生物学家注重的是因自然定律的非对称性而形成的复杂世界，这里的规则是对称破缺与简单要素的复杂组合。观测到的结构之所以常见，是因为它们是各种可能中最持久的，而非是最对称的。

如果我们重新注视科学未来的历程，那么在基本力数目与不同基本粒子的多样性水平上，可以想象我们的宇宙是相当简单的。我们也许可以做到对这些力在逻辑上自洽的描述。有时，此种完善的类型被叫做"万物理论"。但值得指出的是，在这里事实上是误用了英语单词。* 对外行来说，"万物"意味着所有的事物，不再有任何的遗漏！但这绝不是物理学家的本意，万物理论实际上是将不同的自然力（目前相信仅有四种）统一起来的尝试。作为附带的作用，它同时也应该做一些给人深刻印象的其他的事。例如，它可以预言所有最基本的物质粒子及其性质，如果它能做到这些，则它为观测验证提供了相当清晰的预言。但必须提请注意，别对这种理论期望过高。它并不是神谕，可以对宇宙中已观测到的每件事都做出解释，并列出其他事物的清单，对于这些事物，如果我们站在适当的位置便能看到它们。由能量和物质的组合而产生的不同复杂结构的数目可能是没有上限的。许多我们所熟知的最复杂的实例——大脑、生物、计算机和神经系统，并不因为有了万物理论而增加我们对它们结构的理解。当然，万物理论允许这类结构存在。它们的子系统的组织方式使其表现出复杂行为。存在着一个万物理论是一回事，找到它的所有解（或甚至只是某些解）则又完全是另一回事。这并非是杞人忧天，目前这种包罗万象的理论的首选者——弦理论——似乎是包含了关于物质的基本粒子的所有信息，但迄今为止，还没有人知道如何求解这一理论，以得到这些信息。目前所要用的数学超出了我们的能力。

于是，当我们探讨科学的命运时，我们必须注意到科学进步的双重性。我们至少可以想象基础科学可能达到它的目标。（稍后，我们将看到几种也许达不到的方式。）然而，要想象这些定律所产生的结果如何分类并非易事，而恰恰正是这些结果才是应用科学和技术发展的动力。

---

*　万物理论的原文为 Theory of Everything，有时缩写成 TOE，持不同看法的学者便戏谑地称其为脚趾头（toe）。作者在这里阐述了它的准确的含义。——译者注

近年来，基本粒子物理的发展，已经将注意力集中到寻找最终的"自然定律"之上。这已经导致了多种关于即将看到"物理学的终结"的宣言。[16] 但是从来没有人说过对自然定律所能产生的结果的研究也将到达终点。为了得到实际情况的总概况，用曲线将不同科学的状态画在一张图上是有益的，其中纵坐标表示我们对支配事物运动的定律和方程理解的程度（即自然定律），横坐标是由这些定律的结果所表示的复杂性水平（定律的结果）。当复杂性增加时，我们的理解以及在一定精确度下预言将要发生的事物的能力，也就随之下降（参见图 3.2）。[17]

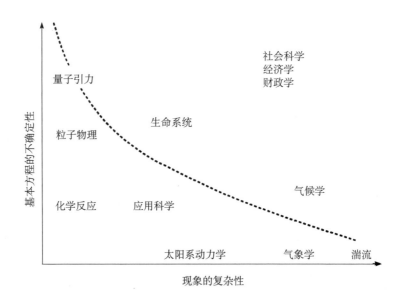

图 3.2　描写各种现象的数学方程的不确定程度与现象的内在复杂性之间关系的图形表示。参照了吕埃勒（David Ruelle）的工作。

我们可以在图中做出一条虚线，如图 3.2 所示。在某种意义上讲，它将这些学科分为两类，一类是对正在发生和为什么会发生已经有了很多理解的学科，另一类是尚未很好理解的学科。要注意到，知道支配你所研究现象的定律是可能的，如对高度湍流的研究，但一旦要去解释看到的现象就会陷入困境。

选择性极限和绝对极限

> 隐藏在所有普通数后面的是无限多个超越数，在你深入数学内部之前，你永远也不可能猜到它们的存在。
>
> ——卡尔·萨根 *[18]
>
> （Carl Sagan）

当我们考虑物理世界知识的未来发展可能存在极限时，我们处处都需要区分极限的不同起因。假定所有可以知道的东西放在一只只盒子里，放在我们的面前排成一行。这行队伍可能有个尽头，也可能没有尽头。如果假定它没有尽头，那么对于我们的世界知识就可能存在一个"绝对"的极限，我们及我们的后代只可能打开有限个盒子。尽管未打开的盒子内所含的信息很可能与已打开盒子的信息完全相同，但在没打开之前我们无法知道这一点。因此，令人奇怪的是，我们永远也无法知道我们是否已经知道了所有的事，即使我们已经知道了所有的事。

另一方面，我们也许会遇到进一步的困难。盒子也会越来越小，从而越来越难以开启，这意味着要取得这个世界下一层次的知识就必须付出更大的努力。在某些情况下，我们也许会碰到极难开启的盒子，也许在深层次上这与世界本身的特性有关；或者盒子虽属普通，却受到经济制约而无法开启。这些分别给出了绝对的极限和实践上的极限。

还存在着另一种可能性，在我们面前的这行长队中，每十只盒子中我们仅能开启其中一只。于是，我们能够发现事物的数目是无限

---

* 美国天文学家、科普作家，研究生命起源、行星表面、行星大气等，著有《宇宙中的智能生物》《伊甸园之龙》等。——译者注

的，但探索自然的效率却永远不会超过百分之十。在这种情形下，我们的认知存在着一个"选择性"极限，而不是绝对极限。人们还可以进一步精确化这个图像。于是，我们有可能取得永无止境的知识进步，但对于每一步来说，我们所揭示的不过是可知事实的无限小部分。如果不可知事物像所有小数集合那样稠密排列，而可知事物的集合是用所有自然数的无限序列1、2、3、4、5……来标记，那么，尽管我们没有遗漏这个序列上的任何发现，但仍然遗漏了无限多个事物。这种由于我们能力所限而不能在某些领域去发现所有事物的选择性极限，就如化学分子的全部变种，或者象棋的每种弈法，与那种无法逾越的边界是有明显区别的。这个观点首先是康德指出的：

> 在数学和自然哲学中，人类理性承认存在极限，但不承认存在边界。也就是说，它承认确实有事物存在于其之外，是它永远无法触及的，而不是在其内在进程中随时会完成的。我们数学视野的扩大和新发现的可能性是无限的：自然界的新属性、新力量和新法则的发现也是如此……[19]

选择性极限虽然存在，但我们却无法意识到它的存在，这是一件令人好奇的事。在长时期内没有新的基本发现的话，绝对极限就显露出来了。[20]与此相反，从人类的立场出发，科学正显示出加速的趋势（我们可以开启的百分之十的盒子，总是含有重要的新信息），纵然我们得到的可能是能得到的信息中越来越少的部分（未打开的盒子可能含有更多的信息！）。看来，这是过去和现在实际情况的优美图像。回顾往昔，我们看到，尽管遗漏了大量的东西，仍然取得了不断的进步。我们现在知道，如果当时的研究者知道去何处找寻的话，那些遗漏的东西是可以被发现的。在任何历史时期，不仅存在会问而不会答的问题，而且存在着没有理由去问的问题。不论经济和人类资源中有多少可供毕达哥拉斯用来研究自然世界，用我们今天的标准来衡量，他的成果都将会是相当肤浅的。他还不知道问什么样的问题，更不知道如何回答了。没有任何理由怀疑今天事态的状况有何不同。

由选择极限描绘未来的重要方面是有重大的实际意义的。纵然原则上永远都可以学习新事物，但我们能以怎样的速率去学习？学习的成本又是多少呢？

我们是建筑师还是外科大夫？

> 思想史学家很快就会沮丧地发现，他们的课题在数学上显示出稠密性，任何两位撰写有关问题的人之间一定会有另一个人出现。
>
> ——加哈姆·普里斯特[21]
> (Garham Priest)

了解世界有两条重要道路。第一条道路有时称为简化法，它通过切割复杂事物，一步步将其分解为简单的、可以处理的部分。它将对复杂事物的解释约化为它们是如何组成的论述。有时也称之为对自然的自下而上研究方法。此法走向极端的话将是这样的，人类心理学约化为生物化学，生物化学约化为分子结构，分子结构约化为原子物理学，原子物理学约化为核物理学，核物理学约化为基本粒子物理学，基本粒子物理学约化为量子场或超弦，超弦约化为……嗯，数学，真的如此？这种做法显然有其积极的一面，在我们探索世界时起过很重要的作用。基本粒子物理前沿定义了最小的尺度，我们已经用它来研究物质究竟是由什么组成的。但这并非是认识事物的唯一途径。纵然它在理解相对简单的事物时十分有效，但用于发现世上最复杂的结构时，就常常发挥不出其功能。糖浆是黏的，它又是由原子组成的，但我们不能期待每个原子都带有一点儿黏性。

非常复杂的系统有一个共性：极大量组分的复杂组成方式显示了它们的复杂性。不论这种结构是经济行为、气象系统、液体还是大脑，它们之所以是这样或这样行为的，主要不在于它们的组分是什么，而在于它们组分组成的方式。我们所列举的全部例子，如果从足够深的角度去看，它们都是由原子组成的，但这些并不能让我们了解书和人脑之间的区别。

复杂结构看来具有一个复杂度阈值，当超过这一阈值时，复杂度会突然出现一个飞跃。考察一群人的集合，一个人可以做许多事情，加入另一个人以后会产生相互关系，一般地，加入更多的人之后，复杂的相互关系数将剧增。当经济系统、交通系统或计算机网络的相互关联的组成部分的数目增加时，这些系统都表明其性质会突然出现飞跃。在相互连接的逻辑网络中，复杂度达到非常高的水准，比如说大脑，就会出现意识这一最奇特的属性。

对称定律与复杂结果之间的不同，常常体现在科学自组织的方式上。某些学科，如生物学，专门研究复杂结果的纷杂世界，而另一些学科，如粒子物理学，则主要关注自然界基本定律的原始对称性上。这些不同领域中科学家的素养是迥然不同的。偶尔，会有某个领域的科学家将他的经验应用到另一个领域中去。这是很有趣的一件事。理解意识的努力提供了一个有趣的例子：展现了两个不同科学分支会给出不同的心理学特征。生物学家和神经生理学家习惯于研究复杂的自然结构，这种结构是偶然的过程和自然选择的历史造成的，并以一种纷杂的方式出现。他们期望把意识作为复杂现象来解释，经过一个长期过程，极大量的平凡过程自组织为一个结构，它以神经网络的方式学习，也就是说，意识像一个计算机系统，演化的背后隐含着的是微观的自然选择。这种纷杂类型解释的一个典型例子是埃德尔曼（Gerald Edelman）神经达尔文学说的图像，[22]其中，对称性或简单性并不起必要的作用，简单地说，持久性和边际优势在长时期会胜出。在这里，大脑网络的发展是一个不断演变的实体，有用的、经常用到的连接得到重视，而其他不常用的则被忽略。

基础物理学家展现了一种很不同的倾向性，在他们的学科中，最重要、最深刻的事是自然定律后面的基本数学结构。物理学家期待的"重要"事情是最基本的，基本意味着简单、对称或数学上的精妙。这些不意味着适者生存。作为一个推论，物理学家发现难以想象他们认为的基本东西会有一个纷杂解释，他们宁可从优美的数学对称要求得到解释。当然，物理学家认为意识有基本的重要性，值得加以阐述，因而他们中的一些人倾向于认为它不可能有一个复杂、凌乱的解释。[23]同时，让生物学家大吃一惊的是，[24]他们在微观水平上引入像量子引力和内在不可计算性来解释思维的宏观性质。

未来的市场

> 永不说永远不再。
>
> ——詹姆斯·邦德*
> （James Bond）

让我们用最简单方式去思考科学的可能未来，只需考虑两个方面：对于可被发现的自然基本信息，是否存在一个无限的仓库？我们的能力是否受到限制？这将可能出现四类不同的未来：

---

* 邦德系美国著名系列谍战影片《007》中的英雄人物，该影片改编自英国作家弗莱明所著的间谍小说。——译者注

第一类未来：自然界没有极限，人的能力也无极限；

第二类未来：自然界没有极限，人的能力有极限；

第三类未来：自然界有极限，人的能力无极限；

第四类未来：自然界有极限，人的能力也有极限。

在我们详细探讨这些未来的可能性之前，记住一些一般性的要点是重要的。当我们考虑"关于自然界，也许只有有限多个事物要去了解"这种选项时，我们谈论的不是自然界表现出来的不同事物的数目——在一个无限宇宙中星系的数目可能是无限的——而是我们描写自然界中个别事物的整个集合的基本原理和"定律"的数目。实际上，对有限性的限制并不像初看起来那么彻底。雪花的可能数目，音乐作品的可能数目，或者人类基因允许的数目，都可能被随意地认为是"无限"的。但在上述每一种情况下，可能的数目并不是无限的：它是巨大的，却是有限的。

如果存在着无限多种不同的复杂形态，则我们面对的是无法战胜的挑战。科学哲学家尼尔（William Kneale）担忧在结果的复杂世界里掌握一切的前景：

> 如果"自然的无限复杂性"仅仅意味着复杂现象的无限多种翻版，则最后构造一个成功的理论并不存在什么障碍，因为理论并不是针对某种特殊现象的。同样地，如果仅仅意味着自然现象的无限多种变化……则它也可以在一个统一理论中得到理解……如果说在柏拉图的天国里确实有正确的解释理论，但它是无限复杂的而不能被人理解，那它对我们并没有什么帮助。因为如果存在一个无限复杂的命题，它肯定不能是通常意义下的单一解释理论，而很可能是解释理论的无限长链。如果此外再无其他

有效的理论的话，或许我们可以对这个链作连续近似，但在这种情况下，我们成功的最好希望是通过稳步累积长链中的各个理论，而不是通过无休止的革命。[25]

当我们讨论人类能力的未来时，我们不需要将自己限于那些独立的人类研究。就像我们可以使用高速计算机去做"超人类"工作那样，我们可以期望在遥远的将来，各种形式的人工智能可以做更多的事情，而不再局限于简单地提高人类计算速度，或者在同一时间内收集并比较大量数据。最终，机器智能以可预见与不可预见的方式扩展着人类能力，并将整个科学事业向前推进。

为了描绘通向四类未来的过程，采用知识随时间的变化图是很有用的（参见图3.3）。图中的曲线画出了宇宙知识的增长。该曲线的上方代表未知领域，而下方代表已知领域。总的知识量累积就是进步曲线下的面积。在每种情形下，我们都必须记住，人类探索活动可能不是一种无限持续下去的活动（无论发现可观测宇宙中事物的能力是否受限）。很容易想象人类消亡的未来。[26] 我们能够看到，我们已经接近升级为全面核战争的危险；工业污染正在威胁我们这个星球的

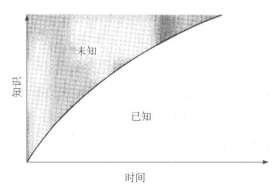

图3.3 进步曲线。知识随时间增长的图形表示。
曲线将已知和未知领域划分开来。

气候稳定；能源正慢慢地耗尽，非化石燃料带来新的环境危机；每隔数十万年就会出现一次冰川期；与流星、彗星和小行星相撞是对行星生命的常见威胁；疾病或主要食物源的腐败对人们是一种持续的威胁。生存是艰难的：当世界变成一个不断复杂的技术系统时，遭受它自身发展的突发打击的危险性也在不断增加。

认真考虑这些事情，就不难想象，进入工业化的人类社会文明要存在很长时间是困难的，甚至是不可能的。当技术知识达到一个临界状态时，不可避免地会逐渐（或者突然）导致它的拥有者的灭绝。如果确实如此的话，极长寿的文明可能是非同一般的，我相信它在本质上（而不是程度上）与我们的不同。我们不应忘记将人类（甚至超人类）的进步无限外推到未来时要冒不现实的风险。纵然文明社会不是自毁的，作为宇宙的一部分，它们也将面临环境危机，例如恒星耗尽核能、星系解体等等。它们甚至会面临整个宇宙的大坍缩，大坍缩的景象就是将大爆炸过程整个倒过来。[27]这些背景将被忽略，除非它们会给长寿命的文明社会提出挑战性问题。他们的生存最终取决于他们解决这些问题的能力。然而，在这里我们的社会已给大家上了一课。让政治家和政府去计划遥远的未来是很难行得通的。今天和明天面临的问题就够多的了，数千年后的将来的问题只能让它去了，有什么社会乐于将大量人力物力投入到数万年后的未来问题呢？

第一类未来：自然界无极限，人的能力也无极限

此类未来似乎是我们过去与现在经验的简单外推。新的发现不断出现，随之带来新问题和对老问题的解答。这样的进步并非不可抗拒地勇往直前，可能会由于进步放慢，或甚至于衰落而出现黑暗时期，也可能由于爱因斯坦或者达尔文的深远见识而掀起汹涌澎湃的进步浪潮（参见图 3.4）。

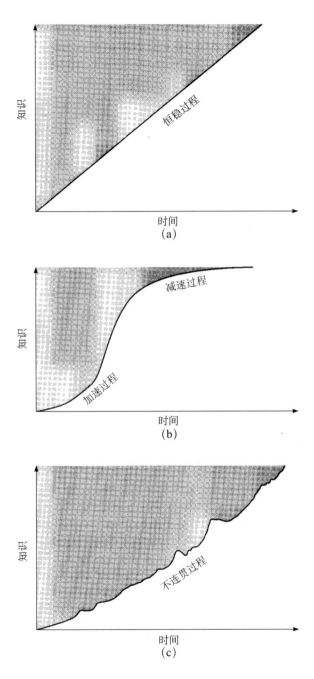

图 3.4　三种不确定的知识扩张模式：（a）恒稳扩张；
（b）可变扩张：开始的加速被减速所替代；（c）受到微
扰调整的整体扩张趋势。

进步曲线的形状反映了时间间隔的特征，如人类寿命、特殊的学派以及当时的社会环境等特征。然而无限进步并不意味着获得信息所花的代价都相同。一个逐项递减的序列加起来仍会产生一个无穷大的和，例如下述级数，

$$1 + 1/2 + 1/3 + 1/4 + 1/5 + 1/6 + 1/7 + 1/8 + \cdots\cdots$$

尽管每一项都比前一项小，但它的和却永远不会逐步逼近某个极限。* 只要你取足够多的项，它的和就可以超过你设想的任何数。[28] 我们称其为"发散"级数。如果这样的级数的每一项代表未来每十年所取得的进步，则总的进步将永远不会有上限存在，但进步的速率将变得愈来愈慢。

这一示例表明，无限制的进步并不一定意味着加速进步。进步曲线也许会变得越来越平坦，新的重要科学发现最终变得在人的一生中不会多于一次。一旦这种情形开始，将给后继的研究以无情的打击，其他新奇、实用、舒适的追求也许将会更有吸引力。

对此类遥远未来的辩护，要求我们认真对待两种外推：其一，我们需要考虑自然界是否可能为我们提供足够多的重要事物让我们去发现；其二，是否应当期望我们的能力是无限的。

直到不久前为止，对自然界是一个用得完的宝库这类想法，大多数科学家仍然会感到浑身不舒服。但是，基本粒子物理学的发展为我们拓展了新视野，自然定律——物质的基本粒子及其间的相互作用——只有很少的几条，为此它们要受到逻辑自洽要求的约束，从而只表现出几种特殊的形式。如果有一位时间旅行者，他从未来走来告诉粒子物理学家说自然界只有四种基本相互作用和一个描述一切的超

---

* 上述级数通常称为调和级数，该级数从第二项开始的每一项是相邻两项的调和中项。调和级数的前 n 项和 $H_n = \log n + C + \gamma_n$，其中 $C = 0.57721566490\cdots\cdots$ 是著名的欧拉常数，当 n 趋于无穷大时，γ_n 趋于零，而 $\log n$ 发散。——译者注

弦理论，他们一点儿也不会惊讶。

在这一特殊的方面，科学的努力可能会完成。每当我们更深入地去看待自然定律的结构时，我们得到的印象往往是事物要比想象的简单。这就像大多数专业计算机程序员，可以写很短的程序去执行某些特别的任务。由此我们也可以期待，所谓自然定律的最后程序的设计师将以优雅的方式极其合理地使用逻辑和原料。人们通常倾向于这样的看法：定律应该是复杂而难以理解的，因为它反映了宇宙的奥秘。但这实在是一种奇怪的偏见。这种观点起源于造物主必定是超人的想法——难道没有比超人更好的方式来解释不可理解性吗？用 500 页的说明来讲清如何装配模型飞机一事大家都能做到，但如果要求只用 10 行来说明就不那么容易了。内在的简单性远比复杂性更深刻。关于宇宙最重要的事情，也许最终会变成少量的规则和几个需要定义的部件。另外一种可能性是存在着无穷尽的复杂性：每当进入到更小的领域，就揭示出结构的新天地，每当测量微弱力的能力有较大的提高，就会揭示出崭新的、以前被隐藏起来的效应。玻姆（David Bohm）被这种信息的无限深井所深深吸引，将其作为自然界的标志：

> 一般而言，通过发现多样性后面的统一性，人们将得到定律，它包含了比原有事实更多的内容……至少作为一个有效的假设，科学假定了自然界的无限性，在与事实的符合程度上它要远比我们已知的任何其他观点好得多。[29]

维格纳同玻姆一样，也认为自然界是无限的。他是 20 世纪最伟大的物理学家之一。维格纳把自然看成是由层层复杂性组成的，这有点儿像剥洋葱，剥了一层又一层。为了贯穿这些现实的层次，我们需要发展越来越深的概念。在尚未谈及我们所面对的层次是有限还是无限之前，维格纳就看出没有理由认为我们能逾越所有概念障碍达到最后的理解：

> 为了理解现象的增长主体，将需要把愈来愈多的概念引进到物理学中，这一发展并不会以最终的发现和完美的观念而终结。我相信这是对的，我们无权期待我们的智力可对非生命的自然现象有完全理解，从而产生完美的观念。[30]

当我们寻求到理解宇宙的组成及其支配规律时，我们发现了不同的情形。通过以复杂的方式将原子和分子（说不定还有夸克这样的亚核粒子）组合起来制造的仪器是无穷尽的。19 世纪的计算机械发明家巴贝奇（Charles Babbage，1791—1871）看到了技术创造自维持的可能性：

> 科学技术在推广和增长时遵循与支配物质世界十分不同的规律……我们从知识的起点走得越远，它就变得越大，它给工作者的能力也就越大，新的方面也就加入到它的领域之中……对于高速扩展的视野来说，所有已得到的所占比例正在不断减少……也许会发现脑海中有关物质世界的领地正在不断加速地向前推进。[31]

可构造的复杂性是否需要一个极限呢？就我们目前所知来说，这是不需要的，不过我们即将会看到，构造仪器和网络的能力显然是有极限的，它们用来全面开拓复杂性。这些计划需要时间和资源，只有具备十分充足的理由时，才会去做这种事。

第二类未来：自然界无极限，人的能力有极限

这一类型的图像（参见图 3.5）要求的想象力要少一些，如果进行随机抽样调查，此类图像极可能得到最多的支持。显然它采用了中庸之道，既尊重自然的多样性，又认识到我们自身的局限性（参见图 3.5）。

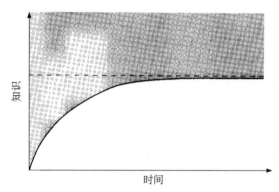

图 3.5　第二类未来。知识总是增长的，但有极限，而自然界无极限。

尽管我们做出新发现的能力是有限的，但这并不意味着我们的知识不能永恒持续增长。但它将越来越接近于许多可能的极限中的一个所施加的限制，比如我们大脑的本性，物质和能量的缺乏，或者我们的尺寸。在这一舞台中，无论我们的研究持续多长时间，事实上永远也不可能达到这个极限。

在另一些图像中，我们也许会在有限的时间内到达极限。继而，再向前进所需要的费用也许是我们无法提供的，或许，我们也会在观测过程、信息储存或运行速度等方面遇到一些基本的极限。

回顾往昔，我们关于世界的知识将在不久而不是在遥远的将来停滞的观点曾令人吃惊地流行。18 世纪法国著名学者狄德罗（Denis Diderot，1713—1784）在 1754 年写道：

　　我几乎敢肯定，要不了一百年，你在欧洲将找不出三个伟大的数学家。这门学科将完全停滞在那儿。这是伯努利（Bernoulli）、欧拉（Euler）、莫佩尔蒂（Maupertuis）、克莱罗（Clairaut）、方丹（Fontaine）、达朗贝尔（D'Alembert）和拉格朗日（La Grange）曾到过的地方。他们已经竖起了天涯尽头的标牌，*再也无人能够由此前行。[32]

英吉利海峡的另一边，有位叫戈尔（George Gore，1826—1908）的科学家对这些可能性做了详尽的阐述。他首先发问，自然结构是有限的吗？

　　尽管我们知道可能知识的实际极限很少，但有迹象表明自然界并不是在任何方面都是无限的。能量形式和基本物质形式的数目很可能是有限的……不同原子将组合成不同的物质，不仅这种配置的无限变化很可能是不存在的，而且作用力的许多组合是不自洽的，不能共存。所以，综上所述，反映它们的可能知识的总量也可能会有一个极限，支配有限种物质与有限种相互作用力的定律数目自身也必须有限。[33]

然后，戈尔接着说出了他的怀疑，即人类知识将永远落后于自然界所提出的挑战：

　　人类知识的未来极限似乎是遥遥无期……我们的知识是有限

_____

*　原文为赫拉克勒斯（Hercules）的柱子，赫拉克勒斯是希腊神话中主神宙斯之子，力大无穷，曾完成十二项英雄事迹，就像中国神话中的孙悟空那样。孙悟空曾经到达他所认为的天尽头之处，并留下了标记。——译者注的，但我们的无知几乎是无限的……整个可获取的知识远远超过了人类大脑的能力，揭示大脑需要无限的劳作，所以要极长的时间……在解释宇宙各不同部分的现象并成功地预言效应上，人类有限的智慧在未来到底能走多远呢？目前甚至没有人可给出任何猜测。

当然，除非自然界是以人类为中心而设计的，这样才能使有思维能力的人类与其复杂性相匹配：

> 然而，人们可以合理假设整个自然界是一个高明的设计系统，原则上不存在人类智慧所不能理解的。现在尚未理解的大量真理，只不过是我们尚未得到发现它所必备的预备知识而暂时没有理解而已。不停顿地活动是人类赖以生存的必要条件，由此我们也可得出如下结论：将会发明新的、改进的知识研究过程，整个宇宙的科学真理最终将被研究和发现。

在戈尔的结束语中，我们看到了这样的希望，富有探索性的人类精神将逾越所有的障碍，征服未来，使知识的征服跟上地球上探索和发现的前进步伐。

第三类未来：自然界有极限，人的能力无极限

如果自然的基本定律及物质与能量组成复杂结构所遵循的原理是有限的，则无限的能力足以发现所有的事物。在某些阶段，我们将在某些重要方面完成科学大业，即所有的基本发现都将完成（参见图3.6）。所余下的工作只不过是测量精度的提高，尽管会得到新的事实，但只是一些细节，多一些有效数字而已，基本理论不可能由此诞

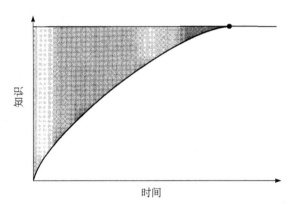

图 3.6　第三类未来。对于完全理解自然界，它要求
一个有限的信息总量，并且处在人类能力之内。

生或消亡；科学论文可能会报道已有的理论在新的精度上被确认，但
不会有更多的惊喜。当然，我们永远也不能确定它的来临，但是随着
岁月的流逝，热情会随之减退，富有创造力的大脑会到其他领域寻求
挑战。或许设计其他更复杂的虚拟宇宙比研究我们自己的宇宙更有趣。

　　费曼（Richard Feynman）* 也许并不情愿地受到了这种观点的诱
惑。他在基本粒子物理方面的工作表明了一个由少数定律和基本力支
配的世界体系。考察一下当多年后他转向复杂计算系统时，他的观点
是否改变是很有趣的。他困惑着说：

　　　　这一探索的未来是什么呢？最终将会发生什么呢？我们一直
　　在猜测定律，而又有多少定律可供我们猜测呢？我并不知道。我
　　的一些同事说，我们科学的基本状况将延续下去；但我却认为一
　　定不可能永远都会有新事物，譬如说千年之后，我们不可能发现
　　越来越多的新定律……犹如美洲的发现，你只能发现一次。我们

*　美国物理学家，因在量子电动力学方面所做的基础工作而获得了 1965 年诺贝尔物理学
　　奖。与盖尔曼合作创立了弱相互作用的定量理论。——译者注

所处的时代是不断发现自然界基本定律的时代，这样的日子一去
不复返了，未来显然会有另外的兴趣……将会出现观念的退化，犹
如在旅游者开始抵达某地时，大探险家的感觉就会衰退一样。[34]

另一位美国科学家格拉斯（Bentley Glass）在一次讲演中，讨论
了布什所主张的"无垠的视界"观点是否成立的问题，他强调了如
下的区别：基础性发现可能会穷尽，而作为次要的科学活动，填补细
节的工作将永远不会停止。

余下要学的东西确实会降低我们的想象力。然而，我们就像
新大陆的探索者，在很多方面冲破了束缚，移山倒海。还有无数
的细节需要填补，但无垠的视界却不再存在。[35]

第四类未来：自然界有极限，人的能力也有极限

此类型是最为复杂的未来景象。如图 3.7 所示，存在着三种主要
的可能性。

由于荒诞的巧合，图中所画的两种极限可能会重合，所以我们能在
有限或无限时间内刚好学到所有可以知道的事物［参见图 3.7（a）］。
这将隐含某种宇宙阴谋，其对象就是我们自身，这正是戈尔所推测的。
更现实一点，我们将期待这两种极限有较大的差别。或许，我们能力
的极限可以达到如此高的地步，以致我们能确定所有支配自然的基本
原理［参见图 3.7（b）］。这将是一个极不寻常的自指情形。这将意
味着大脑（或其人工智能替代物）将具有比支配所有可能的有组织复
杂性的全部原理集合更高的复杂性。这也许是根本不可能的。更有可
能的是另一种情形，我们的能力远远落后于自然界所具备的［参见图
3.7（c）］。实质上，这一种可以约化为前面所介绍过的第二类未来。

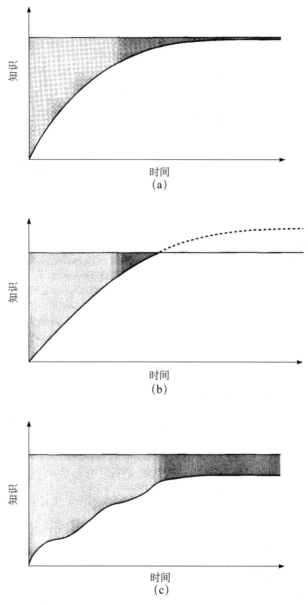

图 3.7 第四类未来，自然界和人类成就都是有限的，可以有下述不同的形式：（a）由于巧合，两种极限是相同的，经过有限时间（或者无限时间）后人类研究可以达到自然界极限；（b）自然界的所有事物都可以在有限时间内得到理解，这是因为人类的能力超过了它，该形式与第三类未来相似；（c）人类成就落后于自然界所拥有的，这是与第二类相似的未来。

还余下多少等待着我们去发现？

见人见所见，思无思之思，是谓发现。

——阿尔伯特·冯·圣哲尔吉[*][36]

（Albert Von Szent-Györgyi）

也许初听起来会有点奇怪，在科学上，对于还有多少基本原理尚待发现可以做出定量的判断。这个问题类似于在一篇文章的校样中找出打印错误。假定杰克和杰尔是两位编辑，分别校阅由某位记者所供的新闻长稿。杰克发现了 A 个打印错误，而杰尔发现了 B 个打印错误，他们共同发现的打印错误是 C 个，那么你认为文稿中剩下的未发现的打印错误是多少个呢？[37]

假设文稿中错误总数是 E，即余下要寻找的错误数为 $E - A - B + C$，其中 $+C$ 是避免重复扣除两人共同找到的错误。再设杰克发现错误的概率为 p，杰尔发现错误的概率是 q，又因为两人是独立寻找错误的，则我们有 $A = pE$、$B = qE$ 和 $C = pqE$。所以，$AB = pqEE = CE$。现在我们得到了解答，未发现的错误数等于 $E - A - B + C = AB/C - A - B + C$，其中我们已用 AB/C 替代了未知量 E。重新整理公式，我们证明了，未发现的错误数等于 $(A - C)(B - C)/C$，即

$$未发现的错误数 = \frac{（仅由杰克发现的错误数）·（仅由杰尔发现的错误数）}{由杰克和杰尔共同发现的错误数}。$$

这一结果具有深刻的涵义。如果杰克和杰尔各自发现了多个错

---

*　美国生物化学家，出生于匈牙利，发现并分离出维生素 C，研究维生素 C 等有机化合物在细胞氧化过程中的作用，获得 1937 年诺贝尔生理学或医学奖。——译者注

误，但并未发现有一个相同，则说明他俩不是好校对，还将有许多错误等待着人们去发现。

　　校对文稿与科学的未来有什么关系呢？显然，同样的推理可以应用于下述问题："还余下多少科学发现等待着我们呢？"对应于独立的校对，可用不同方法研究自然。例如，不同波段的天文观测，不同能量区域的粒子物理实验，等等。然后，要问已有多少基本发现是由不同的研究者各自独立完成的，还有多少是由一个以上的研究者做出的。上述公式可以轻易地推广到任意多个独立研究者，并对有待寻找的基本发现数目给出一个估计。在这个估计中，我们并不需要知道 p、q 值，即任何一种研究有多大可能做出一个发现。[38] 不管人们是否将具体的数值代入这些公式，它的价值在于提出了科学的状态可以用不同研究战线上的重复发现度加以评估。由于大自然是相互深深纠缠在一起的整体，由完全不同的观测技术得到的重复发现度，在探索宇宙结构的深度上，给了我们一些洞察。在过去的 15 年里，粒子物理与天文学之间交叉发展提供了此类相互关系的最著名范例。有关宇宙结构的大量预言，譬如宇宙中存在大量不发光物质，就是从粒子物理和宇宙学两个独立的探索路线所得的结论。当这种情况发生时，我们有理由相信，有待去寻找的新发现要少于已经从两条研究路线得到的不同类型预言。

本 章 概 要

心愿无限，成事可数。
欲海无边，实践有垠。

——莎士比亚[39]
（William Shakespeare）

　　存在着多种科学与科学家活动的图像，有一些蕴含着科学是有终极的，另一些则产生"无垠的视界"的期望。我们也已经看到了科学进步的不同图景：如潮水，如建筑工程，如生物体，或者知识相互关联的逾渗。

　　我们评述了宇宙的两个侧面，自然定律与这些定律的结果。定律既少又简单，而结果是无限的、复杂的。当我们讨论物理学家寻求的所谓"万物理论"的意义时，我们必须非常仔细地区别发现自然定律（即为万物理论[40]）与理解这些定律的复杂结果。当勘查了两者的界限后，我们考察了科学进步不同类型的极限，并继续刻画了一些简单的不同未来。自然界所具备的信息与我们通过观测、演绎、推理所能发现的信息之间的关系，大致确定了四类未来。

第四章

人类的存在

人识诸事，内有真谛，操之用之。

何谓智慧，我思如斯。

——赫伯特·西蒙*

（Herbert Simon）

大 脑 何 用？

动物通信系统并不是一个传播真理的系统，这是该系统最重要的一个特征。这是个体通过交流或真或伪的信息、最大限度地使自己适应集体的系统。

——罗伯特·特里弗斯[1]

（Robert Trivers）

---

* 美国经济学家，他的研究对现代实业和经济研究的方法论形成起到了重要作用。他因在决策过程方面的研究成就而获得 1978 年诺贝尔经济学奖。他的研究也促进了人工智能和认知心理学领域的发展。——译者注

　　人类大脑的本性是否给我们理解宇宙的能力加上了什么限制？这是一个极容易接受的观点。人类大脑具有一部历史，一部漫长而曲折的历史。犹如人类其他器官一样，自古至今大脑走过了一条错综复杂、不断尝试的发展道路，最终才形成今天的大脑。对生殖繁衍有益的随机小变化被选择下来。今天我们所具备的能力都来自过去。我们相信，[2]如果大脑不是为了遥远的未来所预先设计的话，那么在未来寻求对宇宙的理解时，它就不会是最优的。

　　我们人类的许多特征都具有鲜明的生存价值。语言具有突出的益处。[3]但其他特征就不是如此明显地有用。我们为何要打哈欠？为何要长耳垂？为何喜欢音乐？当我们仔细考虑这些问题时，在某些情况下记住下述看法是有益的，我们继承的特征缘于我们的远祖曾极长期生活的古代环境。然而，我们也具有一些纯粹是其他特征副产品的特征。这也许意味着，许多令人印象深刻的心智能力可能并不是为促进这种特定能力继承下去而进行的自然选择的直接结果。它们也许只是对不再存在的环境的其他适应的副产品。

　　人类大脑是迄今为止宇宙中所能遇到的最复杂的事物。它的重量大约为 3 公斤，比一大听油重不了多少，但就在这不大的重量中，有着异常复杂的、连接千亿个神经元的网络。它收集人体的信息、环境的信息，控制四肢的运动，以迄今仍然是一个谜的某种方式储存信息。它能学习，能记忆，能忘却，能做梦，还能创造。所幸的是，这也不完全是个谜。大脑与人所制造的计算机具有共性，它们都有"运行"各种不同的并非预置的程序（软件）的能力。我们可以学习弈棋，进行冗长的除法，或做其他各种非常特殊的活动。在这个可塑性的后面有一个内在的系统，有点像家用计算机的内存，由此赋予我们运行其他程序的能力，确定了我们的总体能力、思维速度和学习能力。[4]

人类大脑的表现是如此出色，以致人们容易误解它应履行的责任。目前，我们所能制造的最大的超级计算机，与人类大脑的复杂性、可塑性和紧致性相比，显得实在太幼稚了。超级计算机在特定能力，特别是在执行简单重复性工作的速度上，总是胜过大脑，但这必须以缺少适应性和没有学习能力为代价。特定计算机技能的范例是"深蓝"与世界冠军卡斯帕罗夫（Gary Kasparov）之间的国际象棋大战。深蓝是一台 IBM 公司专弈国际象棋的计算机，它每秒可选择 2 亿种弈法，而卡斯帕罗夫或许是迄今为止最强的棋手。1996 年首次比赛时，第一局出乎意料地弈成和局后，卡斯帕罗夫缓过劲来，采用了一种总揽全局的弈法（可称之为战略性"直觉"），而深蓝显然缺少这一点。最后，卡斯帕罗夫轻松地以 3 比 1 获胜，其中有 2 盘和局。1997 年，新版的深蓝变得更厉害了，而卡斯帕罗夫又下得很糟，他令人惊讶地被击败了。深蓝在未来会变得更加厉害。

深蓝比以往所有的弈棋机都优越得多，在这种相当特殊的活动中，它能将绝大多数的棋手弈得溃不成军。在图 4.1 中，我们展现了一个难倒许多弈棋程序的简单棋局的有趣例子。计算机能力增长情况可参见图 4.2。

逻辑推理的技能，数学计算的能力，对从夸克到类星体中奥秘的理解，大脑在这些方面出色而全面的表现容易使人感到大脑的用处就在这儿。

在我的书斋里有两大卷包括达利（Salvador Dali）* 所有绘画的

---

*　西班牙画家，作品以探索潜意识的意象著称。他自称用"偏执狂临界状态"的方法在自己身上诱发幻觉境界。1929 年绘成的《欲望在顺应》是其成熟作品。1941 年转向古典派，追求结构平衡和明朗宁静。1950 年代至 1970 年代，很多作品涉及宗教题材。——译者注

复制品的书。[5]这套书的出版商
将其放入一个十分精致的盒子
中，其中包括关于这位艺术家、
他的生活和作品的大量有趣的
历史信息。编辑的目的是希望
给学者和其他感兴趣的人提供
一部显示达利作品的书。然而，
我发现这部沉重的盒装巨著是
一个极好的书夹，它要比我们
所能找到的特制书夹更好。这
并不是异常罕见的情况，我们
常发现为此设计的东西却在别
的情况下极有用。这在当初设
计时是完全不知道的，甚至也
是不可预测的。这类未想到的
用途，是设计者心中本来设想
的用途的副产品。

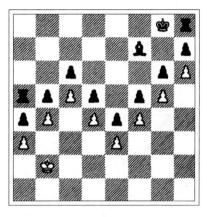

图 4.1　轮到白方出招逼和对方的棋局。对于人来说，这是十分简单的事，但对 1993 年的弈棋机——"沉思"而言并非易事。黑棋要比白棋强得多，但只要白方让王棋在由兵棋围成的横跨棋盘、坚不可摧的防线内来回移动，就可以避免失败。这种态势对任何棋手都是一目了然的，但持白的沉思却弈出了一个败着，用白兵杀了黑车。这就毁损了白兵围成的防线，造成了无可挽救的败局。

　　不再奇怪，生物也往往受益于此类双重用途。手进化目的并不是
为挂毯绣花，或给瑞士手表上弦；双耳的进化主要不是为了辨别音调
的高低。然而，手和耳却出乎意料地擅长于斯。

　　我们已经知道，我们身体的各种能力，是在长期竞争中适应周围
环境的结果。在长期进化中保留更有利于生存的特点。这里所说的
"长期"是指人类和他们的祖先的整个历史，它已持续了好几百万
年。我们最近的历史，尽管有非凡的进步速度，也只不过是这一时间
海洋中的一滴水。不管我们大脑装了多少理性的产物，科学、技术、
数学和计算机等等，这些对我们来说都是新颖的活动。我们必须将这

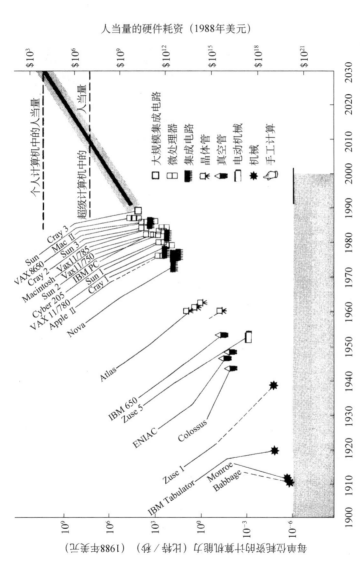

图 4. 2 大脑对大型计算机的相对性能。此图列出了 20 世纪计算机能力的增长情况。人当量的硬件耗资下降情况一起用 1988 年美元值列于图中。[用莫拉韦克（Hans Moravec）收集的数据, *Mind Children*, 哈佛大学出版社, 1998。]

种本能看成是其他更为基本的能力的副产品，在遥远的过去，这种能力可能要比其他能力更具生存机会，当时的环境与今天的环境在某些方面可能是非常不同的。[6]人类进化过程中变异的速度是很慢很慢的，这使得在包括人类有记录的历史（大约9 000年左右）在内的整个时期中，我们的本能不会有什么变化。

这一简单的事实有很多推论。如果我们大脑的进化，主要是为了应付几百万年以来我们祖先所面临的一系列复杂环境，那么进化过程将赋予大脑一种适应于处置他们所面临问题的特殊能力。这些问题并不包含粒子物理的试题，也不包含阐述对称性的数学。但是，这些深奥的东西很可能是某些更基本的选择的副产品。在第一章中，我们已经叙及几百万年前，我们祖先偏爱对称的生存意义，非生物体往往是不对称的，而生物一般具有左右对称性。由于存在引力，生物通常没有上下对称性，如果它们还可以运动的话，也不会有前后对称性。在一个混杂纷乱的态势中，通过直接检测对称性来判断潜在的敌人、同伴和食物。这种意识提供了一种重要的额外优点，高于其他不具有此种意识的个体。能够产生此能力的基因组合更易生存，而缺乏该基因者将会夭折毙殇，因为后者意味着遇到更多危险的敌人，找到同伴的希望更小，更易遭受饥饿。更深入地看，这一观点隐含的是生物过度警觉将优于缺少警觉。多一些疑虑，觉得到处有狼嗥总比看不到躲藏在丛林中的恶狼为好。

我们继承了适应类似情况的结果。在各种现代情况中，我们也具备这样的敏感性，这是在纷乱混杂几乎没有特征的情形中，对某个特别图像或人的敏感性。通过望远镜观察火星，可以看到火星表面上的"运河"。还有一群美国人甚至宣称，在月球背面看到了映在上面的人脸。[7]当我们的祖先仰望星空时，他们所见到的各种图案是从牧夫与巨蛇到熊与猎户。现代天文学家也未能免去此俗：蛋形星云、蟹状星云、马头星云等，它们都因其引人联想的外观而得名。综上所述，我们看到了大脑机制如何受以往的历史影响。我们继承了此优于彼的倾向。

重要的事情在于应当认识到，我们大脑和身体所具备的能力原本是为了解决当时环境所提出的问题，而现今我们已经不在那种环境中生存了。有一些对以往环境的适应性仍然在今天伴随着我们，不少已经消失。但是，同样重要的是，要认识到它们并不是最优的。有许多人，甚至是知识渊博的科学家们，都深深地为生物所具备的适应环境的奇特而错综复杂的特性所吸引，并认为这是完美适应的结果。但这远非真理。人眼是令人赞叹的光学器官，但它绝非是最佳设计。[8]蜜蜂筑巢时非常有效地使用了原材料，但数学家知道如何进一步提高它们的效率。[9]这并不值得惊叹，对环境最完美的适应可能因太昂贵而被禁止。任一方面的资源过度消耗，总是以另外方面的不完善适应为补偿的。为你的汽车去采购一套非常昂贵的、可以用上百年的火花塞有什么意义呢？完全没有必要。在火花塞出事情之前，车子的其他部件早已报废了。

这一切意味着没有任何理由要求人的大脑必须是一个最优的、全能的理性器官。只需要它比在进化过程中出现的变异者好，胜过竞争者的大脑就行了。它确实设法做到了这一点，尽管它在记忆和推理能力上有明显的缺陷，并且有一个奇怪的事实，即它利用了其全部资源的一部分。

当我们考虑人类科学研究的未来潜力，或者人性的局限是否会以明显的方式限制我们对宇宙的认识时，上述考虑是重要的。如果我们的大脑是易犯错误的器官，那么我们需要更仔细地探讨大脑的内在局限性，及其如何发展抑或如何限制我们对周围物质世界的了解。

科学家很少认为上述局限性和倾向性是重要的。他们将大脑看成是解决问题的集合体，可以用于任何复杂问题。他们相信，凭借高速计算机，他们的观点将长期盛行。一些哲学家采取完全不同的观点。他们把人类大脑的遗传进化作为它易犯错误的证明。这个后现代主义观点的最著名支持者是美国哲学家罗蒂（Richard Rorty），他把科学看成是人类对付周围世界的全盘计划的一部分，而不是去寻求深层次的理解或"真理"。他从达尔文人类进化观点得到启迪，他认为：

> 我们与动物并无本质差异。所有能区分我们与动物的是我们具备以复杂方式行事的能力。达尔文之前的老观念认为动物不能把握"事物的本来面目"，而人类可以把握。达尔文之后的研究者来看，并不存在什么"事物的本来面目"。只存在对事物的各种不同的描述，我们采用的是看起来最易达到我们目的的一种。由于我们的目的是多重性的，我们的语汇也是多重的。当历史前进时，随着新目的的出现，新的语汇也随之出现。但是，没有哪种语汇或目的会比其他的更真实地反映出"人类的本性"或"事物的内在本质"，尽管相应的目的也许会好一点。[10]

尽管这些担忧也许是值得注意的，却不是达尔文主义关于人类智慧起源观点的不可避免的结论。对不同形式的复杂性进行的研究已经表明，复杂性很少有平稳的和恒定的改变，当达到某个阈值时，将会发生一个飞跃。我们的 DNA 与黑猩猩的差别只有百分之几，但在智力的复杂性方面，人类要远远走在黑猩猩的前面。很可能，这种领先于所有其他生物的巨大飞跃仅仅允许我们产生更广泛的语言来描述大自然。但是，假定这就是我们所能做的一切，这种假定背后隐藏着一种信念，即大自然是一件复杂无底的作品，我们总是在抓挠其表面。情况也可能不是这样。可能存在着一条底线。正如我们已经看到的，自然的范围和人类发现的能力有多种选择。迄今为止，宇宙已表明它远比我们所想象的容易理解。在对宇宙作全面理解时，从物质最小的基本粒子到遥远太空星系，一件有趣的事是我们所遇到的最复杂的事物是我们自身的大脑。

计　数　词

> 毋庸置疑，我们的祖先需要一些合理的技能以求生存，但是……人类的大脑更像是按宗教而不是按合理来进化的……理性科学只有少数人感兴趣……因此，很可能第一个人脑给外部世界赋予了符号意义后，科学的病毒就感染了他们后代的一小部分，现在它活跃于神经回路中，而原先是由于其他原因进化的。
>
> ——尼古拉斯·汉弗莱[11]
> （Nicholas Humphrey）

大脑的历史给它的所有者带来了悲观的信息。如果我们正在进行一项大的研究，试图理解宇宙原理最深层次的理论，从物质的基本粒子到最遥远的星际空间，我们将会发现自身缺少利器。看来并不存在理由阐述为什么我们的早期历史必须赋予我们研究夸克和黑洞的深奥数学能力，也不存在理由阐述为什么我们应该具备将最抽象的数学结构具体化的能力，更没有理由去阐述为什么我们这种具体化能力应达到描述自然定律（如果有的话）所需的水平。尽管上述都可能正确，我们还是能够对事物的本质进行更深入的研究。乐观者认为，把握自然界深层次结构所需的深邃而艰难的概念，可以逐步从最简单的概念构造出来，如计数、因与果、对称与模式及是与非的询问，如此等等。毕竟，这些构造深邃理解的简单"砖块"确实为其拥有者在激烈的进化竞争中提供了清晰而简单的优势。现代科学观念从表面看来太抽象，距艰险的古代环境下生存所需求的甚远，但用来构造它们的基本概念却令人惊讶地简单。

人们常常猜想，在揭示自然界的秘密时，数学工具是如此有效，在某种最本质的意义上讲，自然界确实是数学性的。于是，我们对自然界的数学描述实际上是一个发现的过程，而不是发明过程。尽管这一观点很可能是对的，我们仍然不得不操心于如何选择适用于这个世界的某种特殊的数学，确立符号和概念。为此我坚信，这一切无可置疑地与我们的语言能力有关。

在人的能力上，给人印象最深的是语言能力。当我们考察全人类时，我们会发现每个人的数学能力有很大的差异，大多数学龄儿童认为数学是较难的。几乎没有人天生就懂得数学，我们必须静下来认真学习它的规则和结构。但是语言却是自然而然地掌握的。存在着没有数学或音乐技能的人，但每一位身体正常的人，至少都能说一种相当复杂的语言。况且，他们似乎都在幼小时就显示出这种能力，以致有人下结论说，语言是一种由基因遗传的能力。听和学习只不过是确定一开始说哪种母语而已。对于大脑为获取语言能力而内设的程序来说，所有的语言几乎都有相同的深层逻辑结构。此外，并不需要无限期地使用大脑资源来运行这个最初的语言学习程序。一旦在孩提时代学会了一种语言，该程序即可关闭，资源通道就可转向其他认识过程。这就是掌握非母语方式不一样的原因，那需要有意识地努力学习，并且随着年龄增长，学习的难度将增大。

古代和传统社会中发展起来的各种计数系统皆有许多相似之处。[12] 它们都包含了发明表示数量的符号，大多数组成数量集合的

---

* 巴罗在他的另一部著作《天空中的 π》中，详细地叙述了计数的起源，讨论了数学究竟是人类的发明，还是发现。——译者注

方式都与我们所具有的手指数（10）或手指加脚趾数（20）相关。更重要的是，在这些系统中引入了将数量合计的概念，即进行我们所说的"加法"，以及记录大数的方便记号。为此，我们发现了好几个高级文明，如巴比伦和古印度引入的"位值"记号的概念，以及 0 符号。位值记号非常有用，我们对它已经太熟悉而不去注意它了。它的意思是符号的相对位置具有相应的数值信息。当写下"111"时，我们知道这意味着一百加十再加一（即一百一十一），但对古埃及人来说，这个数的含义只是一加一再加一（即三）。位值系统不可避免地需要一个空位，所以 101 是一百零一，而不是十加一。古印度文明发明的"零"完善了这套极为有效的符号，现在已经到处都使用了。

这种熟知的表示数的结构与语言结构有相似之处，词汇的相对位置也携带信息。语言通常都有形容词和名词相对位置的规则。我们辨认句型，以便可以将各种动词、名词代入结构的特定位置上。总之，这是一种没有用到其他更简单目的上的一种极有价值和普适性的能力。各种古代计数体系及人类用来记录数字的符号的相似性，在很大程度上归因于我们的语言本能。在用符号表示之前必须先说出某个数量，这一事实保证了谈论它们的方式影响到用数字和符号表示它们的方式。一开始，数字看来被当作名词来使用。对于三（块）石头、三（根）棒和三（条）鱼，有同一个词"三"。[13] 三这个概念总是伴随着具体的事物，这导致了极大量的词语和符号。但是，如把数字看成是形容词，你就可以用"三"这个词来化简你的语言，三可以放在表示任何你想描写其数量的事物的单词前面。*

---

*　英语和汉语在使用数词上有极大差异，在英语中人们并不重视类似汉语中的量词，例如块、根、条、个、艘等。a bottle of ink（一瓶墨水），a piece of land（一块地）等是较为罕见的现象。——译者注

这一观念如果是正确的话，它就阐明了计数是如何沿着语言走过的脚印前进的。计数最终导致了数学。我们的数学记号犹如我们的数学概念，开始时是用于其他活动的内在智慧的副产品。

现代艺术以及文化死亡

> 今天时髦的非艺术流行音乐形式具有极丰富的创造性，就像在教堂里演奏珀赛尔*的风琴曲时，有人故意放屁一样。
>
> ——刘易斯·芒福德[14]
>
> （Lewis Mumford）

斯滕特认为，创造性艺术中所发生的事情支持了他关于科学那自我限制的本质的论点。与同时代具有欧洲文化背景的其他许多人一样，他对创造性艺术所走过的道路大惑不解。他注意到，许多评论家（其中不乏艺术圈中人士）认为艺术不再是"真实"的艺术，而只是某种情感的流露。认真思考了这些情形后，斯滕特试图做出如下的解释，目前状态是在逐渐放松加在艺术家身上的多重限制后的演变过程的最终结果。几个世纪以来，我们目睹了新材料和新传媒的出现，扩展了创造性的表达手段。与此同时，对于什么可以表现、什么不可以表现以及如何表现的传统限制已逐渐消失。当放宽由习惯、技术或个人爱好而来的约束后，所得的结构少了些经院式的味道，更加接近于自由，在相同自由条件下，很难与其他作品相区别。

在所有的文化中，受欢迎的音乐的特征之一是组合音序在产生惊

---

*　珀赛尔（Henry Purcell）是 17 世纪后期最重要的英国作曲家。作品范围极广，包括宗教、戏剧、宫廷、娱乐等方面的音乐。珀赛尔协会于 1876 年成立，并立即着手出版珀赛尔全集，几经周折而中断，直到 1965 年 32 卷本的全集才得以问世。——译者注

奇与可预见性之间采取最佳平衡方式。惊奇太多的话，会产生令人讨厌的噪声感觉；太熟悉的话，我们的大脑很快会感到厌倦。两者之间的某一点上存在着快乐的中庸。该直觉具有坚实的基础。几年前，两位伯克利的物理学家沃斯（Richard Voss）和克拉克（John Clarke）发现人类的音乐具有特别的谱形式。[15]音序的谱是一种描述声音强度如何随不同频率分布的方式。沃斯和克拉克发现所考察的音乐形式都具有工程师称之为"1/f 噪声"的特征谱形式。这是可预见性与不可预见性之间精确的最佳平衡，自始至终存在于音序之中。

我们还可将此应用到作曲风格上去，对音乐的特征说几句话。如果作曲形式被作曲和演奏规则高度限制的话，它的风格就要比没有这些限制容易预测得多。听众在听音乐时，不会得到太多的超越现有风格的新信息。反之，如果限制过少，则音序中不可预测的东西太多。对声音的弱或然形式的即时鉴赏是很难实现的，这种形式不如最佳的 1/f 谱形式的吸引力大。

斯滕特认为，音乐向更多的自由度发展是必然趋势。由于过去各种风格作品的积累以及听众鉴赏水平的提高，这就成了绝无仅有的发展方向。从古代最刚劲的鼓乐旋律开始，到音乐进入一个崭新的自由表现水平之前，对于听众来说，音乐已经达到了淋漓尽致的程度。在其中每一个阶段，从远古到中世纪，再到文艺复兴时的巴洛克风格*、浪漫主义，一直到无规则音乐、现代音乐，已有的音乐作品已发挥到了极致，不得不进入下一个更为宽松的阶段。

这个进化历程是信息处理的复杂性随时间不断递增的过程。音符

---

* 巴洛克风格的特点是一反文艺复兴盛期的严肃、含蓄、平衡，倾向于豪华与浮夸。巴洛克一词来源的一种可能是葡语 barroco 或西语 barrueco，意为不圆的珠；另一种可能是中世纪的拉丁语 baroco，意为"荒谬的思想"。巴洛克建筑的特点是将建筑、雕塑、绘画结合成一个整体，在这三方面都追求动势与起伏，试图造成幻象。——译者注

的发明和新的家庭录放手段的出现大大地加速了这个复杂过程发展，产生了背离平均鉴赏力的多种发展方式。这种进化过程发展到 20 世纪 60 年代，就出现了像凯奇（John Cage）* 那样摒弃一切束缚的作曲家。他让听众自己从听到的声音中去想象。这是罗夏墨迹测验**的声音版本。他们不是交流满意的形式，而是追寻一种超自然的享受。他们的音乐不要求对相应的有节奏的声音序列做出解释，音乐就是音乐。音乐与噪声的区别完全取决于内容，有时是无法区别的，甚至并不要求去区别。

其他的创造性活动，如建筑、诗歌、绘画和雕塑等等，都显示了类似的脱离束缚的倾向。斯滕特猜测，在风格演变中所有艺术形式都十分接近达到一种渐近状态，即一种纯粹反映主观的无结构状态。音乐理论家迈耶（Leonard Meyer）预言的未来是这样的：

> 未来时代（如果我们的确尚未处于其中的话）将是这样一个时期：它不再是由一个线性积累发展的单一基本风格来表征的时代，而是许多迥然不同的风格此起彼伏共存的时代。[16]

与这种消亡图像不同的是循环图像，即老风格会被重新启用。如果某一种艺术形式，如流行音乐，在声音制作和处理中显示了不断的技术进步，对老内容的重新利用就显得非常迫切。这肯定是非常普遍的。

为了简明起见，我们主要讨论了音乐的发展，以此来揭示艺术发

---

*　美国作曲家，首创音乐创作的"非固定"原则，采用多种手法确保偶然性，比如采用不固定的乐器数目和演奏等人数，无严格规定的记谱等手法，主要作品有《幻景第四》和《4 分 33 秒》等。——译者注

**　罗夏墨迹测验用以测知患者的人格结构。——译者注

展的悲观前景，在每一个受限制的创造性表现被成功探索后，便达到了饱和点。为了冲破这些束缚，个体的创造性体现了它的重要性。多样性不得不受到鼓励。这迫使我们驻足思索，因为我们大量的技术和社会发展是朝相反方向的。我们将人与人之间、个人与集体之间更多的合作和更方便的联系作为进步的标志。但在艺术创造中，哪里存在广泛的合作，哪里的多样性就有消失的危险。在本章后面，我们探讨了人工智能对我们的影响之后，将再回到这个问题上。

复杂性比赛：攀不可能之山

> 大脑只有三磅重，你可提在手中，但它却可以想象如何跨越一千亿光年的宇宙。
>
> ——玛丽安·戴蒙德
> （Marian Diamond）

我们寻求理解宇宙结构和支配宇宙规律的探索或许会成功，或许会失败。谁也无法保证。这一结果取决于我们头脑的复杂性与宇宙的复杂性之间的紧密匹配。由于这样的匹配似乎不太可能，我们可预料到的是，我们的头脑要么远远达不到，要么远远超过理解宇宙所需的程度。紧密的匹配似是一种奇特的巧合。

从我们的大脑是为了适应环境进化而来的事实来看，我们智慧的水平是由周围真实世界提出的特别问题所驱动的。具有比其他竞争对手更好的解决问题的能力提供了生存优势，选择就这样开始了。如果这就是一切，那么我们很快会得出结论，我们大脑所接触到的问题仅仅是整个自然界的自然结构中的极小部分，所以对于解开整个宇宙之谜的要求来说，这是远远不够的。但是事情并不如此简单，我们的大脑看来比生存所需要的要强有力得多。与其他生物相比，我们具有的能力不只是好一点儿。我们走在芸芸众生的最前列，差距是如此之大，现在我们已经远远超越了自然选择的进化。我们可以用想象力去模拟我们行动的结果。我们不仅仅从错误中直接学习，通过遗传将信息代代相传；我们可以通过口传、因特网、印刷品来传递信息。这种信息可以影响到收到它的每一成员，现在信息传播所需的时间极短，影响范围极广。

这种不寻常的情形似乎在历史的某一时刻不知何故地突然显现，尽管如此，我们的能力却又显然是有限的。[17]我们已经制造了在计算速度和可靠性上远胜于我们的电子计算机。我们可以设想，未来的计算机在许多方面都将远远地超过我们。当我们试图将人类科学外推到遥远的未来时，有一点是肯定的，即人工智能发展将比我们自身智能发展要快得多。的确，后者在某些方面甚至会衰退，我们已经不再需要去做曾天天要做的锻炼心智的一些事了，快速心算的技能在年轻人中正迅速衰退，因为计算器已经使它几乎毫无用处。在30年前，一个想要在周末到商店里去打工的孩子必须通过心算速度和正确性方面的测试。现在所有的商品都只要通过扫描器，账单便打印好，甚至找零都早已为你算好了。

由此看来，人工智能系统和更强有力的计算机系统，正处在进化历程的决定性阶段，这与语言进化很相似。人类的语言使我们个体之间的相互交流大量增加，使信息和经验共享，从而比我们孤立生活时学得更多更快。人类文明的进化表明，我们一直在寻找更好的交流方式。在技术时代，我们的最大发现都是关于几乎瞬时的远距离传递信息手段。无线电波、电话、光纤、因特网和卫星通信系统都使得更多的人在比以前短得多的时间内解决更多的问题。目前我们已可预言，在不太久的将来，全球所有计算机都将方便廉价地连接到一个全球网络上去。* 这些发展将导致的计算机未来时代与不太久之前未来学家所预言的很不相同。1943 年，IBM 总裁沃森（Thomas Watson）曾说过，"我认为整个世界的计算机市场需求也许是 5 台"，甚至直到1977 年，数字设备公司（DEC）的创始总裁奥尔森（Ken Olsen）还持有"任何个人都没有必要在家里摆上一台计算机"的观点。

人人都曾认为计算机将越来越大，功能越来越强（并且越来越昂贵）。但实际上完全不是这么回事。计算机变得越来越小（并且越来越低廉），越来越多的人拥有计算机，而最让人惊讶又最有效的发展是将计算机连成一个巨大的网络。类似地，单个大脑的智力进化所得的很小，当大脑进化到某种复杂程度足以意识到并实现与其他大脑合作时，从这种合作中得到的好处就远远超过了提高个体大脑功能所得的。在任何复杂系统中，最重要的并不是零部件的大小，而是这些部件之间的连接数。这个数随着被联系点的增加而急剧增加。6 个点之间所有可能的联接要远大于两组相互独立的 3 个点之间的可能连接数，参见图 4.3。

所以，即使撇开那些对发现更快、更廉价的计算手段的展望不谈，我们也可以预期进化是朝着未来能模拟和解决巨大而复杂问题的

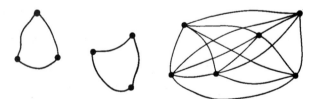

图 4.3　连通。两组三点网络，每点有两个联络，共计 6 个联络。如果 6 点组成一个网络，则每点有 5 个联络，共计 15 个联络。

---

*　本书原文出版于 1998 年。——译者注

计算机网络前进。程序的内在复杂性、计算机的自编程能力使得计算机可以通过学习训练来完善自己，并逐渐达到试图解决的物理问题所要求的复杂程度。当计算机这样做了之后，我们必须思考所谓计算机已经"解决"了问题的真实含义。如果我们能够引进一组输入数据和计算规则，则不论得到结果的过程有多么复杂，只要与看到的相符，我们就会满意地认为，我们已经理解了所提问题的解答。

如果计算机为我们做极大量的简单工作，而每项工作的结果都容易看得到，那么我们将对这种判断感到高兴。但如果计算机进行的是冗长的计算，每一步都非常复杂，我们难以预料其结果，那么就不得不为我们所说的"理解"开始感到担忧了。对一个复杂自然现象的完全模拟将蕴含研究该现象应遇到的全部复杂性。这有点儿像一张一比一的地图，地图与它所表示的区域一般大：极为精确，但不实用，折叠起来麻烦得可怕。

这些思索让我们更进一步地理解了我们的大脑是如何可能理解不了宇宙，甚至宇宙的一小部分。我们也许会面对那些我们无法把握其实质的问题。我们受到了自身进化历程和内在语言能力（这一点在人与人之间并无差别）的束缚，如果我们确实足够聪明，可以综合所有必要的概念去创造一个正确的万物理论，那么这也许可以看作是一种十分幸运的情形。用霍尔丹（J. B. S. Haldane，1892—1964）*的话来说，宇宙不仅可能怪诞得超出我们的想象，而且怪诞到超出我们能够想象的。

我们的智力早在我们的大脑中出现现代物理学的记号之前就已经确定下来了。我们研究此类事情的唯一希望在于抽象概念总可以分解

---

* 英国生理学家、遗传学家，对生化遗传学、人类遗传学和现代进化理论有重大贡献。——译者注

成简单概念的集合。由此出发，人们容易认定自己总能跟上新概念。不过业已清楚，即使对物理学家而言，现代物理理论前沿所用到的数学结构正变得愈来愈难以掌握。相对而言，全球有能力理解弦论数学结构的人很少。这一数学结构在容量和复杂性上不用再增加多少，上述人数就将会缩减到零。

当前，信奉基础物理学存在一条"底"线已成为一种时尚。利用一个不可再分解的服从少数数学规则的基本集合，任何其他事物原则上都能得到解释，但是世界也许并非如此。犹如俄罗斯套娃，也许存在着一个无穷的复杂序列，在每一个层次上几乎看不到（如果有的话）下一个层次存在的迹象。如果情况确实如此的话，那么我们已经知道的或将要知道的离完全理解世界还差得甚远。

与这些观念上的局限性相比，我们无力将大型复杂结构可视化和定量化这一点更加限制了对世界的理解。高速计算机将我们带入难题的新领域。迄今为止，我们已经耗费了数千年时间来构造自然界和逻辑的简单结构的知识体系。简单结构是指那种用基本方法经过少量步骤从基本元件构造出的结构。"少量"和"基本"在这里都意味着利用"纸"和"笔"及简单计算工具。一般来说，人们不会对那些最简略解答也是十分冗长的问题产生强烈兴趣。我们所熟知并正在使用的数学适用于简短真理领域。也许最深邃的真理是最长的。只有高速计算机才能将我们带入漫长而深邃的真理领域。这就好比攀登山峰，缺乏装备的登山者无法攀登高山；装备了绳索和工具的登山者可以攀很高，到空气稀薄的高度还需要氧气、特制的服装和食物等更多的装备。但是有些山太高了，攀登所需的装备太多，以致无力携带。

难 解 性

以色列人生养众多，并且繁茂，

极其强盛，满了那地。*

——《出埃及记》[18]

　　问题证明的难度看起来是相当主观的。一个人认为轻而易举的问题，另一个人也许会觉得很难。所幸的是，对此我们还可说得更多些。计算机科学家过去 25 年致力于一个问题困难程度的分类标准，该标准可用于任何一台计算机。这使我们可以区分哪些是原则上不可能的，哪些是"实际上不可能"的，关于原则上的不可能性将于第七章进一步阐述。"实际上不可能"的意思是指：即使运用能够写出来的最快程序，也要花无限长时间去求解。这类问题一般称之为"难解的"。一个典型例子是所谓的"旅行推销员"问题。假设一个推销员必须访问 N 个不同城市，给定所有城市及其相互间距离后，希望找出一条遍历所有城市而旅行距离最短的最佳路线。如果旅行计划中的城市数 N 很小，则通过尝试法该问题很容易解决。图 4.4 中标出了 6 个城市的简单例子及其最短路线。但当 N 变得很大时，用尝试法所花的时间随 N 的增大而急剧增大。在一般情形下，推销员的最佳路线是找不到的。在图 4.5 中，我们给出了已经解出的最大旅行推销员问题**。这个解在商业上是重要的。实际上，这并不是推销员从一个城市到另一个城市应当遵循的路线；这是计算机线路板的布线

---

*　此段译文取自《圣经旧约·出埃及记》第一章。香港圣经公会，1987，第六十九页。——译者注

**　此处以及下文所提到的其他最新进展截至 1998 年。——译者注

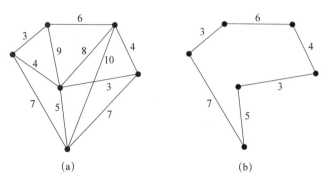

图 4.4   （a）简单的 6 个城市的旅行推销员问题，已列出每对城市间的距离。（b）遍历所有 6 个城市的最短路线。

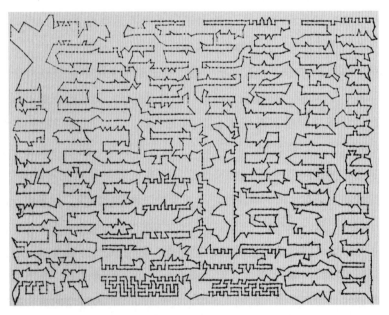

图 4.5   已解决的最大旅行推销员问题，共有 3 038 个旅行点，这是由阿普尔盖特（David Applegate）、比克斯比（Robert Bixby）、切范特尔（Vadek Chvátal）和库克（William Cook）在 1990 年解决的。这是一块印刷电路板，显示了一个机器人遍历所有点并做电子联接的最短路线。这个解花费了一年半的机时才找到！前一个记录的创造者花费了 27 个机时找到了具有 532 个点的问题解。应注意到，在问题中不同区域采取的方法是不同的，它取决于节点间距的形式。

计划，目的是为了最少的时间和能量。由于制造的线路板数量巨大，生产时间上的任何改进都会转化为长期生产过程中的巨大财务节约。[19]

还有许多类似意味的其他组合分配和路径问题。比如，学校课程表中如何分配教师上课而不产生冲突；又如找出可以容纳不同形状和大小的一组物体的最小体积。

让我们再考虑两个智力游戏的例子，它们教会我们更多的关于如何努力解决可解问题。第一个是猴子游戏（参见图 4.6）。这是穷人的魔方，一共有 9 块，上面分别画了四只涂色猴子的一半，游戏的目的是将这些方块拼起来，使猴子的上下部分按颜色正确地连接起来。计算机将以自己的方式，在 $9 \times 8 \times 7 \times 6 \times 5 \times 4 \times 3 \times 2 \times 1 = 362\,880$ 种组合方式中找出答案。我们把这个量称为 "9 的阶乘"，用 9! 来表示。阶乘运算增长极快，36! 是个 41 位数，计算机以每秒进行一百万次运算的速度来对这个量作选择的话，将要用 11 个千亿亿年以上的

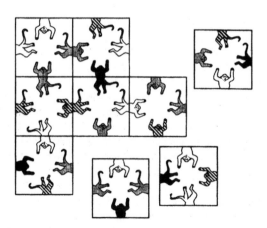

图 4.6　9 片猴子游戏。每张卡片上分别印着色猴子的上半部和下半部。任务是将卡片排成 3×3 方阵，使所有猴子的颜色、形状都衔接好。

时间才能选遍 36! 种可能的安排。这个问题显然具有"实际"不可能性。[20]

第二个例子是古老的河内塔问题。这是由英国的一位数学问题鉴赏家鲍尔（Walter Rouse Ball, 1850—1925）首先介绍给数学家们的*，他讲述了下列传说：

> 在贝拿勒斯**的大庙里，标志世界中心的圆顶下面放着一个带有三根固定宝石针的铜盘。每根针约有手臂那样长，像蜜蜂身体那般粗。神在创造世界的时候在其中一根针上放了 64 张金盘片。最大的放在铜盘上，往上则越来越小，直到顶部。这是婆罗门之塔。祭师们夜以继日地忙着把金盘从一根宝石针上移到另一根宝石针上……（一次只能移动一张金盘，大的金盘不能叠放在小的金盘上面）……当所有 64 张金盘都按这样的规则从神创世时放置的宝石针上移到另一根宝石针上后，塔庙和婆罗门都将

---

* 河内塔谜题是 1883 年法国数学家卢卡斯（Edouard Lucas, 1842—1891）发明的一个数学游戏。河内即越南首都河内市。当时正值法国殖民中南半岛时期，这解释了其名字来源。卢卡斯以数论成果而闻名，他研究了斐波那契数列和以他的名字命名的卢卡斯数列。卢卡斯也因其发明的河内塔谜题和其他数学娱乐活动而闻名。他四卷本著作《数学娱乐》（Récréations mathématiques）已成为经典。

　　作者在书中写到是英国人鲍尔（Walter Rouse Ball, 1850—1925）将此谜题介绍给数学家们的。鲍尔是剑桥大学数学教授。在英语国家，他被视为数学通史的先驱作者。他的《数学简史》（Short History of Mathematics）（1888 年）和《数学游戏与欣赏》（Mathematical Recreations and Problems）（1892 年）（上海教育出版社 2001 年出版过第 12 版的中译本）两本书都经历了多次再版，盛誉经久不衰。他在《数学游戏与欣赏》中提到了河内塔问题。——译者注

** 贝拿勒斯［今印度东北部城市瓦拉纳西（Varanasi）］位于恒河河畔，是印度教的湿婆派教徒朝拜的首要圣地，也是婆罗门教、印度教的文化中心。有近千所寺庙，100 万个神像。每个教徒的宿愿就是要去贝拿勒斯朝拜一次。因此，这里每天都汇集有数万教徒，他们在庙宇中诵经、作苦行和施舍，在恒河中沐浴，很多教徒都希望死在这里或死后将骨灰撒在恒河中，据说这样可以消除生前的惩罚。河内塔的中译名有些混乱和不规范，常见的译名还有汉诺塔、梵塔等。同时作者在下文中的计算也明显有误，事实上 $2^{64}-1 \approx 5\,850$ 亿年。——译者注

化为灰烬，随着一声巨响，世界将消失。[21]

　　这个过程画在图 4.7 中。这项工作聪明的发明者显然是要祭师们整天忙个不停。事实上，如果有 N 张盘片遵照"每次移动一张"和"大盘不能放在小盘上面"的规则在三根针之间移动，则移动的次数不可能少于 $2^N - 1$ 次。[22] 所以，在给定 $N = 64$ 的情况中，即使移动速度很快，达到每秒一次的话，要完成全部移动仍将需要 10^{45} 亿年之久！作为一个对比，宇宙经历的膨胀尚不足 10^{11} 年。纵使我们利用计算机来减少每次操作的时间，达到每秒移动 10 亿次，也帮不了什么大忙，因为仍需耗时 10^{44} 年。

　　在上述两个例子中，求解所需的步骤数随 N 的增加要比 N 的任何幂次都快（即比 k 为任意数时，N^k 增加要快），N 是所研究问题中的关键数。另一方面，那些困难程度随 N 的某个幂次增加的问题被归到 P 类，P 代表多项式，它强调问题可以在一段只取决于 N 的某个幂次那么长的时间内得到解决。人们将把这样的问题称作"容易"问题。我们用计算机或计算器作的大部分事情，如累计数字，或从地址表中给一大摞信件打信封地址等都属于 P 类型。与此相反猴子难题和河内塔难题都不属于 P 类型，因为当 N 很大时，2^N 和 $N!$ 要比幂次 N^k（k 为任意自然数）大得多。

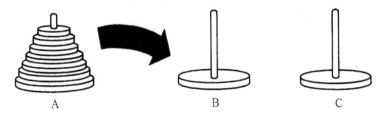

图 4.7　河内塔问题。目的在于按照特定的规则，利用 C 针将所有的盘从 A 针移到 B 针上。

在图 4.8 中，显示了随着 N 增大，上述那些数如何增加的曲线。

如果问题不能在多项式时间内被解决，则称之为"困难"问题，并将其归结到 NP 类，其中 NP 代表非确定性多项式。[23] 在图 4.8 中，两条陡的曲线标志了 NP 问题如何随 N 增长。* 应当注意到，在所举之例中，我们只是注意了程序的运行时间，完全没有涉及计算机在处理产生的大量信息时所需的内存空间，即使对于一个随步骤数 N 以

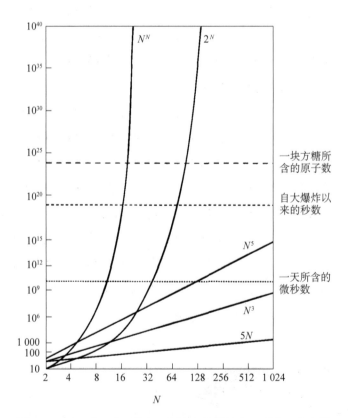

图 4.8 $5N$、N^3、N^5、2^N 和 N^N 随 N 的增长率。列出一些大数作为参考。

2^N 增加的中等计算，也很快就需要用整个可见宇宙来储存中间过程的信息，即使在一个质子上写一个比特的信息，总共可供使用的也不过是 10^{79} 个质子。

在实际上，除了我们这里所给出的极其简单的例子外，要证明任意一个给定问题不可能在多项式时间内解决是非常困难的。目前，已被认为可能是 NP 问题的不足千个。现代数学中，一个尚未解决的大问题是确定是否非 NP 问题就是 P 问题；也就是说，如果一个问题人们只需用多项式时间去验证答案是否正确，那么是否能在一个多项式时间内找到解。

值得注意的是，几乎所有已知的 NP 问题的内在困难程度都十分相似。1970 年，库克（Stephen Cook）做出了一个重大发现，当时他还是加州伯克利大学的一名研究生：通过一个可以在有限时间内完成的一般变换过程，所有的 NP 问题在逻辑上都与同一个问题联系了起来。[24]这意味着，如果有人发现了某个 NP 问题有较快解决的方法，则所有 NP 问题都能较快解决。

在分子生物学中，难解性已导致了一个使人不知所措的问题。每个生物有机体都含有蛋白质，它是由氨基酸链形成的，犹如项链上的串珠。当氨基酸正确排序时，DNA 就提供了规定蛋白质如何折叠成三维复杂几何结构的信息，这一过程称作为蛋白质折叠，在图 4.9 中，给出了一个实例。[25]

分子生物学希望解决的问题是这样的：如果我们从一个给定的氨基酸线状链出发，那么它将折叠成什么样的特殊三维结构呢？值得注意的是，我们看到数千条氨基酸链折叠成最终模式只需要大约 1 秒钟的时间。我们认为最后形状是支持其结构所需能量极小的形状，但是当我们试图用计算机来模拟折叠成蛋白质的过程时，发现这是不可能的。如果一条链中，只不过有 100 个氨基酸，但完成折叠却需要用

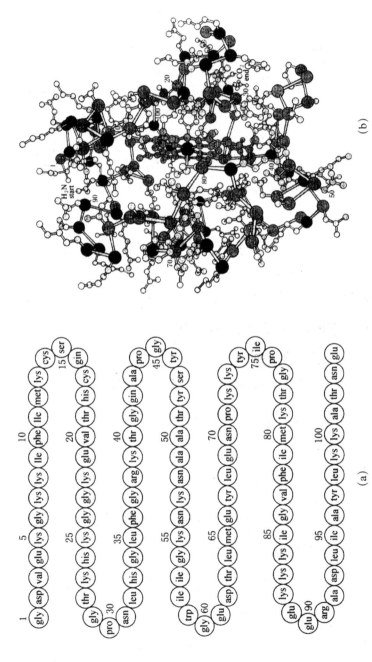

图 4.9　蛋白质折叠问题。细胞色素 c 由 104 个氨基酸的链构成，它在几秒钟之内就折叠成稳定的三维结构。（a）氨基酸链；（b）三维结构。

10^{27} 年以上的时间！更让我们感到困惑的是，1993 年数学家弗伦克尔（Aveizri Fraenkel）已经证明，蛋白质折叠完全是 NP 的，因而像旅行推销员一样是难解的。[26]应用启发式推理过程的其他研究是由罗斯（George Rose）及其合作者做出的，[27]他们推广了计算研究的规模。他们输入各种不同的规则来帮助系统，告诉计算机各种简单的化学原理，使得它不必遍历所有可能性。这些技巧可以预告许多蛋白质的折叠结构。这一切表明，或者自然选择过程是用特别容易折叠的蛋白质来构造生物体系，或者上帝不需要用很高的精度来解蛋白质折叠问题。在每一次，也许近似地去做就足够了。那些有一点儿小错就致命的蛋白质不会存活到今天。其他一些人则认为，自然界也许是用强有力的并行方式计算，正像"量子"计算机那样，而不像我们现在所采用的串联式计算方法。[28]

　　那些叙述起来非常简单的难解问题，如找出甚大数的因数，其难解程度非常大，以至于成了现代加密技术的基础，[29]如要破译密码的话，所要做的事就是找出两个巨大的质数，比如说，它们相乘构成一个一百位的合数。现在所知的能分解成两个质因数的最大数长达 167 位。两个因子分别有 80 位和 87 位。瓦格斯塔夫（Samuel Wagstaff）及其同事在印第安纳大学花去了 10 万机时进行计算才完成了该项任务。[30]这个数显示在图 4.10 中。

　　当人们使用计算机，或者任何其他计算手段来求解困难问题时，这些例子使我们明白了易解性的意义。无论我们的计算机技术变得多么先进，我们都将面对那些耗时必须以天文数字计才能解决的问题（顺便提一句，这估计过低了，在银河系中只有大约 10^{11} 颗恒星，而在可见宇宙中大约有相同数目的星系）。我们将会发现自己正面临着去破译宇宙用来给信息加密的密码。自然定律可以将宇宙的初始状态演变到一个复杂的未来状态，尽管我们知道引起变化的定律以及目前

$$(3^{349}-1)/2$$

$$=$$

163790195580536623921741301546724495839239656848327040249837817092396946863513212041565096492200805419718247075557971445689690738777729730388837174490306288873892840 41

$$=$$

9404285088998451099828915232043854179853 2018021653956283741193211654025280185459

$$\times$$

1741654974087525646474638899948053399094 4334266849687054611524922878840708206608860499

图 4.10　目前已知的最大的可分解为两个质因数之积的数。这是由瓦格斯塔夫及其同事 1997 年在印第安纳大学发现的。

的状态，我们也无法把过程反演，从而推出初始状态，因为计算是难解的。

　　这个问题是人类大脑失败的开始。我们早已警觉到，有些计算在原理上是简单的，但由于完成计算所需的时间太长，实际上对于人类的计算工具来说是无法胜任的（请尝试用纸和笔写下前 20 亿个数）。计算机的发展并不能避免发生这个问题。即使我们将极大量的计算机连成网络，我们仍将面临这样的可能性，要理解自然界中许多复杂现象需要耗费的时间将大于我能耗费于此的时间。

　　生命何其短，计算太漫长。

前 沿 精 神

　　即使新几内亚人也无法找到足够的野生食物以在山中生存……这意味着在有了飞机使空投成为可能之前，所有深入新几内亚内陆超过七天行程的探险队都是靠来回折返的搬运队来获取食物的。

——贾里德·戴蒙德[31]

（Jared Diamond）

当我们担忧人类是否有能力紧跟上日益膨胀的知识时，展望将来的一个重要思考是互相连接的智能收集和处理信息的能力。如果我们简单地将我们现在获取知识的速率重新标度，那么我们似乎已经走向人类能力的极限了。现在，中等教育要花六年时间才完成，接着是三年大学阶段的学习，* 这是一个理科学生在武装自己，是开始理解在数学科学的某一前沿领域中的进展之前所要做的。通常还要花两到三年时间，他们才有可能对整个知识做出自己独立的贡献。对于科学研究来说，这条教育道路当然不是最优的，但这条路兼顾了各种类型的人。显然，要达到人类知识任一前沿，都要花相当长的时间和相当大的努力，大多数学生永远也不会达到任一前沿。由于我们的知识日益深化和扩展，到达前沿将需要花费更长的时间。要解决这个问题，只有通过细化专业，因而瞄准的是前沿的极小部分，或者增长学习和训练的时间。但是，这两种选择都不会完全令人满意，细化专业使我们对宇宙的理解支离破碎，增加训练时间则很可能使许多有创造力的人延迟踏上没有确定结果的探索长路的时间。最后，当你发现你不是一个成功的研究者时，再想进入其他领域也许就太晚了。更严重的后果是，科学家一生中早期有创造力的时段，可能用于消化已有知识上，而到达前沿时，创造期可能已过去了。

"知识的增长与分化"是我们已面临的问题。看一看你桌上的电话，有几个人知道电话工作原理的所有细节呢？这里面涉及声学、电

---

* 这里指的是英国学制，它与美、德、法、意诸国不尽相同。——译者注

子学、塑性设计、经济学、广告学、会计学、金属加工、材料科学、生产工程、化学和包装等等，没有一个人会对上述所有方面都了解得一清二楚。对我们家中其他常用设施也是如此，计算机、电子打字机、微波炉、音响设备、电视等都是集体智慧的产物。我们已经知道，不同专家的合作所得到的成果要大于他们不合作而分别取得的成果之和。如果我们要求一个人在制造与销售电话的每一个技术和商业方面都是行家里手的话，电话很可能到现在仍然稀有、原始。科学正是如此。它在很大程度上变成了一种集体活动。理论家很少做实验，重要的实验和观测是由许多具有不同专长人才组成的集体来完成的，其中包括管理人员、工程师、物理学家、统计专家、计算机科学家和电子专家。科学的飞速发展正反映了这些合作的效率。用以推进天文学、粒子物理学和分子生物学前沿的那些耗费最大的研究计划，已经在进行这样的合作了，也因为巨大的耗费而不得不进行国际合作。

只要我们加强科学活动中的合作，通过这样的团队精神，并慢慢将合作中的人换成计算机，就能引发一种希望，即我们不仅有可能避免科学前沿的衰退，也有可能避免到达前沿所需要的知识不断增加的问题。这使我们尽可能长地跟上前沿的未来前景变得十分乐观。它看到了越来越广泛的国际合作的科学未来。看起来存在着许多潜在的长处。CERN 的实验物理就是一个管理出色、没有其他国际事务中常有的偏见和非理性的大型国际合作项目。或许是因为这里人员相对较少且目标一致，或许是因为大脑中的科学习惯将整个活动中的这些东西清除掉了。根据这种观点，未来更广泛的合作似乎可以解决我们所有知识分裂和专业过细的问题。不过，这样的前景真是白璧无瑕的吗？

多样性的终结

剩下的只是连接……

——福斯特[*]

（E. M. Forster）

　　计算机和信息处理形式的未来是一件难以预料的事。对天真的外行来说，进步是飞快的，不容怀疑的。但是，如果我们看一下近来进步的方向，就可以清晰地看到未来的线索。现在并不像 30 年前的饱学之士所预言的那样，不是建造越来越大、能够储存和处理越来越多信息的机器。与此相反，计算机正在变得更小更廉价。正在增加的是网络的能力，把数量日益增长的众多小型机连接起来，构成一个威力强大的巨型网络计算机。自然界首先这样做了。这是人类大脑和自然界其他复杂结果用以进化的模式。像蚁群那样的复杂组织，对我们关于什么构成了一个生物或物种的偏见提出了质疑。通过进化，蚁群成员各具所能，各司其职，从而具有最佳的整体效率。当计算机和见识卓越的科学家试图揭示大脑原理、展现它的部分奥秘并成功时，我们可以期待新的学习方式，即把信息传递的各种渠道连接成并行的方式，这样工作起来将更好更快。

　　让我们先来考虑一下这种走向连接的总趋势所蕴含的更广泛的意义。当前最著名的例子是因特网及其相关的万维网。它已经改变了多

---

[*]　英国小说家、散文家。他的小说含有强烈的社会评论内容，这是基于他对中产阶级的敏锐观察。第二次世界大战期间，他被誉为对道义观念有坚定信念的人，代表反法西斯斗争的某种共同价值的人。引用的这句话出自他的小说《霍华德庄园》。这句话表达的观点是，人们应该努力与他人建立联系，以此来克服孤立和隔阂。——译者注

种人类活动和职业的面貌。这种变化的大部分是积极的。经济上不发达的国家现在有了随时跟上科学和医学最新进展的途径。在电子时代之前，他们必须订阅许多昂贵的期刊。而现在，新的发现几乎可以一下子传遍全球。研究组可以省下电话、传真及邮寄费用。计算机会议尽管现在*尚不普遍，但提供了减少旅行的可能性。这一切毋庸置疑地提高了科学进程的效率。在我自己的研究领域中，进步的步伐在20世纪50年代和60年代初期曾明显变缓，当时世界一流的两个研究组，一个在普林斯顿，另一个在贝尔实验室，他们都忽视了关于宇宙中存在宇宙背景辐射的早期理论预言。现今，类似的事件很难会发生了。通信不仅更快捷，而且更普遍。

对于受教育者而言，在人类所有知识领域中不断增长的相互联系还有其他许多长处。但是，就没弊端吗？这个问题很少被讨论到，然而，尽管弊端很少，只要它确实存在，长时间后就有可能压倒优点。不过，看起来不会是由于某些无法控制的计算机病毒摧毁一切，或者因使用过度而停机，从而导致整个人类探索事业的停顿。但这些有害因素很可能会改变人类进步的预期轨迹。体系的极大成功表明它已走上了正确的道路，被人们忽视的是，这也许注定了可以问的问题和找到的答案的类型。

作为科学家之间的全球性联系的最引人注目的效应，它鼓励和建立了一种国际广泛协作和合作的方式。这与经济发达国家广泛而颇受争议的政治热情不无关系。因特网使得研究人员对距离的远近毫无感觉。很容易将不同国家研究组的计划综合起来。欧盟鼓励不同欧洲国家的研究人员开发网络来利用这一优势，通过这样，科学发达国家训练和帮助不甚发达的国家。这一趋势的一个弊端可能是

---

*   指作者成书的20世纪末。在21世纪20年代的今天，计算机会议已非常普遍。——译者注

多样性的减少，在遥远的将来也许会加剧，逐渐地，每个领域都变成为单一的研究组。过去，在世界不同地区存在不同的研究组是普遍现象，每个研究组在与其他组详细交流之前都按照自己的方式去研究问题。现在，这一切都已改变，单一的中心范式得到再三强化，年轻的研究人员不断地被卷入修补细节的工作中去。结果，专业化与集中化不断增加。这不仅影响了研究的内容主题，也影响了研究的方式。人际接触在减少，与书和印刷刊物的接触降到了最小化。矛盾的是，这些趋势的共同后果是人们丧失了偶然发现的机会。对于某个宽广主题，例如"天文学"或"数学物理"，科学期刊会发表大批文章。在 20 世纪 80 年代中期之前，如果你要找一篇记得曾发表在《苏联天文学》杂志上的文章，你必须在几大卷的主题索引或作者索引中去寻找。就我个人经验而言，这种寻找过程常常使你发现其他有兴趣的事物，有些是与你当前的兴趣直接关联的，另一些虽然偏离了你的兴趣，但挺有意思，可以放在脑海中以供将来之用。与此相反，计算机档案使你毫不费力地找到你所要的资料。人类的推理没有什么不同。如果你能够在计算机网络中找到你专业之外的课题信息，则你不大可能去找别人询问你想要知道的事。使用计算机是如此方便，找人讨论则有点麻烦，对忙人来说对此更是退避不迭。

　　上述两例并不是用来穷尽计算机网络的所有负面影响。在不同思想之间发生相互作用的方式上、科学界提出问题种类上，以及获得意外发现的偶然性上，它们证明了传媒如何导致了深刻的变化。目前这些影响和趋势都还很小，经过长期发展后，这些影响将变成极大且不再可能逆转。

科学总是带给自己死亡吗？

世界最仁慈之处在于人类大脑尚不具备将所有知识融会贯通的能力……迄今为止，局限在自己方向内的各门科学对我们还没有什么伤害；但是，如果有那么一天，这些不相关的知识被融合后，必将导致可怕的前景……我们或者因为揭开了宇宙奥秘而发狂，或者逃离这个死亡之光，进入平和、安全的一个新的黑暗时代。

——洛夫克拉夫特

（H. P. Lovecraft）

知识与危险相伴。它能被利用，亦可被妄用，可能因为有意或无意而导致灾难。由于科学知识和技术技能加快发展，我们必须认识到它的危害。在 20 世纪下半叶，人类已进入了自身发展的关键时刻，人类首次具备了发动一场足以毁灭人类自身的全球灾难的手段。我们知道，20 世纪 50 年代和 60 年代，政治和军事领导人的错误决策极可能导致一场无法控制的核灾难。今天，我们尚无法抵御的新疾病正在威胁着我们；不负责任的工业化也许已经造成了不可逆转的气候变化，这将使地球上的生活越来越不舒适，地球最终将变成不宜居住之地。对自然界的食物和原材料的压力日益增大。不难想象，这是一个没有未来的未来。技术的进步和无政府的政治趋势，使得威力强大的设施和过程不断地落入越来越多的不讲规则之人的手中。储存和控制信息已完全依赖于计算机系统，被窃、被控制或崩溃的危险性日益增加。由于这些敏感系统越来越复杂，它们也就越来越易受攻击。

上面我有意刻画了一幅悲观的前景。我想要表明，技术社会永远也不会大大地进步以至于毁灭其自身是一种很合理的推测。如果核武器在德国或者美国稍早一些被发明，那么在二战的许多场合都可能使用核武器。同样重要的一点是，我们应该认识到基础物理进一步研究所需要的技术与大规模杀伤性武器工业之间的密切关系。任何地外文明研究了前者，也必定具备了产生后者的手段。生物学上的进展也是如此。生物武器尽管只在局部战争中少量使用过，事实上已被大量制造，危险的情形很容易发生。进一步而言，由于无可指责的医学上的好奇，导致了生物化学基础性理解的进展，这一定会带来潜在的负面应用。科学的许多部门都具有古罗马神话中简纳斯*一样的两面性，我们必须认真对待这样的前景，这样的科学文化不可避免地在其自身中孕育了毁灭的种子。

如果这个观点是正确的，那么它意味着我们在观念上和技术上的局限性并不会给我们带来太多的麻烦。与此相反，没有局限性将使我们走向末日。我们对于进步和发现的本能将阻止我们逆转当前的潮流，我们的民主倾向将阻止我们安排有组织的活动，我们对短期利益而不是长期计划的倾向又将阻止我们远离灾难，而在人的一生中，这种灾难正在以一种不为人察觉的速度悄然来临。

如果我们没有被大灾难吞食，就不得不去设法克服上述问题和其他许多尚待提出的问题。甚至当我们的智慧和集体责任感已经达到足以应付挑战的程度，战胜这些问题的需求将会重新决定资源的配置方式与科学家们应集中精力考虑的问题，从而我们的文化将会有显著的改变。知识由于其自身的原因，正变得对人类资源愈来愈浪费。犹如战时科学界的领头人物曾一度卷入攻击和防卫新技术的研究一样，未来的科学家也会发现，为了解决全球性的生存威胁问题，他们的工作将会再次受到良知与强制的驱使。

————————

* 　在古罗马神话中，Janus 是门神，具有两副面孔，用以表示门的两面。——译者注

死与科学之死

> 阿尔奈特先生，自然就是我们放在这里已经研究得很透的东西。
>
> ——凯瑟琳·赫伯恩[32]
> （Kathleen Hepburn）

知识的增长与生物相比有许多共同的特征。产生大量观念，发生变异，成功的观念将留下来并传给未来。但生物难以逃脱灭绝的命运，任何超越个人生涯的知识都将是不朽的。我们已经考虑了多种可能性，或许科学将持续发展，或许科学发展将明显减慢，甚至停止。事实上，科学的极限是由科学家们的极限所决定的，而不是对于我们所能认识的事物的基本限制。因此，我们可以想象未来的人类犯错误会变得越来越明显。当错误发生，即从事实导出不对的结论时，可以用纠正其所需的时间对科学进行分类。有些错误几乎立即可以纠正，另一些就要用稍长一些的时间，如"冷核聚变"之类，再有一些类似亚里士多德运动定律的错误，则持续了一千多年。我们已习惯于生活在科学的成功大于错误的时代中，因此我们关于宇宙已经检验和有效的信息逐渐增加。由于那些容易获取的知识均已挖掘，我们必须挖得更深才能获得新的真理。这些真理将更难发现，更容易被怀疑有错，或者更不完整，赖此为基础的技术发明更缺少可靠性。容易想象，进步将进入这样一个时代，由错误造成的退步成了常规而不是例外，科学知识变得不再可靠。

科学死亡的这种模式与人类老化和死亡的理论十分相似。当我们年轻时，DNA复制错误能被附加在遗传编码上的纠错过程迅速地纠正过来。随着年龄增长，这些纠错元件越来越失效，复制错误积累起来直到导致死亡。将此应用于可靠知识的增长时，得到一种不引人注目的死亡景象：世界末日不是伴随着一次爆炸，而是悄然来临，它源于不断增长的不确定性和微小的错误。开始时，它们只是降低效率；但这个效应终于会变得无法控制，有限的资源被完全浪费。我们已经提出了这样的问题，人类易犯错误的本性是否会使我们完全理解宇宙的企图落空。我们还必须考虑这种本性是否会阻止尚未达到最终目标的可靠知识的增长，从而威胁到我们的继续存在。

极限的心理学

> 魔术师和心理学家的差别在于前者从帽子里抓出兔子，后者从老鼠中找出习性。
>
> ——佚名

我们一直在讨论人类大脑的极限影响科学最终成就的可能性。我们不应当忘记，这种研究自身也是大脑敏感性的产物，讨论由此带来的偏差是合理的。宣布科学存在极限是否有什么心理上的因素呢？科学自身的某些经验确实会导致对科学未来进步的特殊看法，让我们来考虑一些可能的关联。

如果一位科学家正处于创造的盛年，新结果来得又多又快，那么他不希望这个黄金时期行将结束，并相信这是不可能的，也是不会发生的。如果在迅速的新进步中，新理论取代了旧理论使他成了领袖人物，那么这种观点将会进一步加强。与此相反，如果一个科学家的创造力在下降，他也许会发现，解释效率下降的最恰当的理由是，该领域从整体上来讲已没有什么东西了，新发现的收获正在减少，也许有一天会完全结束。很容易想象，从整体上来说你自己的生活模式就是科学发展的一个样板。不过，这种趋势并不与科学创造活动中的水平相关却使人感到惊讶；的确，或许它还是负相关的。当别人正在努力地将学科推向前进的时候，曾经活跃过的研究者或许会觉得他自己的能力正在日益减少。存在着这样一种倾向，以往的学科领导人对学科整体发展方向的反应往往是强烈反对（采用的往往是哲学上的理由）。如果他们曾一度因以反潮流的科学观点取得重要进展，那么他们总是想做同样的事，而几乎不管证据是否充分。

我们也许会想，对科学极限的思考是否仅是老年科学家的活动。如果年轻人希望成为一个成功科学家的话，他们需要将时间用在解决可解的问题上。但是，科学家越年轻，他们就越接近于接受系统指导的学生时代。在这个时期，他们看到的只是可解问题；在受教育的实践中，用某些定量化的方式来检查所学的知识，主要依靠纸和笔来研究问题的解，并规定在一定的时间内完成，这便造成了某种倾向。该倾向存在于科学家，特别是从事数学科学的人的教育中，并导致了一种下意识的假定，即认为所有问题都是可解的。当然，情况并非如此，但是学生看到的只是那些可解问题，那些开始研究生生涯的学生必须要学习许多新的高级课题。他们如何去做是非常重要的，因为这将给他们加上限制。走下述简单的路径似乎总是有益的，从标准的使用过的教本或者有经验的讲课人那里学习新的课程。但是要注意，这只是一种可能。经验表明，正是在首次学习新课程的过程中，你最有可能产生新想法。一旦你进入了别人创造的、有影响的标准方法所限定的过程，你就放弃了以新的方式去认识它的机会。教育的全球化，使用视频连接，使更多的人只由同一个人来教授，这样有许多明显的好处。但从更高的层次来说，这也存在着弊端。

一些科学家已经将其一生投入某项事业上去，希望对科学未来有显著的改变。他们也许是在技术能力上希望有突然的改进，以使实验能测到极小的效应。他们也许是从事地外文明的搜寻，这种搜寻的预期是基于对长期文明历史的某些乐观假设。进步是他们所信奉的宇宙中某种普适的东西。如果没有这一条，他们早就夹起皮包回家去了。

评论家不是活跃的科学家，他们常常对科学的未来怀有很坚定的观点。他们受心理因素的影响不比别人少。不是科学家的人常常乐意认为存在或将会存在某种超越科学的东西。这也许是宗教的原因，就像为上帝存在提出的"填补空缺的上帝"论证那样，它是以非常复杂的形式发展起来的。有的时候，那种似乎是太成功的活动极易遭到忌妒。这种人类独有的反应也不是只有评论家才有。那些花了几年时间和大量精力的科学家在一条被证明是失败的路上探索时，很少会改变方向去从事新的研究。他们觉得接受新计划很困难（他们常常认为这与他们必须放弃的不成功的观念相比更缺乏想象力），他们急于想知道错误在哪里，要求有严格的证明，而对他们自己的观念从来没有这样要求过。

本 章 概 要

一个由大约100亿个不可靠组件组成的机制能可靠运行，而由1万个组件组成的计算机却经常出错。

——约翰·冯·诺伊曼 *[33]

(John Von Neumann)

---

* 美国数学家，生于匈牙利，对量子物理、数理逻辑、气象学和计算机理论均有重大贡献。由于他的工作，量子物理和算子理论可以看成同一主题的两个侧面。他在计算机理论中，对逻辑设计、可靠性问题、储存功能、随机模拟、自动机的构造等方面均作出了开创性的工作。——译者注

在本章中我们讨论了一些可能遇到的极限类型，这些极限来自我们的人性，它表示我们对宇宙了解所能达到的程度。我们的大脑并不是为科学而设计的，进化也不是主要为了使大脑适应科学目的。我们所具备的身体上、智力上的能力确实是对今天已不复存在的古代环境适应的结果。我们具有一系列的能力，如社会交往、寻找安全居所、寻找食物、避免过热或过冷、吸引配偶、躲避危险以及尽可能地多生育后代。我们必须将我们的科学思维能力看成是为了其他更普通目的而进化出的能力的副产品。于是，从表面上看，不存在我们必须具备理解宇宙运行方式之能力的理由。如果宇宙复杂得足以产生生命，而又简单得足以让一种物种经过数百年的认真科学研究之后便理解它最深刻的结构，那就需要极为偶然的巧合了。没有任何理由认为宇宙是为了我们的方便而构造的。

我们探讨了如何避免这一悲观预言的方式。也许的确如此，理解宇宙所需要的深邃概念，我们可以用非常简单的概念如计数、因果关系、选择等一点一滴地构造出来，这些基本概念似乎是遗传而来的，因为具备这些概念在生存竞争中将占有优势。当我们考虑计算机的功能时，我们已看到非常简单的规则重复后所能达到的威力。

也许这一切会有助于我们，借此消除我们自身大脑概念化能力与理解宇宙所需能力之间所存在的复杂性方面的任何差距。但是，问题到此并未结束，我们还要揭示自然界的巨大复杂性，而这个复杂性是宇宙通过非常简单的定律所产生的。

理解宇宙需要借助计算机，用计算机来模拟极其复杂而持续时间极长的自然运行方式。不幸的是，这迫使我们面对大量的难解问题。纵使这些问题可以通过一步一步的计算得以解决，它仍可能包含需要极长时间（比宇宙年龄长得多！）才能求解的许多小问题。这些实际的困难给我们的能力加上了很强的限制，除非我们能找到一种全新的模拟自然过程的新方法，否则这将限制我们对宇宙运行原理的预言、重现、理解和阐述。

我们已看到，人类的科学事业不是某个大脑的事，这是一种集体活动，因而常常可以通过集体的合作活动来克服个人的局限。这种能力可以通过人工智能大大增强。将来，不断增长的计算机网络将提供我们克服个人局限的有力工具。事实上，我们将发展一个大型的人造类人脑。我们已经看到国际计算机网络的发明是如何开始这一历程的。尽管这个发展具有优点，但也可能会存在意想不到的弊端。联系的增加可能会导致多样性的消失。此外，尽管它有效，却并非是包除百病的灵丹妙药。难解问题仍然存在，这些问题因需要如此长的计算时间而变得实际上是不可解的。

第五章

技术的极限

如果没有从前那些魔法师、炼金术士、星相学家和巫师以忘我的精神追求释放那种荒谬的能力的话，你还相信科学会产生并变得如此伟大吗？

——尼采[1]

(Friedrich Nietzsche)

经济上的可行性

你们哪一个要盖一座楼，不先坐下算计花费，能不能盖成呢?*

——圣路加[2]

(St. Luke)

当我们考虑可能的未来时，容易完全理想化地去考虑进步，即认

---

* 译文取自《圣经·路加福音》第十四章，香港圣经公会，1987，第一百零四页。——译者注

为所有能做的事都可以做到。我们知道实际上并非如此。西方民主社会当前愈来愈受到经济的制约。如果我们有足够多的经费，我们就很想开展许多科研大项目。对一个耗资极大的项目作决定时，对医疗上的差错进行补救时，或者遇到阿里亚娜 5 号火箭发射那样的突发灾难而破坏了计划时，这些问题常常要摆在负责人的面前，几亿英镑的钱转眼间就用完了。

许多原则上能够完成的事情，实际上却是无法完成的。在本章中，我们将探讨这些实际上的限制。有些能归结为经济成本问题，有些则不是。对于"成本"有一个更一般的解释，它可以让我们去分析获取知识的多种形式。热力学第二定律告诉我们，要获得信息就需要做功。[3] 这种思维方式是普适的，可以让我们量化任何计算的成本。在任何人类活动领域里，仅仅具有解决一个问题的过程是不够的。你还需要知道完成它的代价，这可用时间、金钱、能量或计算能力来衡量。这种知识打开了更佳过程之门，即寻找更具成本效益的可能性。

在 20 世纪之前的科学进步讨论中，获取知识的成本问题几乎不在考虑之列。今天，这已成为首要问题了。以往的实验均不昂贵，规模亦小。绅士科学家们自己制造仪器，实验都是小规模的。在今天高中理科教学中，这些实验已经很常见了。工业革命开创了科学与技术的融合，这导致了对亚原子物理的研究，后者成为 20 世纪物理学的标志，并导致大实验团队和"大科学"的诞生。这种环境下，经费便成了研究计划能否成功进行下去的关键因素。这与四百年前的探险问题很相似。原则上，你可以不受限制地派船队去探索大海，但实际上，这些航行需要资助者，而资助者希望他们的投资能得到回报。

这些关于成本和效用的考虑在科学的技术观点中占主要地位。在 19 世纪，进步是最重要的概念。欧洲国家的迅速工业化是技术发展的结果。达尔文和华莱士所发现的自然选择进化论[4]提供了另一种进步的概念，对此做了补充。受进化论的启迪，尼采（1844—1900）和斯宾塞（Herbert Spencer，1820—1903）[5]等哲学家提出了一个有时被称作"浮士德"的科学观，即人类始终都处在征服自然的斗争中，利用自然来造福人类。尼采相信，这来源于一种深刻的、继承下来的控制环境的本能。在那黑暗而遥远的古代，环境曾是人类生存的主要因素之一。人类改变环境以利生存的欲望和能力都是独特的。正如他所说的，这种"权力的欲望"现在可以在控制自然环境方面所采取的技术手段中看到。

这是一种极端的观点。尽管它不是唯一的动力，但不可否认它始终是科学的动力之一。然而，这种控制自然的图像提供了一种清楚地展现应用科学的活动及其副产品规模的方式。在本章中，考虑我们活动的某些限制之前，我们将先看一下在控制自然方面已经取得的进步。而在讨论我们控制自然已达到的程度之前，我们还应当仔细地考虑我们在整个宇宙中的地位。通过估计我们在整个历史中的作用和地位，我们能更清楚地回答下述问题：如果我们想理解自然结构的话，为什么需要及如何需要人为地去控制自然？

我们何在？为何在？

生命不是仙景，不是佳肴，
而是一种尴尬的处境。

——乔治·桑塔亚纳[*]
（George Santayana）

---

[*]   西班牙哲学家、文学家，移居美国后曾在哈佛大学任教，代表作品为《理性生活》《存在的领域》《最后的清教徒》等。——译者注

生物化学家相信，只有基于碳元素那不寻常的化学性质，生命才能自发地进化，[6] 才能适合这个头衔所需的复杂性水平。这并不是说，若以另一种元素作为基础，生命的复杂性就不能存在，非碳生命将需要碳基生命去生成和产生它。比如，我们现在可以看到基于硅元素的物理学相当特殊的有组织的复杂性形式，它正朝着"人工生命"或者甚至是"人工智能"的方向发展。但是，这一切仅因为已经存在的碳基生命——是在人类的帮助下才发生的！碳是在恒星内部形成的。最简单的元素氢和氦占宇宙中物质的 99.999 99％，它们是在宇宙膨胀的最初几分钟内形成的。当时的宇宙要比今天的热得多，也稠密得多。[7] 描述宇宙现在结构和过去历史的著名"大爆炸"理论的最成功之处，在于预言了宇宙早期核反应中产生的氢、氦等轻元素的丰度。早期宇宙的氢、氦在恒星内部燃烧为比较重的生物学元素如碳、氧、氮和磷。当恒星演化历史走向尽头时，就会发生爆炸并把这些生命的基本组元抛向太空。这些元素会凝聚成颗粒和行星。最后，它们会找到进入我们身体的通道。

这种从大爆炸而来的原始元素转变成生物学的可能基本组元过程，是一个缓慢而长期的过程。它可能要持续几十亿年。这个简单的事实揭示了一些我们周围宇宙神秘而重要的事情。它告知我们它为何这么巨大。

宇宙正在膨胀，遥远的星系团正在互相远离，退行的速度与它们之间的距离成正比。这意味着宇宙的年龄和大小问题是以非常奥妙的方式联系在一起的。宇宙至少应具有数十亿年的年龄才足以产生生物元素，使得复杂性的自发进化成为可能。这意味着任何有生命的宇宙，其尺度也必须有几十亿光年。仅仅为了支撑一个单一的生命，宇宙就需要有几十亿光年那么大。

从这个简单讨论中可以得到可观测宇宙的其他惊人特征。由有生命宇宙的巨大年龄和尺度，可以推出夜空的黑暗与空间的寒冷为我们这个世界不可避免的特征。膨胀一定会将宇宙物质和辐射密度降到非常低的水平，没有足够的能量将夜空照亮，星系和恒星最后都相距极其遥远。有意思的是，宇宙所表现出来的巨大、古老、黑暗、冰冷和孤独的事实，都是它提供任何化学复杂性的基本组元所必须具备的特征。

如果我们更加仔细地考察环境，就可以了解它的一般特征。假如对宇宙中所遇到的物质（从亚原子粒子世界直到星系）进行分类，我们可以按照它们的质量和平均尺度把它们固定在一个图上，其结果罗列于图 5.1 中。

值得注意的是，图 5.1 中的所有物体都处在从左下角到右上角的一条带上，余下的部分则是空白的。这并无神秘之处，这条带是密度为常量的线。[8] 对于所显示的结构，它对应于原子的密度，即原子组成物体的密度。它们的密度与一个原子的密度非常接近。仅仅在图的右上角，即恒星尺度以上，结构开始偏离该线。这是因为星团和星系并不是由原子组成的固体，而是一些处于引力和运动能量相互平衡下进行轨道运动的集合体。

物体都位于常密度直线并不是偶然的。它们标出相对立的力之间达到不同类型可能平衡的地方。以行星为例，一个适宜居住的行星需要有较大的尺度，以便有足够的引力强度来维系住大气，然而又不能太大，以免太强的表面引力破坏结合起复杂的生化分子的化学键。这两个方面的考察就限定了适宜居住行星的尺度范围，并不可避免地引出了许多表面性质。如果要求适宜居住的行星表面的一个重要区域必须长期处在使水为液体的温度之下，那么允许产生生命的行星范围就更小了。事实上，行星绕恒星运动的更复杂性质都是同样重要的。行星轨道必须距恒星有适当距离，以维持生命存在的合适温度。这要求

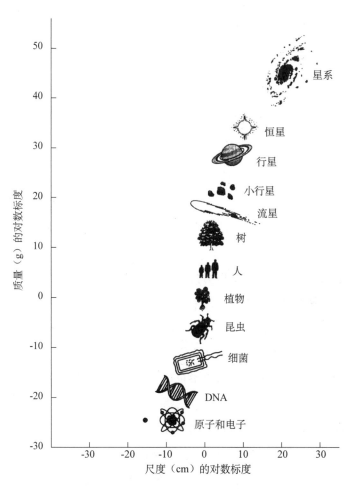

图 5.1 宇宙中最有特色的结构的尺度和质量的模式。

行星到恒星的平均距离须限制在很小的范围内，轨道形状也不能偏离圆形太多。此外，当行星旋转时，旋转轴与轨道运动的轴方向也不能偏离太大，否则气候的季节变化会过于剧烈。海平面和冰川的巨大变化将造成这样一种环境：行星表面最适宜于高级生命进化的部分将非常小。

尺度的一些推论

人们不应该夸大平凡事物的重要性。

生命苦短，何必执著。

——尼古拉斯·本特利

（Nicolas Bentley）

　　适宜居住的行星表面引力强度，决定了生物体的尺度可以有多大而不妨碍其行动。在重量和体积增大的情况下，力量并不以同样的比例增大。一匹马不能驮起另一匹马，但一条小狗可以轻松地驮起两条同样的狗，而蚂蚁可以负起比它自身重许多倍的重量。（作为一种饶有兴趣的解释，试看一下世界举重记录相对举重者体重的变化，参见图 5.2。）如果你试图将生物放大，你最终将会发现，它们弱得无法支撑自己的体重。它们将被压得趴在地上。

　　在许多方面，我们自身尺度的大小都是很有趣的。在人的进化过程中，我们一直在缓慢变大。在最大的标度上，我们自身处于天文尺度和亚原子尺度之间。将眼光回到地球上，我们与地球生物的尺度并无显著差别，而我们与它们的最大区别，在于我们是用两条腿走路。我们的尺度大小，对技术和社会发展的模式一直很关键。我们的大小，使我们有足够的体力去打碎固体材料的分子键。我们能将石头打碎，

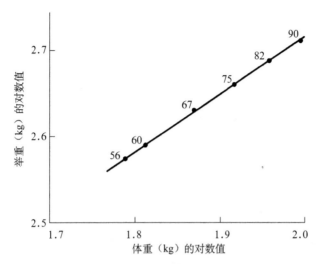

图 5.2 世界举重记录随举重者体重级别的变化。举重（强度）随举重者体重的 2/3 次幂的变化极好地落在一条直线上，说明两者成正比关系。

在石头上凿刻，把燧石那样的坚硬材料弄锋利。* 我们能将金属弯曲并制作成某种形状。我们能以足够的速度扔出石块，或使用棍棒去杀死他人或其他动物。如果我们太小的话，就不会具有这种能力，这在我们的进化中起到了重要作用。它促使早期技术发展的实现，也使我们成为危险的、喜欢战争的物种，能够很方便地施加致命的力量。它使快速进步成为可能，但它也提供了我们将所有进步带入末日的手段。

关于我们相对而言的大身材，有一个有趣的结果，即我们具备将火用于许多特殊用途的能力。没有其他任何动物能做到这一点。在能够获得的燃烧体积和氧气使燃烧反应进行的表面积之间的平衡，确定了一个最小的火焰。当燃烧材料的体积减小时，由于表面积太小而不

---

* 作为一个有趣的事例，在东南亚某些古代文化中，磨制石器等新石器时代的标志并不明显。究其原因，是盛产竹子的缘故，竹子容易加工成各种工具，用于生产或生活。——译者注

能维持继续燃烧，火就会熄灭。即使最小的稳定火焰，对蚂蚁来说也是太大了，所以蚂蚁不可能安全地接近火并给火添加燃料。小而稳定的火焰正好适应用人这样尺度的生物。（尽管这并不保证它们一定会使用火；黑猩猩就不会用火。）火的利用又导致了许多重要的推论。它使一天中可以利用的时间增多了；它提供了保护，免受凶猛动物的侵犯；它增进了健康和消化，因为烧过的食物中危险的细菌变少，更易消化。烹调的发展也增加了可食食物的范围，使得更多的时间可用于狩猎之外的活动。

最后，生物的体型大小还与寿命有密切关联。大型动物是珍贵资源的大投资，为了使这个投资在进化过程中物有所值（"自私基因"），它需要有一个较长的寿命。作为一个结果，大型动物的后代一般少，它们哺育后代十分辛劳。小型动物采取不同的策略，它们有众多的后代和较短的寿命。对任何个体而言，它存活的概率较低，但这一点可从大量的年轻一代上得到补偿。人类的大型身材是与他们相对长的寿命以及特别长的幼年期相联系的，在幼年期孩子必须由其父母照料。这导致了很多社会结果。长期与家人和社区成员的密切接触造成了复杂的社会关系。学习可能是广泛的，群体能获得相当多的环境知识，可以将其传授给他们的亲密伙伴。

从图 5.1 中，我们已经看到，我们在宇宙万物中的位置一般是由自然力的相对强度决定的。我们实际的尺度范围既是这些原理的结果，也是一系列历史突发事件以及与我们的环境、与其他物种之间的复杂相互作用的结果。[9]这对我们研究人类技术进步及其局限性是非常重要的，因为它显示了我们为什么需要技术。如果我们要控制尺度比我们自己的身材大得多或小得多的环境，那么我们必须利用技术手段。

我们的身材大小决定了我们的体力，从而也决定了我们对人工设备的需求，用它来建立或打破自然力所产生的联结。我们的环境决定了我们感官的敏锐程度，以及为了更精细地探索世界所需要的弥补程度。只有当我们的技术水平和我们所要研究的自然界状况有极不寻常的巧合时，人类才能不遇到技术障碍而科学地理解世界。

自 然 之 力

> 最先发明的用于某种特殊运动的机械总是最复杂的，以后的工匠会发现减少几个轮子、少用一些运动原理，可能会更容易地产生同样的效果。同样地，第一个哲学体系总是最复杂的。

——亚当·斯密*[10]

（Adam Smith）

我们很早就感知到了引力与磁力的存在。没有哪一种生活在地球上的生物会感觉不到引力的存在。但是，当初人们知道磁力仅仅是因为地球磁场的存在以及地球表面磁性金属矿物的发现。到了近代，对运动磁铁产生电流的发现，以及相反，在适当条件下电流产生磁场的发现，使我们认识到在这两种现象的背后存在另一种自然力。我们称其为电磁力。电磁力在宇宙的每一处都以同样的方式表现。我们对它的数学理解极为精确，一直精确到 $1/10^{11}$。如果借用该理论的创立者之一费曼所作的比喻来说，这相当于测量伦敦到纽约的距离误差不超过人类头发丝的直径。[11]我们可以用更高的精确度预言引力的性质。我们可以描述 3 万光年以外一对中子星的运动，它们的引力强度要比太阳系中任何一点的引力强 10^5 倍。经过二十多年的观测，我们发现

---

* 英国经济学家，古典政治经济学的代表人物。他从人性出发，研究经济问题，主张经济自由放任，反对重商主义和国家干预，主要著作有《国富论》《道德情操论》等。——译者注

在所能达到的测量精确度上，这些运动与爱因斯坦引力理论所预言的符合得极好，[12]精确度达到 $1/10^{14}$。

引力和电磁力不是自然界中仅有的力。到目前为止，我们已经发现了另外两种力，即"弱"力与"强"力。弱力是放射性的根源，而强力将化学元素中的核子束缚在一起。当这个束缚能被释放时，巨大的核能就可以被利用了。这些力都具有非常短的力程，它们在地球上的效应，只有在很特殊情形下，才能由具有相当水平的技术专家将其从引力和电磁力效应中分离出来。然而，在天文领域里这些力起到了极为重要的作用。它们所起的作用更加引人注目。它们解释了恒星中能量的产生，解释了太阳的稳定性，从而也解释了任何像我们这样的行星中生命形式的存在。为了探测强力的基本特性，我们必须研究小至 10^{-13} 厘米的距离；为了探测弱力，我们还必须进入再小至几百分之一的领域，即 10^{-15} 厘米的距离。

目前，我们只知道存在着这四种力。显然，我们仅用四种基本力就可以解释宇宙中所有能够看到或者发生的每一种物理作用和结构。[13]物理学家相信，尽管这些力以其熟知的方式表现得很不相同，事实上它们将是一种单一的自然力的不同表现形式。起先，由于这四种力的强度很不相同，人们认为这种可能性似乎不大。但到了 20 世纪 70 年代，人们发现这些力的有效强度，会随它们作用的周围环境温度的变化而发生变化。当温度上升时，弱力和电磁力的强度会变化，当温度达到 10^{14} K 时，它们的强度将变得一样，这样它们就组合成一个具有两种表现形式的单一的力——"弱电"力。与此相反，当温度上升时强力会变弱，当温度更高时它开始逼近弱电力。* 最

---

*　强力、弱力和电磁力在粒子物理的标准模型中，分别由 SU(3)、SU(2) 和 U(1) 规范理论描述，SU(3) 和 SU(2) 是非阿贝尔规范理论，U(1) 是阿贝尔规范理论。非阿贝尔规范理论的耦合强度随能量增加而变弱。——译者注

终，当能量大约达到 10^{15} 吉电子伏（GeV）的极高能量标度（此时对应于温度 10^{28} K）时，所有的力将具有相同的强度，这个能量标度大大地超出了地球上粒子对撞机所能达到的能量（参见图 5.3）。

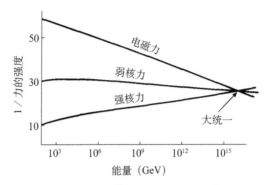

图 5.3 在基本相互作用的超对称理论中，对自然界的强力、电磁力和弱力强度变化的预言。在高能时，预言所有的力相交（"大统一"）。

第四种力也就是我们最熟悉的引力。它无所不在，但引力的结构仍神秘莫测，它与其他三种力的关系也很奇特，它和时空的性质紧紧地缠绕在一起。改变引力的强度会改变时空的性质。现在有一种吸引人的数学理论（"超弦理论"），* 它提供了一种如何将引力与其他三种自然力统一起来的方式。这种可能性仅仅在自然能达到的最高温度上才可能发生，这一温度也许只在宇宙诞生时才存在过。正如我们即将看到的那样，这给任何最终的"万物理论"的验证带来了困难。

前面，我们已就我们自身相对于天体结构的尺度和物质大多数基本粒子的尺度所处的宇宙位置做了简短描述，揭示了我们对这个世界

---

* 超弦理论来源于二个基本概念：超对称性和弦。超对称性是指玻色-费米子对称性；弦是指一维客体。自洽的超弦理论必须是反常自由的，美国物理学家施瓦茨和英国物理学家格林对超弦理论创建作出了主要贡献。超弦理论要求引力必须存在，当 1982 年威滕了解到这一点后，决定献身于超弦研究。他认为，超弦理论最终将导致有关现实世界的新颖而深刻的认识。——译者注

能够和不能够期望了解的。一些简单的物理原理限制了行星表面生物的大小。我们的大小意味着，我们可以容易了解在厘米和米的尺度上事物的表面性质。但是，如果我们想要了解天体结构或者分子、原子和更小的现象时，我们就必须借助于人造设施。如果我们要找出支配基本粒子的亚原子领域内作用力的全部奥秘，那么我们必须在远离我们感官所能达到的地方，紧紧跟上大自然的步伐。

所以，在我们进一步控制自然时，将要遇到的困难，是由我们自身的尺度所导致的，也是由能够支持行星上原子生命形式的环境特性所导致的。生物一定会发现有组织的复杂性适宜于它们所生活的环境。这意味着，环境的温度低到足以使分子化学键保持完整，高到足以使水和其他简单液体存在。我们可以期望，任何行星上的智慧生命形式都会有类似的局限，他们也必须以和我们相差不多的方式去克服它们。

支持生命环境的一种有趣的副产品是色彩，这是由于大气的存在使从母星（在我们的情形就是太阳）发射来的光被散射的结果。颜色的存在使自然选择有利于那些能够辨别颜色并加以利用的适应者。含色素植物的生长使得食物源有了颜色的变化，从而赋予辨色者比那些色盲的简单生命形式更宜生存的优势。任何行星难免会发生自转，这产生了在一天内日光的变化。在这样一条路上，行星的大小、它的大气以及大气分子的特别性质，都是色觉适应性进化的根源。不论视觉的最终形式是什么，有一点是肯定的，它的能力是适应局部环境的结果，而不是按照在科学上研究大宇宙或小宇宙性质所要求的。我们因此被赋予了一种至关重要的感觉。人们需要能感觉到危险，能区分可食的果实与绿叶，能分辨一天中的白昼、黎明与黄昏。任何一种经自然选择的物种，在那种环境中的进化将使其感觉范围受到限制，它必须用人造的手段来控制自然，这样才能摆脱加在它感觉上的束缚。[14]

对于某些生物而言，这种束缚可能会比其他生物更为严重。所幸的是，我们的天空大部分时候是晴朗的。这使得天文学成为可能。这些天文研究使我们了解到引力与地球上物理学的其他方面，这一切可能只在天体领域内才能明显看到。氦元素在研究物质的低温性质时起了极为重要的作用，而它是 1860 年发生日食时由法国天文学家让森（Pierre Janssen）在研究太阳日冕光谱时发现的（因此氦以拉丁文的太阳命名）。*[15] 如果我们的天空云雾太重，肉眼观测和光学天文学就不可能发展起来，我们也许会对自己的太阳系一无所知，更不用说遥远的星系了。在一个表面没有任何金属矿物的星球上，生命可能会进化到类似智人的水平。但是，接下来的技术发展将会停止，一个复杂而漫长的石器时代可能是这种星球上进化的特征。地质上的微妙为我们提供了探索物质微观结构和发现电技术的途径。

我们从中学到的最简单事实是，在宇宙不同地方的不同文明的进化中，将会遇到它们的特殊环境所提出的挑战。这些环境将决定发展的方向，沿着这一方向珍贵的生命资源将得到最有效的利用，浪费最少。它们还将界定对于居住者来说哪些是不可能的。这又进一步影响到他们为之奋斗的知识和进步的方向。

控 制 宇 宙

> 哲学家可以一分为二，一类相信哲学家可以一分为二，另一类则相信哲学家合而为一。
>
> ——佚名

---

* 在希腊神话中 Helios 为太阳神 Hyperion 的儿子，每天驾四马战车自东至西驰过天空。希腊语中，Helios 即为太阳，而氦元素（helium）因首先在太阳光谱中测得，故名。——译者注

人类在愈来愈大的范围内投身于控制自然的浮士德式图像是不完全的，但它是组织人类技术成就图像的一种有用方式。通过考察比我们身体尺度大得多和小得多的物质，我们可以在总体上得到我们已经走了多远和尚需走多远的一些知识，在上述两个领域中，我们必须借助于人造设施。

在 20 世纪 60 年代，寻找地外文明（ETIs）的想法新颖而吸引人，这要用到许多天文观测的新技术。俄罗斯天体物理学家卡迪雪夫（Nicolai Kardeshev）建议，依照技术能力将地外文明分为三类，分别记为类型Ⅰ、Ⅱ、Ⅲ。[16]这些文明等级大致按照下述条件划分：

类型Ⅰ：有能力建设行星，改变行星的环境，它能利用与地球文明相当的能量进行交流。

类型Ⅱ：有能力建设太阳系，能利用与太阳相当的能量进行星际交流。

类型Ⅲ：有能力建设星系，能利用我们已知的定律在整个观测宇宙传递信号，能利用与银河系相当的能量进行星际交流。

这种分类的动机是为了估计地外文明在技术活动时会产生多少废热，从而确定天文学家是否能够观测到它们。[17]这揭示了是否探测一个非常遥远的Ⅲ型文明比探测一个附近的Ⅰ型文明来得容易。[18]但是，这里主要并不是对卡迪雪夫的分类感兴趣。与此相反，我们想将此推广，以定义一个技术成就里程碑的阶梯。

在这一体系中，我们理所当然的是Ⅰ型文明。我们已经在多方面改变了地球表面的地形，建造建筑物、采矿、挖隧道、清除热带雨林以及填海造地等等。我们的工业活动已经改变了地球的大气，改变了地球的温度。我们已经具备有意或无意地较大改变地球及其环境的能力。到目前为止，我们对地球内部结构的探索和利用相对而言属于小规模，只不过是石油和矿物的开采而已。

我们接近成为一个低水平的Ⅱ型文明。我们可以改变某些内行星的发展；（如给金星播上原始生命形式的种子，以改变它的大气化学成分）而我们可以（的确，也许必须）采用一种星球大战的技术来保护地球免受从太阳系外来的流星和彗星的袭击。一个成熟的Ⅱ型文明，也许能以某种方式，从事改变他们的"太阳"的化学成分的活动（也许是将彗星转射向太阳），以便改变他们的生物圈的本质。这样的文明可以在太空中获得矿物和重金属，并学会以远比我们现今技术效率高的方式从太阳获得能量。

Ⅲ型文明是科幻故事中的文明，由于信号穿越该尺度要花很长的时间，我们很难想象在如此巨大的尺度上控制事物（也许是通过宇宙中所见到的最大相干结构——宇宙射电喷流，来进行）。[19]为使一种文明发现如此神奇的远见优势，其必须具备控制所有可能产生的局部问题的能力，每个个体还需具有极长（甚至无限长）的寿命。如果局部的环境问题仍在提出强有力的挑战，那么这种耗费金钱的科学探索是不大可能进行的。然而，一旦挑战转变为对整个文明的未来生存的威胁时，那么所有的资源都将会用于研究移居到一个较为安全的环境的方法。

初看起来，如果所需时间大大超过了社会成员平均寿命的话，那些耗资巨大、周期极长的项目就似乎是不可行的。如何排除这种使人气馁的障碍呢？你可以设想，个体的寿命也许无关紧要。利用极其复杂、能够将思维完全积储下来的计算机技术，个体可以克服通常意义上的"死亡"。当信息传递到新媒介时，也许会损失一点儿时间，但这仅仅是一个小牵制。人们可以想象，不同的计算机互相竞争，从而提供了最完整的再现，经验丢失降到了最低点。与此同时，还会除去那些不想要的属性，或者"坏"的记忆。

　　甚至还存在着比Ⅲ型更高级的文明。近年来，人们已对这些宇宙遥远的未来景象做了详尽的探讨。[20]假定我们将这个分类推广，那些假设为类型Ⅳ、Ⅴ、Ⅵ……的文明的成员将在越来越大的标度上具备控制宇宙结构的能力，从星系群、星系团直至超星系团。最终，我们想象存在着一个Ω型文明，它能够控制整个宇宙，甚至其他宇宙。*如果时间旅行实际上可行，那么它的实现将为这种最终文明的可能性打开一个全新的世界。它们将用尽可能接近极限的能力来定义，其中包括信息储存、处理、抵制混沌的不可预测性以及寿命等诸方面的极限。

　　关于一个Ω型文明原则上能做些什么及如何做的问题，人们已有了非常详密的探讨。在某种类型的膨胀宇宙中，笔者与蒂普勒（Frank Tipler）一起证明了将信息处理无限延伸到未来是可能的，并且还证明了倘若宇宙具有某种整体结构的话，那么它的影响程度是没有壁垒的。[21]然而，这些研究只是验证了最佳的可能情形，达到它则完全是另一回事。

　　以同一种风格，古思（Alan Guth）**也探讨了如何在实验室中创造一个"宇宙"。[22]目前，就我们对物理学的理解而言，这看起来是不大可能的，但是只要对我们的知识体系做些相对小的变化，在遥远的将来制造它，在技术上是可能的。人们尚需添加一条注释，当这些"婴孩宇宙"创生以后，我们将看不到它们，或者不能与其发生相互作用。在下一章中，我们还要讨论到最一般的暴胀宇宙图像，在宇宙

----

　*　我们必须区分"宇宙"的两种含义。在英语中用大写字母表示的"宇宙"一词是指所有的存在事物。在这里整个宇宙是指整个可见的宇宙，依照暴胀宇宙的自繁殖机制，可谈及其他宇宙。——译者注
　**　美国物理学家，暴胀宇宙理论的首创者之一。——译者注

的不同区域，甚至基本常量和自然定律会被赋予不同的值和不同的形式。[23]

斯莫林（Lee Smolin）*已经考虑过这样一种猜测性图像，当新的宇宙从黑洞坍缩中产生时，自然常量演化会经历多种不同的"版本"，在每一阶段常量的值都会发生小的改变。[24]改变选择倾向于产生更多的黑洞，从而会有更多的机会去产生常量上有轻微改变的婴孩宇宙。提出这种设想的动机是，要对已经观测到的不同自然常量值之间的许多特别巧合提供解释。这些巧合是延续了漫长时间历程的结果。作为选择过程的结果，我们观测到的这种精细平衡，可看作选择过程的最优化。在这种情形下，这些常量值与观测值的任何变化，都会降低黑洞的产生率。[25]

在脑海中具备了所有这些可能性之后，美国宇宙学家哈里森（Edward Harrison）提出了一个有趣的问题：在多大程度上智慧生命能影响这些确定他们宇宙特征的自然常量值？[26]他们将属于 Ω 型文明。如此众多的自然常量的取值均异常适宜于生命进化，哈里森猜测这一事实可能是一代接一代的高等文明创造膨胀着的"宇宙"，并为生命的存在与永恒而将物理常量的值调整到最佳状态的结果。下面让我们更仔细地考虑他的想法。

我们知道自然常量确定了我们的宇宙，这一观念从多种角度来看都是很诱人的。[27]对于它们为什么会有这样的值，目前还没有一个解释。但是，倘若这些值中的某一个稍微有些改变，那么有组织的复杂性（生命是其中一个极端例子）将不可能存在。在这些自然常量之间存在着许多著名而精致的平衡关系，倘若不存在这些微妙关系的话，我们自己也就不会存在了。然而，这种奥妙是否只是所有

---

*　斯莫林生于美国纽约，他在量子论、宇宙学和相对论研究方面有重要贡献，是圈量子引力的创建者之一。——译者注

（或者是很广范围的）可能性中的一个幸运结果，或者在这些自然常量值的可能集合中，是否存在且只存在一种逻辑上自洽的集合，关于这一切我们都不得而知。如果常量的其他取值是可能的——对"万物理论"的候选者超弦的早期研究就隐含了这种可能性，倘若通过实验可从真空涨落中产生宇宙，那么这些常量值就可能是可调的。任何一种技术上足够先进、能实现这一点的文明，也许会将这些常量值从已有的值调节到更有利于生命进化的值。通过多代高等文明的持续调节，对于允许生命诞生并成功进化的条件来说，我们可以期待经过精心调谐后的这些常量具有最接近最佳状态的值。我们的宇宙具有被一些人认为是调谐得极好的常量，这一事实甚至可以被看成是一种证据，这种高级生命对存在已久的宇宙所作的调谐已经历了许多个宇宙历史年代。不幸的是，这个有趣的观念不能解释为什么在具有调节婴孩宇宙的能力之前很久，这些常量就允许生命产生了。这要求我们相信，宇宙非常友好，对于生命来说是幸运的，或者在自然常量值的很大范围内，生命实际上是不可避免的，不过这样就很难理解 Ω 型文明为何要竭尽全力地去调谐常量了。但是，也许不需要付出太多努力。

英国宇宙学家霍伊尔（Fred Hoyle）* 曾用下述大胆的观点阐述关于碳核、氧核能级位置十分巧合的发现，当然，没有这些元素，我们也不可能存在：

> 我不相信任何一个考查了证据的科学家会得不出推论，核物理定律完全是按照恒星中发生的顺序设计的。如果确实是这样的话，那么显现的任何随机离奇性质都是精心策划方案的一部分。

* 英国数学家和天文学家，以积极倡导和维护宇宙恒稳态学说而著称。他还是一位科幻小说家，撰写了大量科普作品。——译者注

如果不是这样，我们又回到了很坏的偶然性后果。[28]

类似的目的论猜疑可以在戴森（Freeman Dyson）关于电磁力和核力强度的进一步巧合的反应中找到，[29]这种巧合使恒星的物质在核反应中不致消耗得过快，不使支持生命的环境过早地消失，确保生物复杂性在进化中产生：

当我们仔细考察宇宙并找出许多对我们有利的物理和天文学的偶然事件时，感觉到在某种意义上，宇宙就像知道我们要出现似的。[30]

我们必须强调，斯莫林和哈里森的观点完全是猜测性的，但为我们有限制的想象力提供了一个实例，在遥远的未来，Ω型文明在影响宇宙诸方面上会走向何方。[31]

通过考虑控制周围大尺度世界的能力，我们已经对文明的"类型"给出了一个分类。这是要实施的控制中最为艰难的。它需要巨大的能源，倘若失误，逆转是非常困难的。引力是不可避免的，并且因为它是宇宙中唯一已知的、毫无例外地作用于每一个物体的力，因而它是不可能被去掉的。所以在实践中，我们发现在控制越来越小的世界方面要比在控制越来越大的世界方面钱花得更有效。由此，让我们将技术文明的分类向下延伸为类型 I⁻、类型 II⁻……一直到类型 Ω⁻。这是按照他们控制越来越小领域的能力来划分的。这些文明的区别表述如下：

类型 I⁻：能在自身尺度上操纵对象：建造结构、开矿、连接或破碎固体，等等；

类型Ⅱ⁻：有能力控制基因和改变生物的发育，解读和改变自己的基因密码；

类型Ⅲ⁻：有能力控制分子和分子键，创造新材料；

类型Ⅳ⁻：有能力控制单个原子，在原子尺度上创造纳米技术，创造人造生命的复杂形式；

类型Ⅴ⁻：有能力控制原子核，改变组成原子核的核子；

类型Ⅵ⁻：有能力控制物质的基本粒子（夸克和轻子），在基本粒子家族中产生有组织的复杂性。

达到顶峰的是类型Ω⁻：有能力控制时空的基本结构。

我们将再次尝试确立自己在技术分类中的位置。我们早就是Ⅰ⁻型文明了，现代基因学在许多方面使我们成为Ⅱ⁻型文明。这种能力的使用引起了很多争论，公民自由和个性解放的可能滥用使其充满危险。人类基因组计划是一个国际性的研究项目，目的是解开人类基因信息中的密码，找出各种人类特征和医学疾病的原因。这是生物学进入以前只有物理学和天文学才有的多国"大科学"联盟的标志。

我们还具备一些Ⅲ⁻型的能力，有计划地设计具有特别结构的材料，医学科学家设计具有特殊疗效的抗菌素。我们刚刚迈入Ⅳ⁻型文明的门槛。尽管我们是些刚入门者，但已经具备了迁移单个原子并在单原子水平上制造一个面的能力（参见图5.4）。

上述能力形成了发展纳米技术的基础。制造出分子尺度上的微观机械——电机、阀门、感应器或者计算机，是科学家长期以来梦寐以求的理想。这些微型机械可以植入一个更大的结构，在那里完成肉眼看不到的工作，也许是维持心脏病患者心脏的搏动或保持主动脉畅通。已经制造出一些此类机械（参见图5.5）。今后，它们很可能会在我们日常生活中起到看不见但日益重要的作用。

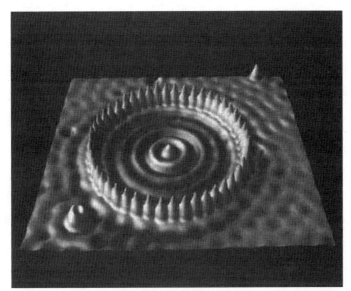

图 5.4　原子围栏。48 个铁原子在铜面上形成一个半径为 0.01 微米的圆周，原子是用扫描隧道电子显微镜排列的。[32]

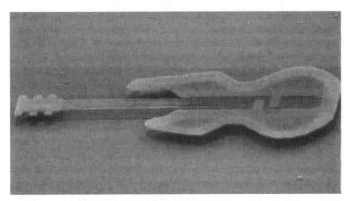

图 5.5　一把尺寸比人头发直径的二十分之一还细的吉他，它是用电子束在硅晶片上雕刻出来的。它具有六根琴弦，每根大约为一百多个原子的厚度，可以用微观的原子力拉动，产生的频率要远高于人耳所能听到的范围。［由美国纽约州康奈尔大学卡尔（D. Carr）和克雷格黑德（H. Craighead）拍摄。］

我们正在努力维持在 V⁻型文明中的位置。我们已经能够利用核力和粒子，以受控的方式通过核裂变而产生稳定的能量，引爆核裂变和核聚变的爆炸，但无法安全可靠地控制这些反应的所有副产品。尽管许多国家都进行了长期而耗资巨大的研究，至今仍然不能通过核聚变反应来产生可控且可靠的能源。尽管这是比核裂变更安全、更清洁的核能源，但它的困难在于约束和控制相互作用的等离子体。迄今为止，受控的能量输出只持续了极短的一段时间，且远比传统的能源昂贵。然而，这些问题最终可能会在未来的某一天得以解决。事实上，意大利物理学家鲁比亚（Carlo Rubbia）* 已经提出了一种方法的纲要，清洁的能源可以从核子与高速粒子的高能碰撞中得到。不像已有的反应堆和反应过程那样，上述技术的一个长处是不产生任何军事用途，同时提供了使辐射核废料无害的简单方法。

新近**，在日内瓦的 CERN 又诞生了另一个 V⁻型文明的成功事例，制造出了反物质（反氢）的核。最终，物质与反物质受控相遇为我们提供清洁、安全的能源。正如往常一样，挑战不仅在于做，还在于如何经济地去做，使其值得去做。

我们还不是 VI⁻型文明。通过质子之间的高能碰撞和其他高能粒子物理过程，我们能够产生基本粒子，但是仍然处在提高巩固基本粒子知识的阶段，从这些事件留下的碎片中去观测：了解有多少个粒子，它们的质量和寿命，辨认它们的特性，限制它们相互作用的范围。然而，我们还无法让这些粒子组成有特殊性质的复合粒子（毫微微工程？）。我们并不知道，是否会有与重子和介子这样的已知粒子不同的结构形式存在。

---

*   以鲁比亚为首的国际研究组，于 1983 年 1 月发现 W 玻色子，翌年 6 月发现 Z 玻色子，
     为此鲁比亚与范德梅尔获得了 1984 年诺贝尔物理学奖。——译者注
**   指 1995 年。——译者注

应当强调的是，对物质最小组成部分的控制产生了值得注意的情况。我们拥有精确的数学理论，其对微观世界行为的预言达到了前所未有的精确度。这些理论对这个世界的预言要比我们已从观测中学到的多得多。偶尔，它会让我们做出一个特别的、在以往整个宇宙历史中从未出现过的实验，除非其他有意识的生物也在做类似的实验。譬如，20 世纪初的 1911 年，荷兰物理学家卡末林-昂内斯（Heike Kamerlingh-Onnes）在莱顿首先观测到超导现象。* 他观测到当水银温度下降到摄氏零下 269 度，只比绝对零度（摄氏零下 273 度）高 4 度时，所有的电阻都消失了。在宇宙的任何地方，都没有理由期待自然地存在着这样的低温。如果确实是这样的话，超导现象 1911 年在莱顿出现前，从未在宇宙中显示出来。同样地，贝德诺尔茨（Georg Bednorz）和米勒（Alex Müller）于 1987 年在苏黎世发现的高温超导也可能是宇宙中的首次。这个物理学家至今尚未完全理解的现象发生在比传统超导温度高的地方，从而取名高温，它们之间没有相似的物理解释，高温超导发生在那种不寻常的鸡尾酒式的化合物材料中。那种特殊的化学成分是相当奥妙的（有点像炼金术士的神秘配方），没有理由期待它们会在自然环境中自发产生，比如在行星表面，或从星际物质中演化出来。鉴于这种情况，只有在人为的条件下，人类控制物质，从而使该现象在宇宙中出现。这是一种非常严肃的想法。

对于 Ω^- 型文明的终极挑战是控制时空。[33] 或许他们能控制宇宙的零点能，并将其作为能源。当前，我们仅可从理论上去讨论这种超文明对时空能做什么事，但真的要去实施的话，就远远逾越了我们技

---

* 1882 年，卡末林-昂内斯被任命为莱顿大学的物理学教授和实验室主任，他任此职达 42 年之久，使得莱顿成为全世界的低温物理中心。因研究低温物理学并于 1908 年制出液氦，而获得 1913 年诺贝尔物理学奖。莱顿是荷兰西部的城市，在海牙东北部新旧莱茵河交汇处。莱顿大学创建于 1575 年。——译者注

术所能达到的程度。

爱因斯坦告诉我们运动的钟会变慢，在强引力场中的钟也会变慢。我们可以在高能物理实验、来自太空的宇宙线簇射以及太阳系和遥远天体的运动观测中看到这些效应。然而，我们尚未达到那种程度，即创造一种环境从这种效应中获取技术上的收益。以接近光速的速度到距我们很多光年的外星系旅行的可能性，是科幻小说读者熟悉的典型故事，按照旅行者的时间来看这是一个比较短的时间。我们也应当重视可能存在着特殊的质量能量形态，使时间旅行得以发生，或者宇宙看起来相距十分遥远的不同部分（利用通常光抵达需很长的时间）可以通过虫洞连接起来。[34]

此推测类型的可能性使我们难以割爱。我们的引力理论，广义相对论，在每一个检验过的方面都达到了惊人的精确度。我们也注意到它的局限性，即我们知道，在非常极端的温度和物质密度条件下它注定会失败（目前我们尚未遇到或产生这种危险情形）。这一理论允许像时间旅行这样的事情发生。但是，我们还不清楚为了挑选出与宇宙其余性质都自洽的理论预言应当给它施加的所有限制。纵使我们已经做到了这些，我们还得问事情发生的可能性。时间旅行也许在原则上是可行的，它并没有违反自然定律，但由于它需要非常特殊的条件，所以发生的概率很小，在实践中从来也没有人遇到过。正如人能飘浮在空中，与已知的物理定律是相容的，这是指组成人体的所有分子都在同一时刻向上漂动，那么此人就会离开地面。对此不存在任何物理定律的禁戒。存在着发生这种非常奇特事情的概率，但这种可能性实在太小了；从而我们可以断定，任何有关此类事情的报道，其误报的可能性将远远大于真实的可能性。

有点古怪的是，宏观能力的 Ω 型文明，与微观能力的 Ω^- 型文明衔接成一个圆周。控制整个宇宙，或从量子真空中产生控制宇宙的能力，包含在微观上控制时空。除了时间和空间，宇宙实际上什么也没有。这就是说，所有的物质都可以简单地看成是时空的某种波动，否则时空就会是完全平滑的。

　　在告别关于技术成就的分类之前，我们应该考虑一下是否还存在着成就分类的第三种方式。除了很大和很小的领域外，还有复杂性领域。根据我们的经验，最复杂的事物之尺度介于很大与很小之间。在图 5.6 中，我们对复杂性俱乐部成员做了分类。它们用其内部组织来识别，即用它们内部子系统之间的联系数目来衡量。当这些联系数增加时，复杂行为的趋势往往以突然跳跃的方式大大地增加。

　　当我们深入复杂性领域之中，我们发现了一个简单的、与大或小

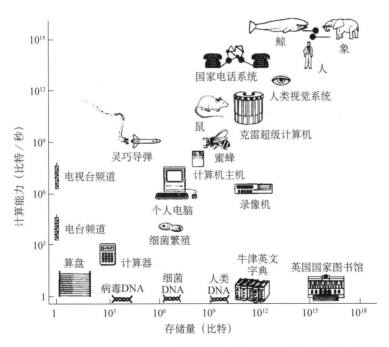

图 5.6　结构概貌的两种表示：结构信息存储量（比特）和处理能力（比特/秒）。既具有大的信息存储量又有快的信息处理能力的已知最复杂的结构，位于图的右上角。

的领域完全不同的分级天地。稳定性并不只是自然界中两股对立力量之间的平衡结果。动力学平衡是可能的，且是稳定的；在远离平衡的地方，局部的不断变化确保了整体的次序。我们发现的烛焰的稳定性并不是蜡烛的稳定性，就属于此种类型。

临界性：沙之谜

粒沙见世界，天堂野花中。
时辰即永恒，掌上有无穷。

——威廉·布莱克[35]
（William Blake）

迄今为止，尚无关于复杂性的一般理论。譬如生命，要下定义很难，但我们一看到就知道。我们看到了许许多多的特例。[36]它们具有一些共同的性质，但关于所有形式的复杂性本质的一组简单定律还未出现。也许这是过高的要求；更为现实的也许是发现有限种不同形式的复杂性，且我们所找到的实例均可纳入其中。近年来，一种重要的复杂排列已经提出来了，也许它可以刻画某一类的复杂性。它显示了一种行为类型，称作自组织临界性（SOC）。[37]

自组织临界性的核心范例，是堆沙这样一个简单例子。想象沙粒一粒一粒地放到如桌面那样的平面上，边缘没有挡板，多余的沙粒可以从桌子边缘掉下去。起初，沙堆在慢慢地变陡；每粒沙只影响它刚落下时那个位置附近沙粒的行为，只存在偶然的小崩溃。当沙粒继续落在上面时，沙堆仿佛不再变陡，斜面逐渐达到一个"临界角"。这个临界斜率由沙粒顺着沙堆边缘小瀑布似地崩落而维持不变（参见图 5.7）。

图 5.7 临界状态的沙堆。[38]

这个临界状态有一些迷人的性质。这是一个由许多事件连接而产生的复杂组织（许许多多颗沙粒翻滚着跌落），个别沙粒行为纷乱而不可预测。但是，这并非是沙堆唯一的惊人特征。这是一种始终处于不稳定边缘的稳定状态（落到沙堆上的沙粒数量最终与从桌子边缘泻落的沙粒数平衡），每一颗沙粒都会造成崩落和变化，以维持整体的斜度。我们称之为临界平衡。它是可预测性与不可预测性的奇妙组合。沙堆产生的整体斜率，与如何往上倒沙粒无关，[39]但一旦接近临界状态，沙堆就对加上的每一颗沙粒变得愈来愈敏感。于是，起初加上去的沙粒只影响附近的沙粒行为，随着沙堆接近临界状态，影响就一步步扩展至整个表面。在临界状态，沙粒产生的崩落将影响到整个表面。

沙堆具有自然界中许多复杂组织系统的特征。一个体系要以自组织方式进入这种临界状态的必要条件，似乎在于存在非常广泛的行为范围（沙粒的崩落），而并不存在特殊优先的尺度。[40]在沙堆的情形下，这意味着单颗沙粒的尺寸与整个沙堆尺寸之间一定不存在形成崩落的特殊尺寸。在临界状态，存在所有可能尺度的崩落，只是发生的概率不同而已。[41]

沙堆似乎是那些初看起来完全不同的体系的代表。如果不是沙粒的崩落，而是复杂生态系统中的灭绝，则临界状态也许是表示了生态平衡的动力学状态。[42]灭绝所起的正面作用，就像沙粒的崩落一样，它们的灭绝为新物种腾出了空位。或者，我们可以考虑由火山和地震在地球表面维持的总体压力平衡[43]作为一个自组织临界性的例子。另一个已经详细研究的有趣例子是交通流量问题。对于一个繁忙的道路系统而言，最优状态似乎是一个自组织的临界状态，其中各种程度的交通阻塞都有可能发生，从而维持最优的交通流量。小阻塞发生于大阻塞之中，一辆车的小移动可能会产生大的连锁反应。[44]如果你是一位司机的话，对这种波动也许会大动肝火，但它却在整体上维持了最佳车流量。如果流量的起伏更小的话，或者道路利用率不高、车流量极小，或者严重阻塞，大家都动不了。于是，在最优的临界状态，我们感受到了恼人的阻塞，它永不停止地发生且完全没有理由。确实，它们不可能起源于任何单一的原因。这是自组织临界性在起作用，是处于临界状态事件的内在不可预测性的一部分。类似地，如果地震活动真是这种形式的自组织临界行为的话，那么就完全不可能预测地震的发生。

也许在经济领域中，还存在着自组织临界性的其他重要例子。[45]我们可以将经济看成是一种临界状态活动，其中沙粒的崩落对应于经济危机和企业破产（这里的正反馈是资金的自由和人们可以开始新的事业）。随后将出现大的市场起伏，并且经济变化中存在内在不可预测性。此外，在经济学研究中普遍存在的那些理想均衡经济学简单模型，都无法抓住自组织的实质。

音乐也许是另一个意想不到的临界现象例子。数年前，两位美国物理学家沃斯和克拉克注意到下述事实，在包括西方文化和非西方文化的广泛音乐作品中，在长时间上求平均后，强度随声波频率 f 的变化显示了一个特征 $1/f$ 谱。[46]我们回顾历史，从贝多芬到披头士，所有音乐共同分享了这种 $1/f$ 谱型，这也是一种自组织临界状态的显示。这或许是因为我们发现，在所有时间间隔上存在一些模式，用来刻画这种临界状态，这些模式将新颖内涵与结构以最优的方式结合起来，所以是最具感染力的。此外，在接近临界状态时，这些模式以不可预测的方式对演奏的微小差别非常敏感。这为音乐表现的吸引力和新颖性，特别是时间选择上的细微差别提供了新思路，表明了为何我们会期待对人类思维最有诱惑力的临界状态。

　　从沙堆这个复杂例子中，我们可以学到，这一类自组织复杂现象存在着临界状态不可预测的特性。笔者相信将会发现表征其他复杂性类型的范例，当我们学到更多的复杂性形式时，也许会发现不可预测性和复杂性的融合是极常见的。我们常常认为不稳定性意味着某些事在自然界中是不会发生的，或者像竖立着的一根针那样的平衡，至多只存在很短时间。但是，沙堆问题告诉我们，许多不稳定事件合起来之后，可以保持复杂而长时间的有序。在每时每刻，生命所感受到的就有点像这样！我们不需要到更远处去追寻自然界的其他例子。瀑布中的湍流就如此，每个小漩涡都是随机不可预测的，借助它却可维持从大尺度至最小尺度的能量流动，从而保持了水流整体的稳定性。最终，甚至于发现，当我们大脑使自身进入自组织临界状态时，我们的意识思维中也存在着一些临界性。神经元一个接着一个激发，触发了其他神经组织的活动，这与沙粒崩落十分相似。大脑的功能随时间发展，很可能会达到一个临界状态。在这种状态下，大脑将是最有能力的，对小的变化也最敏感。体系迫切需求这种易受外界干扰的特性，也许它与意识的出现有着某种深刻的关联。

我们已经开始理解周围所看到的一些复杂组织结构。最终，我们希望完全理解这些结构和体系，并使我们能够按照特殊要求去制造它们。对于有能力利用最优临界性的高级文明来说，他们的技术、环境与我们的非常不同。他们将会决定生活在一个高度不可预测的世界之中。这种不可预测性将使他们的未来在许多方面都一直处于惊喜之中，他们知道表征临界效率的新奇之处永远不能丧失。这是自然界可以提供的最终复杂性的标记。

如果去看一下图5.6，我们会发现已经发现或构造的复杂结构的范围。迄今为止，它们都位于原子之上、天体之下的中间尺度内。没有理由认为，有组织的复杂性例子的数目应当是有限的。也许存在着无限多种复杂性结构，由有意识的人类制造出来，或者在适当的自然条件下产生于自然界之中。高级文明能超越我们之处就在这个复杂性领域。对基本粒子世界的研究，可能已接近我们并不希望看到的终点，而天体宇宙的研究只有很少的技术应用；复杂性领域可以直接应用之处却数不胜数。它提供了一条理解生命、意识以及编织诸如此类的其他奇妙过程的途径。当不同状态之间的联系置换的数目增长时，复杂结构的数目随之非常迅速地增长。还有艰辛的工作，留待我们的技术去完成，在这个永无止境的可能性世界里留下有意义的足迹。

精灵：计算成本

将科学与技术混同起来的人，也将会混淆不同的极限……他们想象新知识总是意味着新技能，甚至于某些人会把所知之事想象成可做之事。

——埃里克·德雷克斯勒[47]

(Eric Drexler)

　　19 世纪是工业革命的世纪。科学家研究各种机器的效率，然后逐步建立起对支配能量守恒和利用的规律的理解。热力学定律是这些研究的硕果之一，其中最著名的是"第二定律"，它可表述为任何封闭系统的熵永不会减少。在实际中，这意味着在物理过程中尽管能量是守恒的，封闭系统总是朝着更为无序、无用，即朝着被称作具有较高熵的方向演化。对于一个系统来说，从有序到无序有众多的路径，要比从无序到有序的路径多得多。通常我们所观测到的封闭系统，总是慢慢地变得更为无序。[48]因此，这个原理不像引力定律那种类型的自然定律，它是统计的。然而，当考虑技术上的可能性时，它具有独特的重要性。它给不能无中生有的观念赋予了科学的精确定义，确实，你甚至不能得失相当。此后，有不少科学家探索了熵与信息的获得和丧失之间的联系。如果我们要知道系统状态的信息，就要付出代价，必须要做功，热力学第二定律使我们可以计算获得信息的代价。我们理解这些关系的旅程，是从一个近乎不经意的建议开始的，这是 19 世纪一位最伟大的科学家的建议。

　　直到 19 世纪的最后十年，自然定律还是尽量避免受到人为影响。观测者与被观测者相互之间保持完全的独立。这全然是笛卡儿的科研精神，它忽视了观测对所得数据的任何影响。科学就像是完全隐蔽起来的人去观测鸟。1871 年，自牛顿以来最伟大的英国物理学家麦克斯韦（James Clerk Maxwell，1831—1879）* 第一次正视物理定律必须将人的因素考虑进去的情形。他请读者考虑：

---

　　*　经典电磁理论的奠基人，创立电磁场的麦克斯韦方程，指出光的本质是电磁波，发展了色觉定量理论。他采用数学统计方法，导出了分子运动的麦克斯韦速度分布律。——译者注

如果我们设想出一个存在物，其眼力非常灵敏，可以追踪每一个分子的运动，其本质上还是有局限的，但可以做到我们目前尚不能做的事。我们已经知道，在均匀温度下，一个充满气体的容器中的分子以完全不均匀的速度运动，尽管任意选取的大量分子的平均速度几乎是精确一致的。现在让我们假设，这个容器隔成两个部分，A 和 B，其中分界面上有一个小孔。上述可以看见单个分子的存在物能开关这个小孔，只让慢分子从 B 到 A。于是，不需做功就能升高 B 的温度、降低 A 的温度，这违反了热力学第二定律。[49]

麦克斯韦当时所提的存在物，而今以"分类妖"之名著称，[50] 如图 5.8 所示。它可认出气体中的快速分子并让它们进入容器的一个部分，而让慢分子进入另一部分（这很像某个夜总会，看门人只让"有派头"的顾客进入）。结果两部分产生温差，并可用其开动机器。从一个温度均匀且高熵的系统变成具有两个温度且低熵的系统，这显然直接违反了热力学第二定律。究竟是怎样的呢？

低速分子所允许走的路

精灵

高速分子所允许走的路

图 5.8　麦克斯韦分类妖（精灵）。设想这个精灵能够识别快速和慢速的分子，并操纵着一个将房间一分为二的门，使快慢分子分类，以产生一个驱动机械的温差。

　　精灵行为中的薄弱环节由西拉德（Leo Szilard）* 1929年指了出来，[51]此后，又有很多人进行了更为详尽的研究。问题是这样的，精灵必须区分快速运动和慢速运动的分子，并将它们分到不同区域中，然后再重新开始。为了完成这些事情，精灵必须以某种方式与分子相互作用，比如说用光照射它，随后再观测反射光的颜色。精灵为区分分子的快慢以及消除信息以达到可重新开始的状态所做的功，总是要大于从分类过程产生的温差中所能利用的功。[52]麦克斯韦妖就这样被排除掉了。要违反热力学第二定律是不可能的，在轮盘赌中你押上所有赌门而赢钱的可能性都比违反热力学第二定律的可能性大。这种长期战略的成本总要大于可能的收益。

　　这些研究已揭示了处理单个比特的信息所需要的最小能量。这是由热力学第二定律决定的。进一步而言，物理学家贝肯斯坦（Jacob Bekenstein）** 在非常普遍的条件下，已经发现如何确定给定体积的区域内可储存的最大信息量。[53]

　　依照尽可能接近由这些限制所加的基本极限的能力，我们来对文明分类，这是一种在特定复杂性水平或信息内容水平上产生或驾驭系统的能力。这种探索有一些很特殊的性质；比如不断增长规模和运行速度的计算机发展。这个发展可以看成是在两个层面上进行的，通过内部联结网络的优化可以使单个计算机的能力提高；而不同计算机之间的联网可产生集体能力的提高。因特网是我们熟知的这种扩展的表现，但我们同样也可以将所有非局部的信息传播与获取系统，如国际电话系统，看作是这种类型的例子。从极简主义的

---

　*　匈牙利出生的美国物理学家，参与第一次自持链式核反应研究，对开创研制原子弹的曼哈顿计划起了作用。原子弹初次使用后，他积极宣传原子能的和平利用和核武器的国际控制。——译者注
　**　贝肯斯坦是惠勒的学生，他在普林斯顿博士生学习期间发现了一个重要结果，黑洞视界的面积恰好与黑洞熵成正比。——译者注

观点来看，所有的技术系统都可以按完全描述它所需要的信息量以及为改变系统所需要的信息改变率来进行分类。于是，我们看到一支温度表要比一台台式计算机简单（即完全描述它所需的信息较少）。一个文明储存和处理信息能力的增长，至少有两个相当不同的侧面。一方面是增加处理愈来愈大、愈来愈复杂的事物的能力；另一方面，需要把信息储存压缩在愈来愈小的空间里。这种压缩储存是一些硬件问题，因此它与纳米技术发展紧密相连。

这些发现告诉我们，信息是一种商品。获得信息要付出努力。当我们非常深入地研究计算物理时，我们已经开始认识到热力学和量子物理给技术和计算机所加的极限。任何形式的纳米技术的发展最终会遇到这些基本极限。其中最为有趣的极限是诺贝尔奖得主、物理学家维格纳所发现的，这是关于可能的最小钟的尺寸与质量的极限。[54] 也许人们期待钟的最小尺寸极限就是由海森伯不确定性原理所加的极限。然而，钟是一种日用品，要有用就必须可重复读数。这样给出的限制就应比量子力学不确定性原理所给的限制强得多，相差的因子等于钟的最大运行时间除以你能读出的最小时间间隔。值得注意的是，如将最小细菌内部生物钟的时间看成是"钟"的话，它将非常接近这个极限。[55] 0.01 微米的大肠杆菌几乎要比具有如此质量的量子钟结构极限大 100 倍。在遥远的未来，人们可以预料，关于这些钟的不等式对高级纳米技术发展所加的极限要比海森伯不确定性原理更强。所有的仪器设备在关键时候都需要定坐标和定时。如果计时装置足够坚固，经得起重复观测带来的扰动的话，维格纳关于钟的最小尺寸的极限就限制了计时装置的尺寸。一种生物如果达不到这一点，必将造成其内在复杂性的协同与组织的失效。复杂性和技术的微型化有一个极限。

我们已经看到，在时间、能量和信息之间存在着三重平衡性，这些平衡取决于给定能量资源下可以得到的信息量、能量-时间的不确定性关系以及维格纳的时钟极限。在更为熟悉的日常活动中，我们也可以看到上述三个量之间的相互关系。倘若我们将事情做得较缓慢，消耗的能量会比急匆匆时为少。（请注意到，美国号召将车开得慢些，为了更好地利用汽车中的能量，时速88.5公里/时为宜。）速度与能量之间的关系表明，可逆过程比不可逆过程更为有效（产生较少的废热）。一个完全可逆的过程应进行得无限慢。如果你希望加热过程后的能量品质与开始时相同，那么房屋的室内加温需要无限长的时间。

瑞士物理学家施普伦（Daniel Spreng）将能量、时间和信息之间的相互关系画成了一个三角形（参见图5.9）。[56]三个属性（能量 E、时间 t 和信息 I）中的任何一个都可以用其余两个来替代。三角形中的任何一点表示完成一项给定任务所需要的三个要素的特定组合。如果你有足够多的能量可使用，则你处在三角形的最高点；当需要的能量越来越少时，你就滑向右下方；当能量为零时，便抵达右边的底部。在图中可以看出，如何从时间和信息的特定组合的变化来达到能量的变化（或特殊的守恒度量）。在三角形三个角附近，我们发现了三种不同情形：在 $E=0$ 处有一位爱思考的哲学家，他要花很长的时间获得很多信息后才能完成他的工作；人类的远祖也许生活在 $I=0$ 附近，每当他们行事都要花很长时间和很多能量，这是由于他们缺乏省力机械的信息；第三种人生活在 $t=0$ 附近，这是现代与未来技术社会的世界，在该处，大量信息和能量被用来使事情完成得更快，这是协和与互联的世界。在三角形上从一点移到另一点时，图形还告诉我们为了使能量守恒必须做什么。如果我们有很多时间，就不需要很多信息，因为我们可以使用没有明确计划的尝试法去完成任务。倘若时间很宝贵，我们需要知道做事

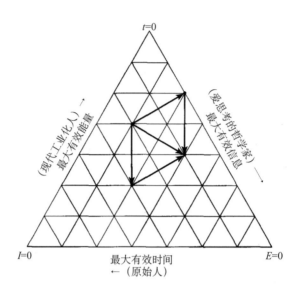

图 5.9　施普伦三角形。列出了能量、时间和信息之
间的符号关系。三角形中的每一个点代表完成一项
任务所需要的能量、时间和信息的可能混合。三个
量中任何一个量的变化等价于另两个量的变化组合。

情的最快方式，这就需要大量信息。阿尔文·温伯格（Alvin
Weinberg）已经断言，这意味着时间正不断地变成我们最重要的资
源。能量和信息的价值，最终只不过使我们安排时间有更多的
自由。

　　在……计算机时代，我认为我们在时间使用上的重组可能
是处理信息方面的非凡进步所带来的最深远和持久的社会影
响，这些进步在很大程度上来源于越来越高效的计算机的
工作。[57]

两 种 未 来

理智地说，那些关于未来过于自信的文章，是所有公开言论之中最声名狼藉的。

——肯尼思·克拉克 [*][58]

（Kenneth Clark）

大多数科学家工作于其中的西方社会趋向分成左翼和右翼，自由和共和两种主要政治观点，与此相仿，在对未来的预言上人们也发生了分化。一些人将宇宙中的未来生活看作是各种竞争形式的智慧（最终将包括机器的智慧）和自然界自身永不休止的战斗。相反地，另一些人将未来看成是光明、合作与和谐的平衡。这两种不同的见解在多个方面反映了两种可能的最终状态，这是由参与互相竞争的所能达到的状态。在"博弈论"中，这个问题已由数学家们做了彻底的分析。"博弈"是一组不同策略与收益的集合，可以有两个或多个对手（有意或无意地）参与。例如，对手可以是贸易各方，策略可以是"与对手出价相同"或"比对手出价低"。通过估计所有可能的后果、它们的有利与不利之处后，我们可以问哪个策略是最好的。一般来说，人们希望不论对手采取何种策略，自己采用最有可能的（或危险性最小的）最优策略。

经过一段较长时期后，我们希望知道竞争是否最终会达到一个均衡状态，抑或冲突会愈演愈烈。一个可能的最终状态是所有的对手都采用进化稳定策略（ESS）。[59]这个策略在下述意义下是稳定

---

[*] 美国教育家、心理学家，致力研究种族隔离问题，为第一位获得终身教授的美国黑人，著有《黑贫区》。——译者注

的：任何对手对它的偏离都会得到坏的结果。然而，也存在着没有进化稳定策略的可能性，这取决于游戏的规则。例如，我们考虑两人进行的古老儿童游戏"石头、剪刀、布"。如果规定每次平局（即两人出手相同），双方皆罚相同分，那么对任何一位游戏者而言，进化稳定策略就是混合策略，即石头、剪刀、布出现的概率在长时期后相同（1/3）。倘若规则改变了，变成平手时得相同的分，就根本不存在进化稳定策略了。

在另一种可能状态，对手会发现他们处于无休止的激烈竞争之中，每方均以逐步升级的反应来应答他方所采取的行动，好像他们是在进行军备竞赛似的。于是，两种被限制在某栖息地的竞争物种在经历了长期进化后，一种也许会长出尖利的牙齿，而另一种便长出了厚厚的甲壳。典型地来看，人们可以预料，那些在某方面资源有限的博弈趋向于采用进化稳定策略，而那些资源不那么紧张的博弈会进入无休止的激烈竞争中。比如说，在茂密的森林中，树的不同变异是为了摆脱森林的笼罩，争得更多的阳光，它们都企图长得比别的树高，但是对这一类军备竞赛有个限制，因为这一策略要耗费时间和能量。

在关于科学事业和科学家最终命运的评论家中，大多数可以分成两大类：进化稳定策略或无休止的激烈竞争。一部分评论家认为技术时代最终将为这样的智力生物所超越，就像阿瑟·克拉克的小说《儿童时代的终结》[60]中的大君主那样，他们学会抵制扩张领土和控制自然的强烈欲望。只有中止技术的发展，他们才能生活在自己星球的范围内，并与周围环境达到某种程度的平衡。这个预言是对地球目前资源将消耗殆尽的严肃关注。常有人指出，这些具有高级文明的人类将具备深奥微妙的利他原则和道德原则，因为这些品德应是任何一个能够存在特别长的文明的必要条件。[61]该图像与预期很一致，即极高级的技术的一个结果是个体寿命极大延长（甚至长生不老）。这将导致多样性演化的减缓，或许甚至是长时期的自我休眠，且导致自我调节的进化稳定策略。在热衷于地外智慧并投身于找寻这种文明的人群中，这种观点很普遍。[62]这是不足为奇的。由于此种寻找的最大可能回报在于与极为先进文明的生命形式的接触，而关键在于我们必须确信他们对我们是完全友好的。倘若我们不相信这一点，最好的策略应是发展有效的屏障技术，把我们存在的证据隐藏起来，而不是把我们的存在（以及智慧的不足）用星际射电波段播送出去。波士顿大学的帕帕扬尼斯（Michael D. Papagiannis）是一位支持该观点的天文学家，他相信存在理想化的高级文明：

> 那些设法克服自身内在持续增长的物质欲并代之以非物质目标的人们将度过危机。结果，整个星系将在一个宇宙学上的短时间内变成稳定、高度伦理和精神文明的社会。[63]

另一种图像则认为长寿命文明的生存日益艰难，甚至于他们在几种情形下，不得不重建文明，例如战争浩劫，抑或彗星、流星与所居住的星球相撞。他们的行为已沿着迥然不同的路线进化着，他们展示了一些相当难以预料的进化副产品（音乐、数学……）。人们期待，一个文明越是先进，它的副产品就越广泛，越不拘守绳墨和越难预测。有很充足的理由使生物学家相信利他主义在相当普遍的条件下是最优策略，某些利他行为不需通过强加道德准则来达到。然而，地球上那些被多种宗教极力颂扬和推崇的优秀品德是不能单独用进化选择来解释的。从狭隘的进化角度来看，它们所提倡的无私行为已远远超越最优策略所能达到的利他主义和自我牺牲水平。[64]

像莫拉韦克（Hans Moravec）[65]和斯特普尔顿（Olaf Stapledon）* [66]那样的科学家和未来学家已经把科学进步看成是"计算机"或类似的高等智慧之间竞争的必然结果。但是，我们并不知道竞争是否只是进化中的一个阶段，是否最终将被合作取代。在地球上，我们看到由于经济的限制，在许多方面皆有走向全球性合作的趋势。或许，在遥远的未来，这一模式在愈来愈大的尺度上一再重现。

寓言：技术进步是不可避免或者总是需要的吗？

> 未来是可能性编织成的一块布，其中一些逐渐变得很可能，还有一点变得不可避免，但是还有一些出其不意地也缝进了布的经和纬，它们能够将布撕裂。
>
> ——安妮·赖斯[67]
>
> （Anne Rice）

在单行道上迷路的司机向你询问如何抵达城市的另一边时，你常回答道："你不能从这儿到那儿。"因而，当我们展望一切皆比现在称心而有效的遥远未来时，我们也必须要知道是否有可能从这里和现在抵达彼处。我们都经历过比原来更糟的"改进型服务"，只不过供应商的改变可以用一点一滴的减少来代替一下子的减少。更糟的是，有一些进步形式会产生不可避免的负效应，而待到暴露之时就为时已晚了。我们已经知道许多造成严重副作用的食物和药物。工业化会造

---

* 英国小说家、哲学家。他在小说《古人与今人》中阐明了自己的信念，他认为强调体力排除智力，抑或强调智力排除体力，必然招致灾难。他利用古代的主题和神话去创造未来的神话。——译者注

成大气和生态平衡的变迁，我们对此认识得太晚了。存在着确凿无疑的例证。某种技术的利益越是强大和深远，那么它失败或者误用后的附带效应很可能越严重。某种技术可从无序中产生的结构越多，那么它的产物离热平衡就越远，要去逆转相应的过程就越困难。当我们规划出一个技术不断进步的未来时，也许我们将面临一个不断有危险和容易出现不可逆转的灾难的未来。

对很多人来说，很难想象进步怎么会使处境变糟。一个特别有迷惑力的例子是由科幻作家阿瑟·克拉克在 1951 年提出来的，其中涉及过于自信的心理冲动。《优势》[68] 是一个关于技术上高度先进的文明被击败的故事，而且是被一支远不如自己的军队在太空战争中击败的故事。这个故事是由那位落魄的败军总司令在监房里讲述的，那时他正因自己无能而将受到审判和惩处。律师在减轻罪责的辩护中说，正是由于军队对技术和进步的盲目自信，才导致惨败于科学成就远不如自己的敌人之下。在他的辩护中，总司令讲述了他的星际舰队战败的荒谬故事。

起初，总司令很自信，拥有数量巨大的舰队和先进的军事科技必将容易战胜自己的敌人。尽管在初次战役中取得了胜利，但与预期相比只不过是场小胜利。事情随后朝着相反的方向发展了。他们为此而震惊，马上召集会议，武器研制部的新主任诺顿将军极富煽动性，说得天花乱坠。他认为，他们的武器系统已经进入了死胡同，他们太保守，只通过小整小改老式武器是没有用的。他们需要更有威胁力的高科技系统。诺顿不顾武器科学家的警戒，宣布他将加速正在研究的新武器的生产。

总司令和他的将军们都有些担忧，但是在诺顿的技术人员仅用了四周时间便成功地演示了一种新武器——湮灭球之后，他们已经无法再去影响他们的政治统帅了。该武器将使数百米之内所有物体完全解体。已有的所有弹道制导系统均加以改装以适应这种惊人的新式武器。一切并非像诺顿所预期的那样顺利。只有最大的导弹才具备足够的负荷力，而这又只能装备于星船队中最大的空间飞船上。然而，诺顿是位受人尊敬的技术天才，没人担心这些，人人都确信胜利指日可待。

不久，事情朝着坏的方向发展了。发射了一个湮灭球后，舰队自己的一艘飞船触发了球并立即消失得无影无踪。自信心一下子消失了，舰队的人与诺顿的科学家们之间的关系也恶化了。此时，诺顿声称球的毁灭范围将增加 10 倍，而所有的发射系统都需要作更多的改变。每个人仍然相信，为改进技术等待是值得的。在此期间，总司令的部队在缺乏攻击武器的情况下，屡受敌方打击。尽管他们在数量上占尽优势，但由于极大多数的武器系统正在升级换代而无法运转。大本营的军队几乎无法抵御敌人的突袭，帝国外围的几个小据点相继失守。敌人发狂似地建造了愈来愈多的低技术旧式飞船和武器，并很快地在数量上占据了优势。诺顿争辩说，数量无法与质量相敌。看起来似乎是对的。湮灭球开始时会有暂时的困难，但当它起作用时将能摧毁许多敌船。领土依然在渐渐沦陷，敌方变得越发胆大妄为。飞船指挥官们开始严厉指责诺顿。为了回击这些指责，他展示了一种绝密的新式武器——战役分析仪。这是一个智能计算机系统，用来自动处理战役的复杂事项。厄运不幸降临了。一艘飞船载着第一个系统和五千名最优秀的技术人员去袭击难以捉摸的太空雷。不料全军覆没。诺顿即将身败名裂，但他以一种神奇无比、威力强大得匪夷所思的武器作为回答，军事指挥官们对此简直不能相信。诺顿向这些目瞪口呆的听众们解释道，"指数场"能将空间的一部分发送到无穷远处。没有什么力量可以靠近携带了这种场的飞船，甚至在敌船包围下仍不会受到攻击。一旦受到攻击，它会突然消失，随后不露声色地出现在敌船附近，将其摧毁后再次消失。这是最神秘的武器。它所需的设备非常简单，也不昂贵。所有的飞船都重新用指数场装备，于是它们暂时又不能工作。但是，自信心又恢复了。高技术总会有回报的……似乎该是这样的吧。

起初，试验非常顺利。飞船指挥官们都惊叹自己从此可以在宇宙中随心所欲地跳跃。尽管出现了一些小问题，不过没有什么大不了的，只是通信线路工作不太正常而已。他们返回基地去寻找原因，但敌人突然发起了一场大规模的进攻，携带指数场的飞船被迫在零部件尚未检测完毕前重新升空加入战斗。面对强大的敌方力量，整个船队启动了指数场，消失在超空间之中。按照他们的计划，规定好了每个集团返程的精确路线，以使敌方惊慌失措，并在数量上压倒敌方。然而，他们永远也不会知道哪儿出了差错。当他们返回时，厄运降临了，每一艘船都来到了不是预先计划的地方。有一些飞船恰巧落在敌营之中，即刻被歼。另一些飞船则发现自己被抛到了星系的另一边。更糟糕的是，尽管每艘飞船的通信设备运转正常，却无法与战友取得联系，所以飞船的指挥官们都认为自己的船是唯一幸存者。

他们被彻底击溃，居住的行星被敌方占领。事后，可怕的真相才被揭示。每当指数场启动时，就造成飞船及其所有部件的超空间畸变，从而飞船被送到无穷远处。当指数场逆向启动时就产生逆畸变，然而这不能做到尽善尽美。小误差总会存在。熵已经增加了，事情永远不会回到原来的样子，或者相对于它的近邻来说，永远回不到原来的位置。起初，电子系统的误差很小，完全不产生效应。但是，误差是积累的，当各艘飞船启动和反启动指数场几次以后，它的部件与电子线路设置发生漂移，与船队中其他飞船的设置偏离。通信频率和密码不再同步，一些精密的高技术系统完全停止工作。事情愈变愈糟，终于导致全盘混乱。敌方用数千艘初级飞船和落后武器发起进攻。每当一艘飞船利用场来躲避攻击，它的设备就进一步发生反常行为。直至最后，通信完全切断；每艘飞船都被孤立起来了。他们绝望了。总司令唯一能做的事就是投降，他的船队被自己的高级科学打败了。

这个悲惨故事的教训是显而易见的。倘若最终的使用者和科学的政治领导人的科学知识相对减弱，伴随着进步欲望的必将是不可逆转的灾难。一个技术系统越复杂、威力越强，那么它崩溃和失效的可能性也就越大。类似地，崩溃的后果也更难以捉摸。

进步使生存变得更为复杂，从而灾难也更具有毁灭性。但是，这一切并不意味着我们要偏执狂般地宣传技术的危险性，消极对待技术，避免进步。* 毋庸置疑，我们坚决制止某些特别技术的发展，因为它们会产生不可接受的危险，但是一般的反应将是确保我们对风险的分析和我们的安全标准与技术同步发展。电是危险的，这并不意味着禁止用电，或禁止进一步发展用电。取而代之的是，我们试图引入严格的实用标准以确保安全。

本 章 概 要

困难之事可立即做到；不可能之事要花稍长时间。

——乔治·桑塔亚纳**

（George Santayana）

---

*　1971 年出生的马斯克（Elon Musk）是当代浮士德式的人物，他是太空探索技术公司（SpaceX）的 CEO 兼 CTO，被誉为航天个体户。2018 年 2 月 6 日，"重型猎鹰"（Falcon Heavy）火箭载着跑车发射成功，证明他的"火星路线图"想法并非虚妄。从 2016 年开始，SpaceX 一直在开发名为 Starship 的新型太空飞船，这将是有史以来最强大的运载工具之一，其目标包括全球快速运输、地球轨道任务、载人月球着陆、火星探测、星际旅行等。到 2023 年为止，SpaceX 进行了 Starship 原型的多次高空飞行测试，尽管早期的一些测试以爆炸告终，但这些测试提供了宝贵的数据，帮助公司改进设计。——译者注
**　乔治·桑塔亚纳（1863—1952）是一位西班牙裔的美国哲学家、诗人、小说家、文化批评家和自然主义者。他早年就读于哈佛大学，后任该校哲学教授。桑塔亚纳以其深刻的哲学思想、文学作品和对道德、美学以及宗教的批判性分析而闻名。那句人人熟知的名言"忘记过去的人注定要重蹈覆辙"即出自桑塔亚纳。——译者注

有人曾经说过，是否允许我们造出更好的机器是对所有科学进步必要的严密考查。这种观点源于我们在自然界物体尺度表上的位置。我们比原子大得多，又比恒星小得多。倘若要探索大的或小的世界，理解显示极端温度和密度的环境，或者知晓使人讶然的复杂性，我们必须创造一个人工环境。我们已经找到了理解宇宙深层结构的途径，它的定律和复杂状态要求我们去探索那些远远不同于我们祖先们熟悉的条件。对我们最终能够发现什么的限制，很可能是技术的极限而不是想象力的极限。我们关于自然界力的极成功的理论已对目前完全不能通过直接实验验证的条件下宇宙的运作做出了精确的预言。确实，为了发现我们自然定律的形式是否正确，似乎有必要去研究物质处于地球上最强有力的实验所能达到的温度的 10^{15}（千万亿）倍时会发生什么现象。这种直接实验看起来永远无法进行。

不幸的是，我们的技术能力面临着许多极限。某些是经济上和实际的。正当社会面临着科学地解决严重环境问题和医学问题时，民主政治不会愿意将它们国民生产总值中的大部分投入到那种没有立即回报的活动中去。只有一旦发现产生能源的全新方式之后，这时极限才会去掉。但是，对于实验研究还存在着更深的极限。

我们已经探讨了一个文明达到的程度取决于攀登大和小领域的阶梯。最终，这些进步不得不接受自然界所加的极限，这包括我们能以多快的速度传递信息，我们所能保证的精确持续计量有多小，为了得到信息必须消耗的能量是多少，我们所见到的复杂系统离临界状态有多近，此外我们的技术对误差和不确定性的随机放大又有多么灵敏。

技术的发展和在极端条件下检验我们已有的关于物质行为的理论的能力，要求我们在离开日常生活愈来愈远的尺度上处理物质、能量和信息。充满魅力的是，自然定律的关键性质似乎在这些极端环境下才显露出来。我们深入其中不仅是为了寻求完备性，物质在极端高温下的行为才是它最基本特征的关键所在。利用天文观测，我们绕过了产生高能的能力极限。我们的宇宙正在膨胀，在它的早期阶段已经历了极端高温和高能状态。[69]如果它的早期历史给以后留下了可观测的火中诞生的遗迹的话，那么也许它会提供关于物质在可想象的最高能量上的行为的新窗口。下面，我们的注意力就要转移到这个宇宙的故事上去。

第六章

宇宙学极限

我并不知道宇宙的任何意向，但我确信，如果它有的话，不管是什么，一定与我们的完全不同。绝大多数人正在思考，宇宙也一样。

——拉尔夫·埃斯特林[1]

（Ralph Estling）

最后的视界

涉及光速的问题之一，必定是试图超过光速所带来的难题。谁也无法做到这件事。没有任何东西比光速传播得更快，也许坏消息是一个例外，因为它有自己独特的规律。

——道格拉斯·亚当斯[2]

（Douglas Adams）

宇宙学是一门奇特的学问：课题是独特的，对象是独特的，甚至研究手段也是独特的。除了宇宙学之外，没有哪一门科学的分支能如此深远地推断未知，也没有哪一条人类探索的途径会处于众多极限的风险之中。为了观测到很远处的微弱天体，宇宙学家必须克服技术上的困难，并且在科学家武器库缺少众多武器的情况下取得成功。

不幸的是，我们不能对宇宙进行试验，而仅能观测宇宙所提供的对象。当考察天体如恒星时，我们可作为外在的观测者。但当把宇宙作为一个整体来观测时，我们无法走到它的外部去，我们就是这个体系的一部分。由此产生了一些特殊问题，这是从未用科学方法处理过的问题。

在过去的十年中，我们对宇宙的认识，在天文学意义上已经有了长足的进步。技术上的进步提供了具有空前灵敏度的光检验器。空间站发射了能够利用整个电磁谱来观测宇宙的天文卫星。这套计划中最精彩的部分——哈勃望远镜的发射（以及后来它的光学组件修正，即 COSTAR 的应用）——使我们能够以惊人的分辨率观测行星、恒星和星系。[3]这些观测手段排除了由地球大气中分子的光散射与恒星闪烁不定所造成的模糊。于是，人们原本十分熟悉的物体忽然间又被急速地聚焦了，因而出现了多种意料之外的结构，这些结构对恒星与星系的形成给出了新的阐述。此外，更吸引人的是，我们看到了前所未见的遥远天体（参见图 6.1）。这些景象一次又一次地通过媒体到处传颂，获得公众的赞赏。与此同时，天文学家们为了不落后于信息潮流，一直全速前进。

当利用哈勃空间望远镜那样的仪器观察远处星系时，我们必须回想一下我们对宇宙的见解中最明显的事实。光以有限的速度运动，因此我们今天看到的远处星系是光离开星系时星系的状态，而不是星系现在的状态。宇宙提供了时间机器的最简单模式，它允许我们仅仅通

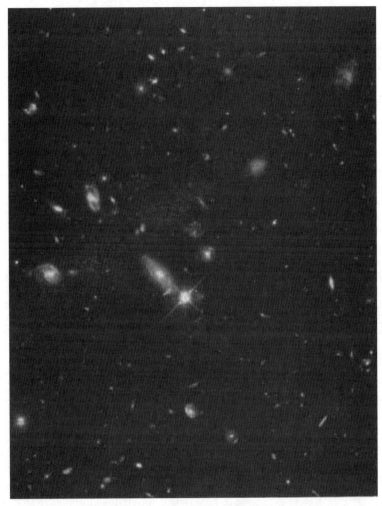

图 6.1　哈勃太空望远镜"深场":对宇宙前所未见的遥远处进行了探测。

过"看"就知道远处的过去。我们所能看到的最遥远的物体在数十亿光年以外，它们所发出的光需要数十亿年才能到达我们这里。它们是成年星系的较年轻形态，就像我们的银河系。有些人担心我们如何才能知道亿万年前宇宙的样子，然而实际上，真正的问题在于如何才能了解宇宙现在的样子。

这些振奋人心的进展激发了关于宇宙当前状态的许多时兴的阐述，同时也导致了关于它的初始状态和可能的未来状态的新理论。[4]我们已拥有一种宇宙随时间演化的理论，所以由当前观测到的结果所做的推断是合理的。[5]爱因斯坦的广义相对论是进行这些研究的基本工具。它给出了一组方程，告诉我们在引力的影响下，任何一种包含物质和辐射的宇宙将如何随时间演化。与牛顿理论不同的是，广义相对论可以处理接近或达到光速的运动，也可以处理非常强的引力场。爱因斯坦方程允许我们重视宇宙的历史，从而发现"现在"与"过去"的性质，这引发了一个特殊问题。宇宙正在膨胀，因此追溯过去就要求我们去考虑温度高和密度大的宇宙。当我们回溯时，首先星系将消失，接着恒星、分子、原子和核素相继消失，最终质子和中子也将会消失，留下的是构成物质和辐射的最基本粒子组成的"汤"。至此，我们已经回溯到宇宙的年龄只有一秒的时刻，对它的构造已有了很好的理解。倘若我们想要探究更遥远的过去，我们就需要对物质的基本粒子有一个比现在更加全面的理解。但是，要处理的状态比地球上用人工方法在粒子对撞机和加速器实验中创造出的非常极端的状态还要极端，因此我们对宇宙过去的重现在某些关键细节上变得不确定起来。*

---

*   广义相对论可以用一个极其优美且逻辑简明的方程来描述。这个方程能写成：时空的曲率+时空的拉伸=能量动量和内应力的分布。这个方程以爱因斯坦姓氏命名，可以用来描述整个宇宙动力学。——译者注

目前，宇宙的膨胀似乎是以极其均匀的方式进行的。它以高于百万分之一的精度在所有方向上以同样的速率膨胀。对宇宙年龄大约是一百万年时遗留下来的无线电波的观察结果表明，那时的宇宙同样是处处极其均匀的。只是后来，当宇宙的年龄为数十亿年时，物质居然非均匀地聚集起来，形成了恒星和星系这些发光体系。因此，宇宙学家们采用了最简单的可能性，即从下述假设出发：宇宙一直是均匀的，而在膨胀的总体均匀性中含有极微小的不规则性。尽管非均匀性很小，却至关重要。那些物质含量比均匀值高的地方通过吸收稀疏区域，将更多的物质拉向自己，这正是"马太原理"的宇宙形式（"凡有的，还要加给他，叫他有余。凡没有的，连他所有的也要夺去。"[6]）。* 随着时间的推移，密度大于平均值的区域演变成星系、恒星和人。

宇宙学家的任务之一就是给这种简化的粗略故事提供更好的细节。例如，证明宇宙现在的状态是爱因斯坦方程关于膨胀宇宙的必然结果，或者是极高密度物质行为的必然结果。我们希望建立起一整套计算机模拟，以逼真地模拟大于平均密度的区域转变成真实的星系、气体、尘埃及不发光物质的事件序列。

如上所述，首先作为一种近似假设，宇宙处处相同并且在所有方向上以同样的速率膨胀。那么，这种膨胀可单独用标度因子这个量描述，它是用来测量任何两个参考点之间的分离程度的。它的实际值并没有物理意义，重要的是它在两个不同时刻的比值。这一比值描述了宇宙膨胀的程度。标度因子（有时不太准确地被称为"宇宙半径"）可随时间以两种截然不同的方式变化（参见图 6.2）。它可以永远增大（"开"宇宙），或者膨胀到一个最大值后再减小（有时称为

＊　括号内的译文，取自《马太福音》第三章，"用比喻的因由"一节。香港圣经公会，1987。第十八页。——译者注

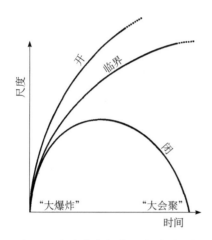

图 6.2　在膨胀宇宙中尺度随时间的可能变化。存在三种特征类型："闭"、"开"和"临界"。

"闭"宇宙）。此外还存在着一种介乎两者之间折中的宇宙（有时称为"平坦"或"临界"宇宙），其膨胀速率刚巧足以保持永远膨胀下去。它是开宇宙和闭宇宙之间的宇宙学分界线。

在面向非专家的宇宙通俗讲述中（甚至在某些面向专家的讲述中），通常做了许多简化的假设，以致在回答有关熟知的宇宙问题时，掩盖了我们能力上的基本局限性。[7]我们将看到关于宇宙创始的通俗解释所引起的许多问题，甚至有时看起来很有把握回答的问题却又是不能回答的。可得到解答只是因为许多不可检验的假设被夹缠起来，简化了问题，即在一开始就将许多可能性排除掉了。综上所述，在理解宇宙上存在着一些极限，而这些极限直接通达所有主要的宇宙学未决问题。

膨胀宇宙的简化图像应当注意的一件重要事情是宇宙处处相同，其效应已经隐含在图 6.2 之中。这意味着我们仅依靠它的尺寸这单一测量来讨论宇宙的膨胀，而不需要讨论宇宙每个位置的尺寸及这一尺寸的集合。我们往往会习惯如下思考，我们的观测刻画了整个宇宙，而不仅仅是它的一部分——我们能看见的那部分。下面我们更详细地讨论一下这个问题。

首先，我们必须区分"宇宙"的两种含义。在英语中用大写字母表示的"宇宙"（Universe）一词是指所有存在的事物。它可能是无限延伸的，也可能是有限的。另外，还存在我们称为可见宇宙的较小客体。这是一个以我们为中心的球形区域，自宇宙创始以来，光有足够的时间从该区域边缘到达我们这里。由于光在真空中以有限的速度传播（没有任何辐射传播得比光还快），可见宇宙就有一个有限的尺度。原则上，它包含了今天能利用的最灵敏、最完备的

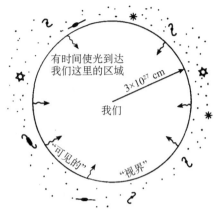

图6.3　可见宇宙的定义是：我们周围的一个球形区域，自从宇宙开始膨胀以来，光刚好有足够的时间从该区域的外缘到达我们这里。

测量仪器在宇宙中所能看到的一切。我们的可见宇宙的边界被称为我们的视界。它定义了观测科学的边界，并且其大小随着时间的推移而稳定增长，反映了越来越多的光有足够的时间到达我们这样一个事实。[8]

　　从这种简化观测首先得出的推理是：天文学仅能告诉我们可见宇宙的结构。对位于我们视界之外的事物我们必将一无所知。这样，或许我们能说出可见宇宙是否具有某种性质，但我们不能对整个宇宙的性质说三道四，除非我们假设视界之外的宇宙与我们视界之内的可见宇宙在本质上约略相同。这阻碍了对整体宇宙的初始结构或起源做任何可检验的陈述。

　　如果宇宙是有限的，那么可见宇宙与整体宇宙相比始终是它的一个有限部分。与此相反，如果宇宙在尺度上是无限的，那么我们所观测的就只能是从整体宇宙中抽取的一个极小样本。我们永远不能肯定地知道我们处于哪种情况。爱因斯坦方程阐述了怎样的宇宙能存在，

它既容许无限宇宙也容许有限宇宙。[9]在引力和量子物理的统一研究中，未来的某些进展很可能导致一些强有力的结果，或许否定量子引力理论，宇宙必须是有限的；或许宇宙必须是无限的，以避免某些其他深层次的内在不一致性。此类理论结果对宇宙学家也许极具说服力。尽管它可能不是有限或无限宇宙的观测证据，但它可被看作是一个有力的逻辑推论，是量子理论自洽性的一部分。

让我们用一个称为时空示意图的简单图像来表示整体时空。在图6.4中，我们用纵坐标表示指向未来的时间箭头，空间的所有三个维度用一条直线即横坐标轴来描绘。如果你在空间一个地方保持不动，那么你在图中的路径将在向上移动的竖直线上。如果你在一个圆圈上作环绕运动（考虑地球的运动时，确实是这样的），那么你的路径将是一条向上的螺旋线。在这个示意图中，光线的路径将是两条斜线之一（其中一条代表从左向右的运动，另一条代表反方向的运动），如图6.5所示。

现在让我们把我们自己的"这里和现在"定位于时空示意图中的某个地方。我们可以把通过接收光线及其他运动较慢的信号来观察

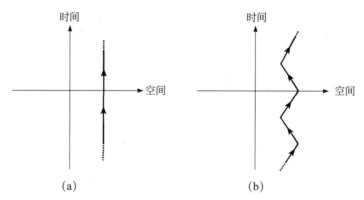

图 6.4 点的时空路径：（a）在时间历程中，点停留在一处；（b）在时间历程中，点在空间来回运动。

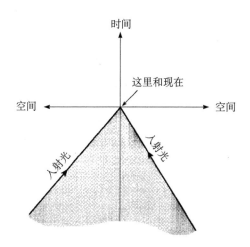

图 6.5　在时空图中，"这里和现在"接收
到的光线路径。

的时空区域隔开来。这个区域由画阴影的锥形组成，称为我们的过去
光锥。当天文学家接收到任何类型的光线时——不管它来自可见光、
X 射线、红外光、紫外光，或者无线电源，它们都会给出有关光锥边
界结构的信息。这些光源越远，光线越是产生得早，它们所允许我们
探究的沿锥面向下的距离就越大。

当我们收集比光速传播得慢的有质量粒子时，例如宇宙射线或陨
石，它们将揭示我们的过去光锥内部的事情。事实上，当我们收集化
石或研究地球的内部时，你也在寻觅过去光锥内的宇宙信息。

如果我们划出我们可以直接得到信息的区域，这是一个极小的区
域。超出光锥表面——在我们的视界之外——我们对其将一无所知。
我们的知识绝大部分描绘的是我们的过去光锥表面的结构。如果我们
认为自己懂得主宰宇宙随时间变化方式的数学理论，我们就可以用它
来进行离开光锥表面的内向和外向的计算。我们可以检验我们的内向
计算，却无法检验外向计算的结果。

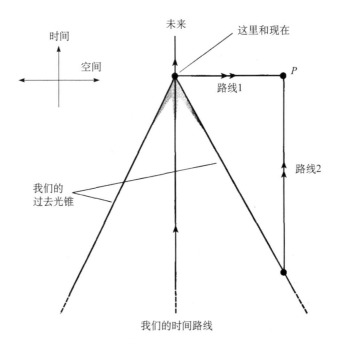

图 6.6 从可观测宇宙到不可观测宇宙的两种观测探测方法。时空图画出了我们的过去光锥，我们观测到的所有信息都来自光锥的边缘和内部。假如我们要对不可观测点 P 谈些什么的话，我们通常借助于已知数值的时空处。我们能取路线 1，假如在同一时刻宇宙处处与我们这里相同，或者我们取路线 2，假设 P 的历史回到它与我们过去相交处是与我们的历史相似的。

如果一个科学家或哲学家要对今天远离我们光锥的宇宙中某点（例如 P 点）的结构做出某种假设，那么可用两种方法做出不可检验的推断，如图 6.6 所示。

路线 1 假设在时间的同一时刻宇宙处处相同（或近似相同）。路线 2 假定 P 点的当前状态，可以通过从它的历史截断我们的过去光锥之处向前跑而被发现；就是说，我们假定我们光锥之外的事物以我们的天文学历史过程中相同的方式变化。

　　美国国家航空航天局（NASA）的宇宙背景探测器（COBE）卫星＊得到的观测结果，给我们提供了可见宇宙尺度大约是目前的千分之一时我们的过去结构的某些情况，那时它大约是开始膨胀30万年之后。这正是宇宙膨胀得足以让辐射冷却下来并停止与电子相互作用的时刻。然后，它将自由自在地穿过空间和时间飞向我们。COBE揭示了在那时可见宇宙从一个方向到另一个方向是极端均匀的。然而，在该时刻之前，宇宙中的光子是不透明的。光子将被电子散射，从而妨碍我们去看更遥远的过去。如果从早期宇宙中检测中微子的设想变成现实，那么我们将能观测到膨胀开始后仅一秒时刻的过去，那时构成我们现在可见宇宙的区域大约是今天的十万亿分之一。那时之前，宇宙同样将对中微子不透明。我们对直接观测的唯一希望将是利用引力辐射。在原则上，我们将一直能看到宇宙的尺度是现在 10^{32} 分之一的过去。从技术上来看，这是遥远的将来的技术挑战。

　　幸运的是，我们却可以利用今天的技术——即通过观测宇宙中最轻的化学元素的丰度，来了解宇宙膨胀一秒钟后的情况。一些元素，如氢和锂以及氢的同位素氘等，是在一个灵敏过程结束时由核反应产生的，这个灵敏过程开始于宇宙年龄只有一秒的时刻，结束于年龄大约是几分钟的时刻。将对这些元素的观测结果与从宇宙只有一秒钟的宇宙模型给出的预言进行比较，我们就可以检验这个模型。遗憾的是，我们还不能将这种方法用到一秒钟以前的时段中。迄今为止，我们还没有发现在宇宙的历史上最初一秒钟遗留下来的任何"吉光片羽"。然而，我们可以把这一方法倒过来使用。针对宇宙历史上最初

　　＊　NASA在2001年又发射了威尔金森微波各向异性探测器（WMAP）卫星，欧洲空间局在2008年发射了普朗克（Planck）卫星，两者均证实了在宇宙微波背景中存在微小的随机涨落，进一步揭示了宇宙的膨胀史。——译者注

一秒钟内的状况，存在着许多模型，包含了高能物质的基本粒子行为的不同理论。如果其中某些模型所预言的事情我们今天并没有观测到的话，那么它们就可以被排除掉。

对于如何确定宇宙结构这一问题，在我们能力上存在极限是确定无疑的，我们该有多少担忧呢？大约在 1980 年以前，人们忽略了可见宇宙和整个宇宙之间的区别，原因在于当时宇宙学家们没有找到可靠的理由足以使人相信在我们的视界之外，宇宙的结构是很不同的。这种差别将在某种意义上主张我们的可见宇宙是特殊的或者是不标准的，从而是反哥白尼式的。在 20 世纪 80 年代，这种状况慢慢地发生了变化。大爆炸理论的一种新版本给出了一些理由，预言宇宙在我们的视界内外是完全不同的。

暴胀：经过多年后依然疯狂

一天，当瑞利勋爵从讲演厅走出来，问吉尔曼院长："这些讲演将持续多久？"得到的回答是"我不知道。我想总会在某一时刻终结，但我承认我并不知道终结的理由。"

——西尔维纳斯·汤普森[10]

（Silvanus Thompson）

自 1980 年以来，宇宙学家宁愿在甚早期宇宙理论中引入一般称为"暴胀"的历史阶段。*它给膨胀宇宙的简单图景增添了一抹晕光。这微弱的光泽有着巨大的蕴涵。自 20 世纪 20 年代以来就已存在

---

*　由于暴胀理论能成功地预言宇宙物质分布的非均匀性，所以它是一个极有吸引力的理论，能与其抗衡的是反弹宇宙理论。拥护各自理论的双方在 2017 年爆发了一场大论战。——译者注

的膨胀宇宙的标准图景有一个特别的性质：膨胀在减速。不管宇宙注定是要永远膨胀下去，还是他自身向着大会聚坍缩回去，由宇宙中的所有物质产生的引力吸引使膨胀总是在减速。减速是引力相互的吸引特性的直接推论。

过去一直假定引力将确保物质和能量会吸引其他形式的物质和能量，但在 20 世纪 70 年代，粒子物理学家开始发现，在他们关于物质高温时行为的理论中，包含一类称为标量场的物质场，它们相互之间的引力效应是排斥的。如果在宇宙早期历史的某一个阶段，那些场成为宇宙密度的最大贡献者，那么宇宙的减速将被加速浪潮所替代。值得注意的是，似乎标量场存在的话，那么它们总会是宇宙的最有影响的组成部分，只有当它们衰减成普通物质和辐射时，它们的影响才会停止。

暴胀宇宙理论只不过是宇宙极早期历史中一个短暂的加速膨胀时期，可能是因为那些随处可遇的标量场中的某一个终于主宰了宇宙中的物质密度，才发生了暴胀。接着，这个场必须非常迅速地衰减。当它快速衰减后，膨胀重新开始了它的减速状态（参见图 6.7）。表面看来这似乎是微不足道的，但是一个非常短暂的加速膨胀期却可以解决许多长期悬而未决的宇宙学问题。

往昔曾有过加速膨胀短暂阶段的第一个推论是：它能使我们了解膨胀着的可见宇宙为何如此接近于一个临界状态，而这个状态恰巧是开宇宙与闭宇宙的分界

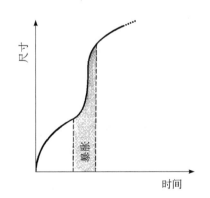

图 6.7　一个暴胀宇宙的尺度随时间的变化。膨胀被一个早期加速膨胀所"暴胀"。

线。在膨胀了大约 150 亿年以后，* 我们仍然如此接近这个临界值，这确实让人十分惊讶。由于对临界状态的任何偏离都将随时间推移而稳步增长，因此膨胀一开始就必须极其接近临界状态，以致今天仍保持如此相近——相近得使我们仍然无法确定我们的宇宙究竟位于分界线的哪一边（我们的宇宙不可能恰好位于线上面）。[11] 但是膨胀方式偏离临界状态的趋势正是引力相互作用吸引性的又一推论。如果引力相互作用是排斥的，而膨胀是加速的，那么，当这个过程进行时，加速将驱使膨胀越来越接近于临界状态。如果进行了充分的暴胀，我们就能解释为什么现今的可见宇宙依然如此接近临界状态。[12]

这样一段短暂的宇宙加速期的另一副产品是，宇宙膨胀中的任何不规则性被抹平了，正如我们今天所见到的，在所有方向上膨胀极快地达到以同样的速度进行。宇宙膨胀存在着多种其他方式，它们可在不同方向上进行不同的膨胀，所以宇宙学家们一直认为宇宙膨胀的性质是神秘莫测的，或不应如此简单，而上述讨论提供了对这种特性的解释。

再者，今天我们周围的可见宇宙可从一个远小于传统大爆炸理论所认为的区域膨胀而来，传统理论是指一直进行减速膨胀的理论。我们的暴胀理论发端于一个微小区域是一种优美的特性，它既可解释宇宙总体膨胀中的高度均匀性，也可解释 COBE 卫星已观测到的极其微小的非均匀性（它们是以后演化中产生星系和星系团的种子）。

如果宇宙膨胀是加速的，那么整个可见宇宙就可产生于一个极小区域的膨胀，在极早期该区域尺度小到光足以来得及穿越它（参见图 6.8）。光的可穿越性提供了保持初始区域内平滑的条件。任何不规则性迅速被抹平了。在老式非暴胀大爆炸中，情况截然不同。我们的可

＊　依据 WMAP 和普朗克卫星的最新数据，这句话应纠正为"在膨胀大约 138 亿年以后"，
　　而原句是依据 1998 年的观测数据。——译者注

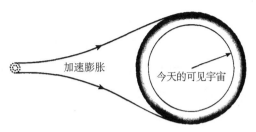

图 6.8 甚早期宇宙的一个小区域的暴胀。暴胀使得一个小区域膨胀到比今日的可见宇宙更大。

见宇宙只能产生于一个平滑的且比光所能协调的区域大得多的区域之中。所以，正如观测所示，我们的可见宇宙为何在各个方向上均达到十万分之一以内的相似性这一点实在是太神秘了。宇宙的一个部分不会有足够的时间接收到来自远方另一部分的光。

演化成今天可见宇宙的微小区域不会从一开始就是完全平滑的。那是绝对不可能的。可以肯定的一点是，由于海森伯不确定性原理，总会存在着一些微小的随机密度涨落。值得注意的是，在暴胀期任何涨落都将扩大到极大的天文尺度，它们就是 NASA 的 COBE 卫星所看到的。[13] 在今后的几年中，它们将接受当前正准备发射的另两颗满载仪器的卫星精细而详尽的探查。如果发生了暴胀，它们看到的信号应该有非常特殊的形态。迄今为止，在以往的四年中，COBE 卫星收集到的数据与预言符合得极好，但是 COBE 无法探测到真正具有决定性特征的可观测信号。两颗新卫星，MAP（将于 2000 年发射）与普朗克（将于 2005 年发射）将决定这个问题。*

宇宙学家一直思考着宇宙开端的难题。如果宇宙现有的结构在某种程度上依赖于宇宙开始的方式（如果它确实有一个开端的话），那

---

* MAP 卫星易名 WMAP 卫星，已于 2001 年发射升空；普朗克卫星已于 2008 年发射升空。——译者注

么天文观测将告知我们宇宙可见部分初始状态的一些事情。但是，对此种观点存在着另一些看法。它意味着任何关于宇宙今日为何如此的"解释"都归因于它过去为何是那个样子，归根到底取决于宇宙初始状态的陈述。鉴于我们并不期待初始状态的知识唾手可得，就应要求存在着不同类型的宇宙学解释。倘若能证明膨胀持续足够长，那么可观测宇宙的概貌将与其初始状态无关，我们就毋需详细了解初始状态是怎样的，宇宙现在的结构便可解释了。

1967年，人类首次发现了微波背景辐射的各向同性。人们发现周围的天空温度在小于千分之一的精度内是个常量。这种引人注目的均匀性要求宇宙学家们进行解释。以往他们一直致力于解释微小的不规则性如何逐渐成长为成熟的星系。突然间，他们意识到最需要阐明的是如何理解均匀性，而不是那些团团块块。

美国宇宙学家米斯纳（Charles Misner）认为下述观点可能得到证明：如果宇宙始于一种高度不规则性和各向异性的状态，那么摩擦过程会抹平这些早期存在的不规则。假如宇宙膨胀了足够长的时间，那么剩下的就是今日我们所看到的对称方式的膨胀。

想要表明开始于混沌不规则状态的宇宙最终会自身变平，这种普适思想被称为"混沌宇宙学方案"。这项雄心勃勃的计划覆灭了。存在着许多棘手的不规则性形式不能尽快去掉，还有一些不规则性形式根本去不掉。[14]此外，通过摩擦耗散掉这些不规则性所产生的余热比我们今天在宇宙中发现的要多得多。[15]

理解混沌宇宙学方案的最重要之处是下述观点，如果我们能找到一种解释，用以说明所观测到的一些（甚至是全部）宇宙天文学性质不依赖于宇宙的初始状态（或者不需知道宇宙是否存在初始状态），那么，倒过头来看，那些同样的观测结果就不能告诉我们初始状态的结构（或其存在性）。引出来的并不一定都是玉。

尽管有点细微的差别，暴胀宇宙仍可被看作是"混沌宇宙学家"正在探寻的典范解答。混沌宇宙学家正在寻找通过物理过程消除不规则性的办法。暴胀宇宙表明了我们整个可见宇宙有多大的可能是那个原始区域的膨胀象，那个原始区域非常小，以至于除了极小的统计涨落外，物理过程将保持它的平滑。因此，那个微小区域的膨胀象展示了我们观测到的高度规则性，附带一些小的涨落。不规则性并非因摩擦阻尼而逐渐减少。如果在暴胀发生之前它们就存在，那它们将仍然存在；但是它们被推到我们的可见视界以外去了。我们不能看到它们。

由此可见，暴胀能够对可见宇宙的总体性质提供解释，基本上与它如何开始无关。只要满足允许一个小区域充分暴胀的条件，它将产生出一个包含微小不规则性的大而光滑的宇宙，它膨胀得非常接近于开宇宙和闭宇宙之间的临界状态。我们可以从图 6.8 中看到，暴胀一旦开始，宇宙在极大尺度上的不规则性变得无关紧要。它将宇宙的一小块加速膨胀，以致它比我们今天的视界还大。

现在我们明白了，对于决定极其遥远过去的宇宙结构，为什么暴胀宇宙在我们的能力上设置了那么大的限制。我们已经看到光速的有限性限制了宇宙学家可以获得信息的空间和时间区域。但是，暴胀将其发生前可见宇宙结构的信息清除了。

如果你是一位探求如何简单解释星系形成的天体物理学家，抑或你想了解为什么可见宇宙在所有方向上看起来如此相似，那么，暴胀就是一种非常诱人的想法。但如果你想知道暴胀发生前（也就是早于 10^{-35} 秒）宇宙是什么样子，或者想要决定可见宇宙是否有一开端，或者想要从极早期宇宙中找到一些遗迹，用以阐明能量大于 10^{15} 吉电子伏的基本粒子的物理，那么，暴胀就是一个极坏的消息。

这样，想要探究物质在超高能量时的行为，经济学和宇宙学一起为我们的能力设置了根本极限。面对在地球上创造高能条件的巨大耗费，粒子物理学家久已盼望宇宙学能提供一个廉价的"实验室"以探索万物理论的结构。但是，正如我们的过去光锥过小而阻碍了我们得到整个宇宙结构或起源的任何结论那样，暴胀将会把可见宇宙中我们需要用来阐明高能物理基本定律的信息抹得一干二净。

　　暴胀扮演了一个宇宙学过滤器的角色。它把有关宇宙初始结构的信息推到了我们目前不能看到的视界以外；同时，它把我们能看到的区域写满了新的信息。它是宇宙的最高检察长。

混 沌 暴 胀

> 卡城有位青年曾推想，
> 生命究竟是怎么个样。
> 凭着从小的苦思冥想，
> 若它过去不是那个样，
> 今天就不会是这个样。
>
> ——佚名

　　我们已着重强调了科学事业局限于研究我们视界之内宇宙的可见部分。但这种约束到底值不值得担忧呢？由光速有限性强加的这种约束会导致多少信息的丢失呢？

　　在暴胀的可能性被发现以前，一般假定在我们的视界之外和视界之内宇宙应当几乎相同。其他的假设就等同于假设我们在宇宙中占有一个特殊的位置，而这正是哥白尼曾教导我们要抵制的诱惑。当勉强承认在这点上我们可能错了的时候，这样一种观点就被看作是异常执着的自信。这种哲学态度已经被转变了。暴胀宇宙的一般特征，揭示了我们必须期望宇宙在空间和时间的结构上比我们先前所期望的奇异得多。

如果宇宙开始于一种混沌的不规则状态，那么一些区域将经历暴胀，而另一些区域可能并不经历暴胀。不同区域暴胀的大小是不同的，结果是这里与那里彼此不相同的后暴胀宇宙。每一个暴胀了的区域就像一个泡泡，在它之内环境是平滑的（暴胀得越多就变得越平滑），但与其他泡泡内的状态是不同的。我们的泡泡一定非常大，超过了我们的视界，但是在它之外应该还有其他大小不同的泡泡，它们之内的状态与我们自己的不同。示意于图 6.9 之中。

正如我们已经剖析了这种情况的含义一样，宇宙所有种类的其他性质都会从一个暴胀的泡泡到另一个而呈现出不同。我们称作"物理学常量"的一些量——引力耦合强度、基本粒子的质量，甚至空

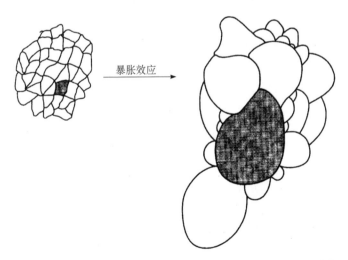

图 6.9 混沌暴胀宇宙的空间结构。不同的区域将有不同的暴胀量。设想我们生活在这些大而光滑的暴胀区域中的一个（用阴影表示）。在我们视界之外，应该存在其他区域，具有不同的密度和膨胀比，依赖于它们所经历的暴胀量。

间的维数——在不同的泡泡之间都将不同。[16]我们做过的所有天文学观测表明，在我们的视界之内，自然界的常量值从一个地方到另一个地方达到了极高精度上的相同（在一些情形下精度高于 $1/10^{15}$）。这恰恰是我们期望发现的，即使那些常量会在整个宇宙间发生变化。当任何微小的区域发生暴胀时，在它之内进化的所有观察者都会发现自然界的常量值达到极高精度上的相同，因为它们来自很久以前的同一暴胀团块。

这幅图像大大地拓展了我们关于宇宙可能存在的空间复杂性的图景。遗憾的是，它将那种复杂性推到了科学力所能及的范围之外。在遥远将来的某一天，天文学家也许会发现最邻近泡泡的信号进入了视野。但是，他们将永远不知道外面到底有多少个其他的泡泡。

宇宙是开的还是闭的？

> 我并不装着了解宇宙，
> 因为它比我大得太多了。
>
> ——托马斯·卡莱尔[17]
> （Thomas Carlyle）

我们的宇宙将永远持续膨胀下去，还是注定要在将来某个时刻向着"大会聚"状态坍缩回去？这是膨胀宇宙的大爆炸图像提出的最严峻问题之一。这两种可能的选择由临界宇宙区分开来。临界宇宙在膨胀能和其内物质的引力拉曳之间保持精确的平衡。在开宇宙中，膨胀能胜过引力拉曳，闭宇宙中占优势的则是引力作用。通过测量宇宙的膨胀速度，并总计我们的望远镜能检测到的所有物质，我们有望决定哪个是胜者：膨胀能还是引力。不幸的是，这并不容易做到。天文学检测的是光学性质，但宇宙中的绝大多数物质看起来是暗的。可见宇宙的发光物质太少不足以让宇宙是闭合的，但很可能有足够的暗物质藏匿于星系之间。

我们已经看到宇宙的膨胀正十分接近于开宇宙与闭宇宙之间的临界状态。迄今为止，我们的观测还不能精确到可选择其中的一种方式。然而，如果暴胀宇宙理论正确的话，我们将永远无法知道宇宙将永远膨胀下去还是会收缩。*

暴胀预言，宇宙的任何大到可容纳我们可见宇宙的区域，现在都应以不超出临界速率十万分之一的速率膨胀。然而，它不能说出我们位于分界线的哪一边；这是在宇宙诞生时就已固定并且不能改变的。没有任何具有预见性的天文学观测将准确到足以发现我们位于哪一边。然而，即使能做到这一点，还是不能回答我们的问题。可见宇宙的密度与暴胀宇宙预言的临界值之间的差别，在数量级上相同于（或略小于）暴胀在不同地方产生的密度变化。我们期望我们视界之外的整个宇宙的密度变化至少也有这么大。这意味着，如果我们能利用精密的仪器跟踪检查今天可见宇宙中的所有物质并发现它比临界密度小十万分之一，这也并不表示宇宙是开的并将永远膨胀下去。任何这样的结论都假定了我们视界之外的宇宙与视界之内的是相同的。当我们的可见宇宙在尺度上每天都增加一天的光程时，[18] 如果我们能实现同样的质量跟踪，那么我们很可能会发现进入我们视野的新物质足以将观测到的密度提高到临界密度以上十万分之一，从而使宇宙看起来是闭合的，并注定在将来要会聚。但是，仍需讲明的是，关于整个宇宙的此类结论并未得到证明。

尺度达到极精细的平衡。我们的可见宇宙接近于临界状态在膨胀；密度上的微小涨落可决定我们辨别到的膨胀能和引力作用之间的总体平衡。我们的可见宇宙可以是超密度的闭宇宙中的一个密度不足的开"泡泡"；同样地，它也可以是开宇宙中的一个闭泡泡。观测天文学永远也不能告诉我们整个宇宙是否将永远膨胀下去，是有限的还是无限的。即使我们将会遇到最终的大会聚，我们也不会知道宇宙的其余部分有多少将同遭厄运。

永恒的暴胀

诗人只要求让他的脑袋进入天堂。逻辑学家却企图让天堂进入他的脑袋，于是他的脑袋裂开了。

——切斯特顿[*]

（G. K. Chesterton）

在早期宇宙的故事中，人们所期待的由混沌暴胀孕育的复杂空间变化并不是一个结尾。林德（Andrei Linde）已经发现暴胀有一种自繁殖的趋势。[19]值得注意的是，暴胀产生的涨落似乎存在着一种类型：会从已经在暴胀的泡泡的小子区域内诱发下一步的暴胀。暴胀好像是一种潜在的无休止的自繁殖过程，简而言之，它就像一种传播着的时尚（参见图6.10）。在这个过程中，空间和时间的不同之处产生的泡泡可具有不同的自然常量值，从而决定了可在它之中产生的物理结构的形式。这样，宇宙的历史发展看起来与它的空间变化很可能一

———————
[*]   英国作家、新闻记者，著有小说、诗歌、传记、评论等，代表作为"布朗神父侦探"小说系列。——译者注

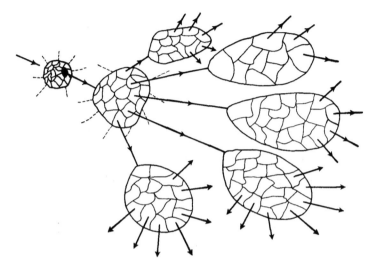

图 6.10　一个永恒的自繁殖暴胀宇宙的图例表示。每个暴胀区域自
然地创生出可使其子区域进一步暴胀的条件,如此等等,以至无穷。

样,远比我们的猜测复杂得多。

　　尽管单个泡泡"宇宙"可能会坍缩而毁灭,然而我们数学上的
探究已证明了这种增殖过程将是无穷尽的。不过,如果我们企图再现
这种以往演化过程的奇异历史,会发现事情并不怎么清楚。我们还不
能发现它在时间上是否一定有开端。极有可能的是,暴胀的泡泡宇宙
作为整个自繁殖网络无需有开端,但是当我们追溯历史时,可能会发
现某个泡泡有开端。这些开端对应于从此地到彼地的宇宙能量上的量
子机制的涨落,并以一定概率在此时与彼时之间自发出现。

　　在这幅奇异的永恒全息图中,我们自身所处的位置是非常有趣
的。我们生活在一个特殊的泡泡中,它具有一套特殊的物理常量,在
看来是永恒的暴胀的序列中处于一个特殊的时期。我们只知道我们所
属的泡泡必须以充分长的时间暴胀,生长得足够大,以使恒星产生所
有已知形式的复杂事物和生命赖以形成的元素。我们不能真正知道这
种大泡泡的合理性有多少,也不能知道其内部物理常量表现出与生物

友好样式的概率有多大。[20]具有讽刺意味的是，我们将永远不能确切地知道这种以光怪陆离的复杂性进行自繁殖的宇宙的存在性如何。我们对宇宙的看法由于光速的有限性而受到制约，从而注定是有局限性的。

实在令人沮丧的是，现在我们已有可靠的理由预测在所有尺度和时间上宇宙的结构都是极度复杂的，并且它的可见部分在主要特性上并非是典型的。光速有限性施加的约束阻止了检验我们对视界之外宇宙结构的推想。结果，永恒暴胀的图像不能以如下方式通过观测而得到验证：通过观察我们周围的宇宙辐射在温度上微小变化的细致印记，来检验我们是否生活在一个过去经历了暴胀的泡泡中。它注定仍只是一个激动人心的故事。[21]

在未来的十年中，计划升空的卫星确实能证明我们的可见宇宙并不带有往昔岁月暴胀烙印的话，那么永恒暴胀将失去它的可靠性。我们可能生活在一个未经暴胀的奇异泡泡中，但是这种特定的可能性就不足以支撑我们对视界之外的多世界中一个世界的看法。与此相反，如果那些卫星确认了我们自身暴胀的过去，它们将加强对不可观测的外部世界的推测——尽管它们不能提供有关它的任何数据。[22]

虽然我们的宇宙学知识存在着这么多的局限性，但是永恒暴胀作为一种看上去合理的宇宙舞台，其重要性在于它的每一条理由都使人相信，我们视界之内的天文观测数据上的限制是对宇宙总体结构知识的重大限制。

宇宙在我们的视界之外应是极不相同的。因而关于它的开端和终结的最重大问题都是不可能回答的。

永恒暴胀宇宙理论经常用来与被遗弃已久的稳恒态宇宙理论做比较。后者是由邦迪（Herman Bondi）、戈尔德（Thomas Gold）和霍伊尔于1948年首先提出的。[23]在这种膨胀宇宙的理论中，不存在大爆炸，物质被认为是以一种足以维持宇宙的密度在所有时刻皆为常量的速率连续地创生。所要求的这种速率实际上非常小，大约为每 100 亿年在每立方米的空间内产生一个原子，远低于能直接检测到的量。稳恒态宇宙既没有开端也没有终结。平均而言，在所有时刻和所有地点它对于所有观测者都应该是相同的。它就像一个一直在暴胀着的暴胀宇宙。大爆炸宇宙则完全不同：所有的物质在某一初始时刻突然产生，然后膨胀、冷却、变稀疏，不像稳恒态模型那样，过去与将来是不同的。大爆炸宇宙曾有一个较热而密度较大的过去，不适于像我们这样的生物生存。

邦迪、戈德和霍伊尔的稳恒态理论版本最终被多种观测排除了。人们发现像射电星系和类星体那样的宇宙天体群有随宇宙时代变化的产生率。但是，最引人注目的是，1965 年发现的微波背景辐射证明了宇宙有一个比现在热且密度大的过去。

在这些新的观测事实面前，在对稳恒态理论的支持削弱之际，它的一些捍卫者竭力想要挽救它。其中的建议之一是，在承认宇宙的可观测部分是大爆炸型的同时，又认为这不过是无限的稳恒态宇宙中膨胀着的一个大爆炸泡泡。[24]如果稳恒的尺度足够大的话，没有观测能证实或驳斥这种想法。

这种老观念有时用来与混沌或永恒暴胀理论相比较。记住它们存在着许多重大的区别是重要的。设想稳恒态泡泡宇宙纯粹是一种最后的努力，仅仅是为了避免观测排除所珍爱的想法。并不存在科学的理由要维护稳恒态环境中的大爆炸泡泡。实际上，恒稳态哲学总体精神假定一个平均来说时时处处都一样的宇宙，因此大爆炸泡泡已向违反这个总体精神迈出了一步。[25]相反，将暴胀宇宙推广到它的混沌和永恒形式绝不是为了把较简单的版本从有悖于观测事实中解救出来。它并不存在观测上的困难，而是作为一种必然的逻辑推论理论（当然，对许多人来说，这是不受欢迎的）。

宇宙的自然选择

由进化而产生的任何事物必定带点大杂烩味道。

——悉尼·布伦纳[26]

（Sydney Brenner）

自繁殖宇宙给宇宙学引进了一种更宽广的思维方式。根据对待解释复杂事物存在性的态度，科学分成两类。一些科学，例如生物学，满足于把对生命事物中复杂结构的解释归因于自然选择过程，这一过程在很长时间尺度上发挥作用。每一阶段都可能随机地发生极小的变异，那些有利的变异传递下来的可能性大于那些不太有利的。物理过程的自组织特性（在上一章中我们已看到了沙堆的情形）也可能会在上述过程中起作用，但对此存在着一些重要的争议，大多数生物进化论学者强烈抵制这种可能性。[27]相反，由进化和自然选择对复杂事物所作的解释在天文学中不起作用。像恒星和星系那样的天体结构主要由物理规律所支配。它们是自然界中对抗力之间的平衡状态。物理学家研究的重要对象，诸如分子、原子、核子和基本粒子那样的客体，具有由常量和自然定律所确定的不变性质。它们不具备基因所拥有的变异能力。因而，物理学家和天文学家期待，任何真正的基本客体一定能由统治自然界的四种力的规律之某些直接特性所解释。他们会失望地发现，可见宇宙的某些基本方面被纷乱地解释为某种选择过程的产物。相形之下，生物学的一切都是关于这种纷乱工作的。

在上一章中，我们已经讨论了斯莫林和哈里森有关宇宙及其特征性常量的一些推测性想法，即它们通过何种形式的选择过程进行演化的推想。在斯莫林的情形下，选择可称为"自然的"形式，较多的黑洞增加了某种特定宇宙的存活机会；但是，在哈里森的情形下，智能大脑有意识的干预带来了一些变化，更恰当的说法应该是泡泡宇宙的"人工选择"或"强制繁殖"。

林德的自繁殖暴胀也可以看作是披着一件通过自然选择而进化的外衣。[28]每一个暴胀的泡泡产生自身也要暴胀的后代（这就是繁殖）。这些婴孩宇宙在他们的特征性物理常量上和其他性质上有微小的变化（这就是变异），但是它们也携带了产生它们的泡泡的特征性物理常量的一些记录（这就是遗传）。在长期演化中，产生最多婴孩宇宙的那类泡泡将最终繁殖并统治宇宙。最奇特的是，如果我们相信生物学家告诉我们的生命的定义是一个拥有繁殖、变异和遗传的过程，[29]那么，自繁殖暴胀宇宙就有了生命！

拓　　扑[*]

维吉尼娅做舞娘，
喊嚓一声变花样。
科幻小说甚荒唐，
美哉默比乌斯带，
维姬变此把命丧。

——西里尔·科恩布卢特
（Cyril Kornbluth）

---

[*]　拓扑学研究互有关联的物理元素或抽象元素集合的特定性质，它研究这些集合在变形时仍保留的性质。拓扑学分成一般拓扑学和代数拓扑学二大分支，由于它们是如此基本，以致它们的影响遍及各种数学研究领域，也影响到宇宙学、粒子物理学、凝聚态物理、地图学、电力网络、工业自动化等领域。——译者注

从某种意义上来说，我们习惯于弯曲的空间。我们知道地球表面是弯曲的，这本书卷起的书页也是弯曲的。而且，在本世纪*初叶，爱因斯坦告诉我们，由于宇宙物质的存在，整个宇宙的空间和时间是弯曲的。这意味着什么呢？我们可以把弯曲空间形象地想象成一张橡皮膜，把一个有质量物体放在上面，橡皮膜就会变形。所有的质量在空间几何上有纯粹的局部效应。当光或其他质量从旁边经过时，这种效应是很明显的。它们总能自动地感知并采取最短路径，就像小溪沿山坡流下那样。然而，这是由于质量的贡献而存在曲率，它创造的最短路径看起来是一种吸引力（"万有引力"）的结果。

在爱因斯坦做出革命性提议之前，我们认为空间是一个不变的舞台，物质的所有运动和相互作用在它上面完成，空间是一个桌面而不是一张弹性橡皮膜。而且真正的区别在于，在桌面上旋转一个球，并不会影响位于桌面其他地方静止的球，而旋转弹性膜上的一个球时，它的旋转会扭曲这张膜，从而导致邻近的物体扭向这个球旋转的方向。

通过这些类比，弯曲空间是可以理解的；但是"弯曲的时间"听起来就有点怪了。它意味着某处时间流动的速率是由此处测量到的引力场强度决定的。与弱引力场区域中（这里空间几乎是完全平坦的）的流动速率相比，时间在强引力场中（这里空间是极度弯曲的）流动得要慢一些。

空间和时间的曲率是一件几何上的事情。爱因斯坦方程告诉我们，任意指定物质和能量分布后，该如何计算空间和时间的曲率（原则上是这样！但实际上，方程非常难解，对具有高度对称性的极其简单的物质分布，我们才能进行这种计算）。宇宙的最简单模型

———————
*   指 20 世纪。——译者注

（例如每一处都以临界速率膨胀的宇宙）描述了一个膨胀空间，它在任一瞬间看起来都像是完全平坦而无界的（弹性膜被延展了）。现在将这张膜卷成一个柱面，那么这个空间的局部几何并不会受影响。从局部来看，它仍将呈现出平坦性：任意三角形的三个内角之和总是180度。但是，有些性质发生了变化。

宇宙的拓扑发生了变化。只有通过撕裂、打洞或将空间的不同部分粘在一起才能改变拓扑。如果两个表面中的一个仅仅通过延展，而没有撕裂，可变形成为另外一个表面，那么它们就具有相同的拓扑。因此，一个环形的炸面包圈在拓扑上等价于一只咖啡杯，但是两者都不等价于有两个环柄的杯子。图6.11显示了当我们把空间的两个边连接起来时发生了什么。我们也同样可以连接正交的另一对边。得到的结果有时称为3环面拓扑（“环面”只不过是数学家给环状的炸面包圈形状取的名字）。

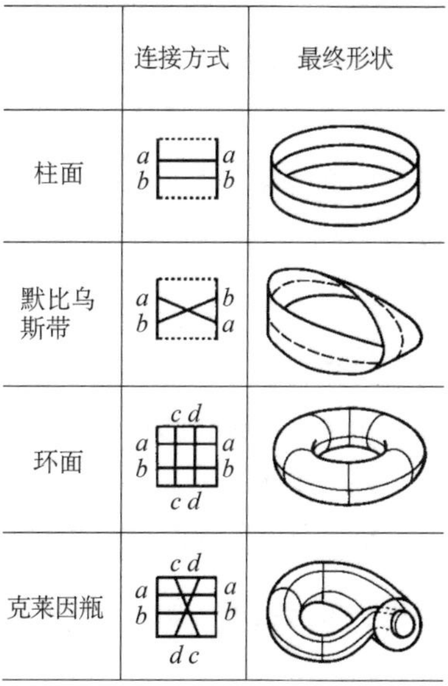
连接方式
最终形状
柱面
a b a b
默比乌斯带
a b b a
环面
c d a b a b c d
克莱因瓶
c d a b a b d c
图6.11　具有不平常拓扑的一些空间。在每种情形中，平面拥有二面或四面的连接，这些连接既可有扭折，也可无扭折，从而产生了四种不同的拓扑。

我们想要知道宇宙的拓扑是什么，但爱因斯坦方程无法回答这个问题。这些方程告诉我们如何由恒星和星系的分布决定宇宙的几何，却没告诉我们拓扑。为简单起见，天文学家一般假定，如果宇宙是临界的或开的，那么它的拓扑就是无限平坦空间的拓扑，他们称这为“自然”拓扑。然而，尽管这使天文学家的工作变得简单了，但空间没有理由一定要这样。如果它像柱面那样在所有三个方向上连接起来，它就会有一个有限的体积，尽管它的膨胀表现得像一个临界宇宙或开宇宙。

既然非自然的拓扑方式比自然的拓扑方式多得多，我们就更可以认为它是非自然的。[30]不过，借助于天文学，我们可以进一步看到是否存在 3 环面拓扑的任何观测证据。这种拓扑将导致当光在柱面上绕了一圈又一圈的时候，会出现遥远星系、类星体和星团的多像。这就像站在两面平行的镜子之间看你自己一样：你看到一连串无终止的变得越来越小的像。迄今为止，尚无证据表明存在着重复出现的像可属于此类现象。最近，一些人考察了拓扑为非自然时，膨胀早期阶段的微波背景辐射会发生什么情况。[31]我们发现如果我们的宇宙的拓扑在小于大约 150 亿光年的尺度上背离平坦空间的拓扑，COBE 卫星测量的天空图将有完全不同的结构。如果宇宙确实具有异常的拓扑，那么它的识别特征似乎都隐藏在我们今天的可见视界之外。

用来确定宇宙总体拓扑的信息是不易得到的。我们可以给出尺度上的限制，在该尺度上就可显示出环柄，或者它自身接连起来，但是我们无法进行必要的观测以确定其总体特征。对于宇宙怎样或为何能从无创生来说，这是很遗憾的，因为物理学对这个迷人问题的描述似乎强烈地受到有待创生的宇宙的拓扑的影响。一些拓扑比另一些拓扑将更有可能出现。如果我们不知道宇宙的拓扑，在宇宙大拼图游戏面前，我们就会少掉不可或缺的一块。

宇宙有开端吗？

初时是一无所有。上帝说："光来吧。"仍然是一无所有，但你现在可以看到一无所有了。

——特里·普拉切特

（Terry Pratchett）

"宇宙有开端吗？"我们已经看到这个重大问题是观测科学不能回答的；但是这仍然让我们去思索一个更适当的问题"我们的可见宇宙有开端吗？"宇宙起源的问题难以摆脱宗教遗留下来的成见。纵使科学家们并不打算认可或驳斥宗教或神话对宇宙起源的解释，也会毫无疑问地受到它们的影响。他们是在特殊的现代文化的浸润下成长起来的，对传统的推测和教条非常熟悉。它们所包含的故事往往会暗示宇宙学理论的发展方向。[32]

在西方文化中，多种宗教传统都认为世界有开端。千百年来，神学家们为解释这些描述和关于宇宙"开端"的含义，以及诸如时间是否随宇宙一起创生等精微问题进行了讨论。结果，宇宙从无创生成了一种熟知的观念，科学家和非科学家中的许多人都乐于接受它。这并不意味着它得到了理解，或者逻辑上是自洽的了（就像独角兽的概念也不让我感到不愉快）：只是这个总的想法似乎是有说服力的。

这种文化背景给膨胀宇宙的图像提供了富于想象力的氛围。它很自然地支持宇宙在一个有限的时间之前"开始"的想法。如果我们发现我们自己处在一个静止的宇宙中，那么我们就会发现这很难与我们承袭下来的关于宇宙有开端的信仰相协调。

我们继承的宗教信仰（或与之抵触的信仰），可使我们更倾向于在某些方向上发展现代数学宇宙学。一些宇宙学家寻找有开端的模型，并寻求开端的数学特征；另一些人则把有开端的预言作为理论在极端条件下会失败的信号，并企图通过某种新的方式改变引力理论而避开它。对他们来说，一个消除了时间开端上奇点的修正理论是一个升华了的理论。相比之下，一些物理学家，像罗杰·彭罗斯，把宇宙的奇异开端看作是它结构上的重要因素，没有了它，我们就失去它的一些决定性特征。[33]

在 1922 年到 1965 年期间，关于宇宙奇异开端的解释存在着极大的混乱，这是简单大爆炸模型所隐含的（参见图 6.2）。它们总是在膨胀，那么，假如我们逆着时间考虑膨胀，就会发现在我们过去的某个有限时刻存在着密度为无限大、尺度为零的状态。

开端的科学基础本身并不新。19 世纪热力学的最早研究者已经应用热力学第二定律推断过去一定存在一个最有序的时刻，他们把它解释为开端。[34]事实上，这个论断并不十分准确。因为熵一直在增加，所以它并不一定要有一个最小值。[35]

起初，许多宇宙学家怀疑膨胀宇宙模型所预言的"开端"并不真实。[36]他们提出了三点反对理由。一些人主张宇宙物质中包含的实际压力将抵制其压缩到零尺寸（就像挤压一个气球），宇宙会反弹到一个有限的半径。当人们研究含有压力的宇宙模型时，发现它们同样有一个零尺寸的开端。通常的压力无助于避开奇点。

接着，有人认为开端是在考虑所有方向上以同样速率膨胀的宇宙模型时人为加入的。当将所有事物退缩回去时，它们都堆积在同一点上。另外，人们还研究了其他的宇宙模型。一些模型在不同方向上的膨胀速率不同，另一些模型从一个地方到另一个地方有不同变化。在所有这些情形中，奇异开端依然存在。

最后，一种更微妙的反对理由提了出来。假定零尺寸的奇点只不过是我们测绘和描述宇宙的方法中的一个破绽，而不是宇宙自身的物理特征。当我们观察地球表面上用来标记位置的纬度线和经度线的时候，会产生一种类似的二分法。当我们在地理学家的地球仪上向着极点移动时，子午线相互接近，最终交叉在一起。地图坐标系在两极是奇异的，但是这并不意味着在两极那里，地球表面发生了什么奇异的事。假如极地探险者愿意的话，他们完全可以更换一种更方便他们使用的新的地图坐标系。我们为什么不可以说大爆炸奇点也属于这样的无害种类呢？

罗杰·彭罗斯给出了回答，他发现了一种毋需担心宇宙中的坐标和非对称性的解决问题的新方法。[37]在关于宇宙的若干假设成立的条件下，他和霍金一起证明了宇宙必定存在一个开端。[38]这些合理假设中最主要的一个是引力相互作用必须总是吸引的。如果引力相互作用是吸引的，时间旅行就不可能进行，于是假如今天的宇宙中存在足够的物质和辐射，那么必定至少存在一条由光线或有质量粒子经过的路径，它穿过时空不能无限延伸到过去，即必定有一个开端。*

严格地说，仅有一条历史轨迹需要有开端，并不必须伴随着存在温度和密度的极值。定理不能告诉我们像后者那样的情况。在实践上，如果宇宙有开端的话，宇宙学家相信这些极端物理条件将伴随着开端。传统大爆炸图像中，宇宙的开端在物理上处处都是极端的，尽管不能由霍金-彭罗斯定理严格证明，但它与此定理完全相符。重要之处在于定理的逻辑性。它是定理而不是理论。如果它的假设成立，那么一定存在着一个有限的过去史。如果假设不成立（例如，如果宇宙中存在某种形式的物质不是具有吸引的引力相互作用），那么我们得不到任何结论。或许存在开端，或许并不存在。

在 1966 年到 1975 年期间，这个"奇性定理"提供了非常强的基础，使人相信我们的可见宇宙（大多数新闻工作者不能将它与整个宇宙区分开来）有开端。定理的关键假设——引力是吸引的，并且

---

* 反弹宇宙学是一种避免奇异开端的理论。——译者注

宇宙含有足够多的物质——看来是正确的。微波背景辐射结果提供了足够的质量或能量，并且物理学家在实验中遇到的或理论上想出的所有形式的物质都表现出引力相互作用的吸引性。定理似乎适合我们的宇宙。

接着，情况在1975年以后开始发生变化。宇宙学家开始严肃地思考量子不确定性效应会如何影响引力相互作用的吸引特性。对极高能量基本粒子物理学的新探索，激励人们进行新的尝试去重现宇宙的极早期历史，去发现利用天文观测验证那些理论的方法。这些探索导致古思提出我们已经遇到过的暴胀宇宙。[39] 这些研究彻底澄清了一件事，即我们的基本粒子理论导致自然界不可避免地存在着新类型的物质。这些新的粒子，即驱动暴胀的标量场，会呈现负压力，如果在早期宇宙中它极其缓慢变化，它们将呈现反引力性。结果，它们破坏了霍金-彭罗斯定理的假设。并且，正是这种可能性，允许它们对早期宇宙在一个短暂时期内进行加速膨胀，从而创造了暴胀现象。突然间，宇宙学家们不再相信霍金-彭罗斯定理的关键假设将在自然界中成立。粒子物理学理论提供了许多看似合理的物质场，它们在极高能量时是反引力的，并且这种反引力能用来解释暴胀的所有好处。

简单的推论是，如果我们想要暴胀，我们就不能得到关于早期奇点的任何结论。背离所有物质场都是引力吸引的观点，并不意味不再存在着过去奇点，而只是意味着我们无法给出它。事实上，我们已经看到永恒暴胀如何导致宇宙作为一个能长出小的"婴孩"宇宙的"多宇宙"，其中一些婴孩宇宙暴胀成像我们自身可见宇宙那样大，而另一些只是坍缩并消失在时空的泡沫中。这个过程看来是没有终结的，但是它有开端吗？答案仍然不清楚。

没人怀疑这些逆着时间的推断最终会失败，因为在某种程度上，我们的高能物理知识是不完备的，或不可检验的。从这一章和前一章的讨论中，我们有充足的理由预计，对决定宇宙的可见部分是否有开端而需要知道的一些情况，我们仍然是无知的。

　　爱因斯坦引力理论的有趣特征之一是，它预言有些事情是它不能预言的。在过去存在着某个时刻，在它之前，为爱因斯坦引力理论奠基的假设必定无效。每当我们考察小于 10^{-33} 厘米距离的空间结构、短于 10^{-43} 秒的时间间隔或高于 10^{19} 吉电子伏的能量时，时空总会受到在爱因斯坦引力理论中被忽略的量子不确定性的支配。这些未经充分研究的新领域称为普朗克尺度领域，是以倡导了量子理论进展的德国伟大物理学家普朗克命名的。一旦我们找到 10^{-43} 秒以内显露出来的宇宙开端，爱因斯坦引力理论就失败了。我们并不知道它给出的奇点是理论失败导致的结果，还是一个真实的物理存在。为了在时间上进行更向前的探索，需要量子引力理论。目前，对这个论题已有各种尝试。超弦理论提供了最具有吸引力的途径，但是不知道它是否容许奇性宇宙。

裸奇性：最后的前沿领域

> 任何社会的怪僻数量与其所含的天才、物质财富、道德勇气的数量成正比。
>
> ——约翰·洛克[*]
> (John Locke)

　　宇宙的过去并不是寻找奇性的唯一地方。每当一颗质量超过大约三倍太阳质量的恒星耗尽了它的核燃料资源，在它自身引力下开始收

---

[*]　英国哲学家，反对"天赋观念"论，论证人类知识来源于感性世界的经验论学说，主张君主立宪政体，著有《人类理解论》《政府论》等。——译者注

缩时，就会形成奇点。这是罗杰·彭罗斯的第一条"奇性定理"应用的情形。起初，有人会认为这似乎让人们有可能去观察非常接近奇点的地方所发生的事，并利用这个信息，去理解在过去接近宇宙奇点时可能会发生的事情。

遗憾的是，这看来是不可能的。当物质的大质量的凝聚体在引力作用下坍缩时，它们最终将如此大量的质量压缩到一个非常小的空间区域内，以至于没有任何东西能克服引力拉曳而逃逸，甚至连光也不能。存在一个不能回去的界面，即不能复返的"事件视界"，任何东西都不能重现。事件视界之内的区域称为黑洞。天文学家们相信已经识别出来几个黑洞了。[40]当它们环绕普通恒星运行时，它们用特有的方式从它们的伴星表面拉曳物质，并迅速产生揭示它们特征尺寸和引力存在性的闪烁着的 X 射线。

一旦黑洞的事件视界形成，外部观测者看它就是一个不变的引力拉曳源。但是我们的数学告诉我们，视界内部的物质将继续不断落向中心，在那里密度将变得越来越高。最终，我们的方程预言将出现一个无限大密度的奇点，在那里空间和时间都不再存在，除非引力与量子不确定性混合在一起的新物理定律开始起作用，就像在宇宙膨胀的开端时那样。落入黑洞的中心就像趋近于一个闭宇宙的最后的大会聚。

这种事件状态是宇宙奇异特征的一个例子。看来奇点是可以在由坍缩的大质量恒星形成的黑洞内部产生的，但围绕在它们周围的是阻止奇点以任何方式影响外部宇宙的事件视界。初看起来，这似乎在探索靠近奇点发生的事上给我们的能力上设定了恼人的极限。但在再三考虑之后，发现它可能对于宇宙理性的自洽性来说是必要的。由定义可知，奇点就是破坏物理定律的地方。任何东西都可由奇点产生，电视机、时间机器，甚至整个宇宙，在奇点处不存在已知的规则。如果这样一种奇点出现在附近，我们将不能利用自然定律预言未来。黑洞是我们的保护层。每当我们的银河系中一个大质量恒星坍缩时，由于事件视界的形成，我们就免受了有可能形成的局部奇点的完全不可预言的效应。科幻电影中总是把事件视界生动地描绘成一株宇宙捕蝇草。它的真正重要性，在于它是作为一种阻止某些东西出现在宇宙中的屏蔽。

奇点周围存在事件视界是极其重要的，罗杰·彭罗斯已经论证了奇点永远不能是"裸露的"，而必须由事件视界包裹着。这种对裸奇点的否决称为宇宙监督假设。对于这条假设存在着各种各样的论证，但是，即使我们忽略了量子物理对引力的影响，也不知道它是否是普遍正确的。当我们考虑量子物理时，它可能完全错了。将量子过程加入到黑洞的研究中，霍金证明了黑洞并不是真正"黑"的。[41]它们从表面发射粒子和辐射，并慢慢蒸发掉。当它们的质量减小时，辐射粒子的温度和蒸发速率都会增加。事件视界变得越来越小。当达到普朗克尺度时，黑洞就像一个微型大爆炸一样爆裂了。会留下什么呢？我们不得而知。但如果这些黑洞爆炸中的一个可在局部被观测到，那么在没有事件视界的屏蔽下，它将提供接近普朗克尺度时物理的惊鸿一瞥。

这些黑洞的爆炸并不来自大质量恒星死亡所形成的黑洞的蒸发。它们的质量太大，而蒸发速率又实在太慢了。相反地，它们可能是小得多的黑洞的蒸发终结，这些小黑洞仅在极早期宇宙中才有可能形成。在宇宙的年龄大约为 10^{-23} 秒时才有可能形成的质量接近大约 10^{14} 克（约为一座大山的质量）的黑洞，它们在今天将处于爆炸性蒸发的垂死挣扎之中。天文学家已经以多种不同的方式寻找这些正在爆炸的黑洞。它们将发射高能伽马射线并产生强无线电波和宇宙射线暴。迄今为止，在我们的望远镜能检测的范围内，还没有看到任何这些辐射暴发的可靠证据。我们所能说的不过是，如果它们确实存在的话，每年在每立方秒差距（大于 29×10^{39} 立方千米）的空间内的暴发不能超过一次。理论上的预期也不太希望它出现。如果在极早期宇宙中发生了暴胀，它会在含有大约 10^{14} 克质量的区域范围内将不规则性抹平，它们自身就不可能再坍缩，也不可能创造出这些小黑洞。但是，暴胀的一些不同版本预言这些非常小的黑洞可能会在暴胀结束时期形成。

维　　数

> 对于并行的各种宇宙要认识的首要之事，就是它们并不是并行的。严格地说，还要认识到它们并不是宇宙，这也是一件重要的事。但是，如果你努力去认识，在你认识到任何一件事以后的一会儿，你极容易发现到那个时刻为止，你所认识到的都不是真实的。
>
> ——道格拉斯·亚当斯[42]
> （Douglas Adams）

揭示接近普朗克尺度时可见宇宙结构的问题，就像依次揭开俄罗斯套娃一样。当我们向前探索时，我们不断遇到阻止我们进一步向前发掘的新极限。初看起来，这些极限相当不方便。宇宙对光子的不透明意味着我们不得不寻找核合成的产物。但是，暴胀竖起了一道严重的屏障。如果我们能证明暴胀是宇宙缔造者没有选在他的计划之内的那些优雅简明想法之一，那么我们就有可能通过观察从普朗克尺度穿越时空自由地飞向我们的引力子而看到更遥远的过去。但是，超弦理论可能已经打开了另一只潘多拉盒子。超弦理论是现行物理理论中唯一不导致内在矛盾的理论，* 同时当引力与自然界的其他力合并在一起时，它也不导致可测量的量有无限大值这样的预言。而且，这些关于自然界基本力的自洽理论看来还要求宇宙有比我们日常体验的 3 维高得多的空间维数。最初的弦理论要求宇宙有 9 或者 25 的空间维数！由于我们仅仅能看到 3 维，我们或者推断这些理论是错误的，这些维数并不是我们习惯认为的那种，或者推断空间的许多维数都隐藏在某处。虽然上述两种选择都有可能被证明是事实，但通常认为第三种选择给出了这个难题的答案。一定会发现某种过程，它允许空间总维数中的 3 个，而且仅仅是 3 个变得非常大，而其余的仍然限制在普朗克长度上，使我们难以觉察到它们的影响。事实上，当我们细致地考察时，结果更有可能是所有维数都限制在普朗克长度上。难解之处在于它们中的 3 个怎样才变得如此大，事实上它们比普朗克长度大了 10^{60} 倍。需要有一个过程仅仅使 3 个维发生暴胀。目前还不了解这种具有选择性的过程。这个过程在性质上可能是任意的，以至于它对 3 个大的维的选择没有被列入物理定律的程序中。另一种看法是，对于 3 个而且仅仅是 3 个维能暴胀可能存在着深层的理由。暴胀宇宙可阐述成在不同的地方以不同的维数发生暴胀，但是迄今为止它们依然是人为的和难以令人信服的。

且不谈选择性暴胀过程的神秘性，我们看到我们还面临着一个主要的不确定性。真实的自然常量和自然定律的形式，实际处于 9、25 或者其他的空间维数的框架下。一个复杂的物理过程只留下 3 个维发生膨胀，构成我们看到的周围的天文宇宙。我们称作物理常量的量，只不过是以全部维数存在的真实常量的 3 维投影。值得注意的是，如果存在额外的维数并且由膨胀改变它们的尺寸，就像宇宙中我们的 3

---

*　事实上，还存在着另一种没有内在矛盾的理论——圈量子引力理论。——译者注

维部分那样，那么我们的自然"常量"将以严格相同的速率显示出变化。[43]

我们的宇宙可能包含比 3 高得多、囿于普朗克尺度大小的空间维数，这种可能性意味着我们对宇宙总体结构的认识可能比我们以前的猜想更加戏剧性地受到限制。

对称性破缺

> 精确科学始于这样一个假设，纵使在每一新的经验领域中，最终总是可以理解自然，但对于"理解"这个词的含义，我们却不能做出先验假设。
>
> ——维尔纳·海森伯*
> （Werner Heisenberg）

当我们建立起一种可能性，即长大的空间维数可能是任意决定的，我们就转向宇宙呈现其被观测性质的方式的另一特征。现有性质中的一些是物理定律和物质的最基本粒子性质的反映，另一些可能是历史偶然事件的结果，它本可能以某种其他的方式发生。这些偶然的结果可以影响自然界的基本面貌。例如，在可见宇宙中观测到的物质和反物质之间的不平衡，可能是自然法则中物质和反物质之间不平衡的直接反映。或者说，观测到的部分或全部不平衡可能产生于一种随机的过程。如果是这样，那么这种不平衡在宇宙各处会发生变化，并且预言这种不平衡的方式，是与把它看成自然法则的普适结果而做预

---

* 德国物理学家、哲学家和社会活动家，为创立量子力学作出了杰出贡献，提出著名的"不确定性原理"，被公认为 20 世纪创新思想家之一，获得 1932 年诺贝尔物理学奖。——译者注

言的方式不同的。

我们已经提到了空间维数和空间中物质-反物质平衡可能是历史的偶然事件。我们测量的物理常量值，同样有可能是这种类型的事件。它们可能在宇宙的不同地方是不相同的。初看起来这并不合理，因为我们可以通过直接测量来检验一些自然常量在过去是否明显不同。自然界的电磁力的强度以及全部的原子和分子结构、化学和材料科学，都是由一个称为精细结构常数的纯数决定的。它等于 $(7.297\,35\pm0.000\,03)\times10^{-3}$，或者约为 $1/137$。这是刻画宇宙的著名的未解释的数之一。（我敢打赌它出现在极大量的物理学家使用的密码、口令和关键数中。）

我们能以极高的精度测量精细结构常数，但是迄今为止，现有的理论尚没有一个能提供对其测量值的解释。超弦理论的目标之一就是精确地预言这个量。能完成这个任务的任何一种理论都将十分庄严地被看成是潜在的"万物理论"。

精细结构常数果真是常数吗？实验室中的实验业已证明，如果它在变化，那么相对于其现有值来说，变化率将小于每年 3.7×10^{-14}。[44] 由于膨胀宇宙的年龄大约为 10^{10} 年，这意味着在整个膨胀时间内，它所发生的变化小于万分之一。天文学允许我们做得更好。如果我们对天文宇宙进行探测，我们可以观察到类星体，它首次向我们发送光时，宇宙比今天年轻数十亿年并且大小为目前的几分之一。那种光的具体形式揭示了类星体与我们自身之间星际介质中的原子性质。这种相互关系与实验室中发现的是相同的，后者是在测量精度的极限下，通过观察同种样本的元素发射的光而发现的。

最近有人证明，如果精细结构常数随宇宙年龄变化，那么相对于其现有值，它的变化率必定小于每年 5×10^{-16}。[45] 此外，通过观察天空中不同方向的不同类星体，我们也可以确定在百万秒差距空间中的不同地方，精细结构常数在百万分之一精度内相同。

通过另一条途径我们也可得到关于昔日的自然"常数"值的某些信息。大约 20 亿年以前，在现在加蓬共和国*的奥克劳的一个露天铀矿的某处，一次地质上的偶然事件创造了发生天然核反应的条件。[46]法国在它昔日的殖民地开采了多年的铀矿，到了 1972 年，他们发掘出一种含有 71.71% 同位素铀 235 的样品，而不是预期的 72.02%。刚开始，曾经怀疑是由于偷盗行为或破坏活动，但进一步的调查揭示同位素的浓度是被天然的放射性衰减过程所消耗的。实际上，此独特位置所决定的地质条件造成了一次短暂的天然核反应。嵌入沙岩中的铀矿恰巧位于倾斜成 45°角的花岗岩的顶部（参见图 6.12）。这种倾斜使铀能够积累到临界水平，随后开始了由水进行调节的链式反应。

已发生的核反应留下的放射性尘埃标记使我们能将反应链重现。关键的反应是非常值得注意的。它的可行性在于现在所知的自然力的不同强度和核质量之间的吻合。在 18 亿年前核反应发生时，同样存在着这种不寻常的吻合，这使我们能够对那个时期的精细结构常数值设置限制。我们发现它与现有值之间的差异不超过百亿分之一；否则，天然反应就不能进行。如果精细结构常数在变化，那么它的变化率一定小于每年 6.7×10^{-17}。[47]

这个证据是极有说服力的。但是，难道这隐含着精细结构常数在整个宇宙中果真是常数吗？很遗憾，并不是这样；如果宇宙膨胀的暴胀图像是真实的，那么整个我们的可见宇宙是一个微小的因果相关的涨落的膨胀映像。它的大尺度性质反映了那个小团块的微观关联。

---

*　　中非国家，西濒大西洋，面积约 27 万平方公里，人口约 220 万。赤道横贯其北部。工矿业占其国内生产总值过半，该国盛产石油、锰、黄金、铌、铀、金刚石等。——译者注

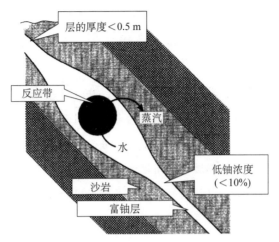

图 6.12　奥克劳天然核反应遗址的地质结构。富铀层位于沙岩之中，沙岩又位于花岗岩的上面。花岗岩和沙岩的倾斜积聚了铀和水。当铀浓度超过10%，链式反应就开始了。铀层的厚度必须足以防止中子的逃逸，并且不为其他重元素所污染，后者将吸收所有的中子。核反应由于水的出现而自动调节缓和，当反应较快时，水变成蒸汽促使反应转慢，但当反应转慢后蒸汽又凝结成水，由此减少中子的吸引而使反应增益加快。

因此，即使精细结构"常数"的值恰好在暴胀之前在宇宙中处处不同，它的值在经历了暴胀的宇宙的每一个小团块中也将达到高精度的相同。于是，每一个暴胀了的泡泡，在它今天的空间中处处显示出达到高精度相同的精细结构常数值。在它的视界之外，将存在别的泡泡，其精细结构常数值，如同密度值或密度涨落的级别一样，可能是极不相同的，因为它们经历了不同程度的暴胀。我们又一次看到了自然"常数"在宇宙不同地方互不相同的非常现实的可能性，但是这是不可能观测到的，因为光速和无法验证混沌暴胀过程的可能性共同为我们设置了界限。

本 章 概 要

在一个不可思议的复杂宇宙中，每当一种创造物面临多种可能的作用进程时，它取了它们的全部，因而创造了多种不同的时间维数和不同的宇宙史。在宇宙的每一个演化序列中存在着多种创造物，每一种都继续不断地面临多种可能的进程，所有它们的进程的组合是难以计数的，无限多种不同的世界，从这个宇宙的每一个时间序列的每一瞬间剥离出来。

——奥拉夫·斯特普尔顿
（Olaf Stapledon）

在这一章中，我们较为深入地阐述了对我们提出挑战已久的宇宙学问题。尽管爱因斯坦的引力理论在描述我们能看见的宇宙学问题上是成功的，我们知道对于宇宙的探索存在着本质上的极限。光速的有限性将宇宙分隔成相互之间没有因果联系的部分。我们仅仅能从光速为我们限定的视界内收集关于宇宙的信息。这阻碍了我们回答关于整个宇宙的起源或整体结构的深层问题。我们不能发现它是否无限，它在时间上是否有起源，它的熵是否像小系统那样增加，或者它是开的还是闭的。我们的观测只限于确定宇宙的可见部分的结构。然而，一旦认识到这种约束不是由我们对宇宙的感知所激发的，情形就不是这样的了。暴胀宇宙理论以它所有成就说服了我们，应该期望发现宇宙在它的空间结构和时间发展上是复杂的。我们很有可能是处在一个特殊的膨胀泡泡中，无法研究我们视界之外那个精心设计、杂乱缤纷的复杂宇宙繁荣发展的可能性。对于我们生活于其中的泡泡过去曾经历了暴胀的这个想法，未来的卫星任务将提供决定性的检验，但是并不能观测我们视界之外的其他泡泡的任何情况。最后，我们已经看到暴胀宇宙现象在对可观测宇宙的几种性质提供解释的同时，是怎样阻碍我们收集它之前的事件的信息，甚至对宇宙的可见部分的起源我们也无法知道。除了宇宙如何开始之外，我们已经发现伟大的相对论和量子力学联合起来会给我们提供我们所看到的宇宙的解释。对于这份意外的礼物，我们要付出的代价是放弃关于宇宙如何或者是否有开端，以及关于视界之外的所有性质的信息。宇宙不仅比我们可知的大，它还永远比我们能知道的大。

第七章

深层极限

要为思想划一个界限，我们不得不去发现这界限的两侧……
我们必须去想不能思考之事物。

——路德维希·维特根斯坦[*]
（Ludwig Wittgenstein）

现实中的模式

他是博尔奥学院院长，

他所不知的就不是知识。

——另一所学院的同仁

任何对科学极限的谈论都将使许多人感到惊恐，而使另一些人感
到欣慰。有些人会把科学知识的极限这种观念等同于我们思维和行为

---

[*] 出生于奥地利的英国哲学家，对逻辑实证主义和语言哲学有很大贡献。代表作有《逻辑
哲学论》《哲学研究》等。——译者注

的自由受到了侵犯。成本的限制是一回事，而绝对极限又是完全不同的另一回事。绝对极限出现在我面前，我将从上面越过它，从下面穿过它，或者简单地绕过它。然而，我们越想了解科学是什么及其如何与人类大脑的能动性相关，我们就越会被引向这样一种可能性，即极限深深地植根于事物的本质之中。它们甚至可能确定事物的本性。或许这并不会使我们感到意外，正因为一些东西是不可能的，科学才得以存在。

极限是要认真对待的东西。假如我们要得到"科学"或"知识"的定义，那么我们立刻就已经对什么在科学上是可知的做了限定。我们已经设立了一个界限。我们担心这种两难推理会使我们乐意遵守的法则和规章体系受到诘难。在某种意义上确实是这样的。如果你提出一种合理的规则体系，那么你就已经把一些限制因素放置在你认为是正确的东西上了。任何规则体系所推断或排斥的东西也存在限制，对此就不应惊奇。你在庭院里只饲养兔子，那么你就不会奇怪于见到且只见到兔子了。

尽管我们在抱怨，我们还是喜欢法则和规章的。人类文化充斥着自我施加的约束。我们喜欢做游戏和猜谜，我们创作格律严谨的音乐。传统艺术利用规定的素材，探索有限的空间或时间所带来的限制。偶尔会有一位艺术家创作出一种新的表现形式，或者炫耀他打破了旧风格的边界。但紧随而来的就是对稍微扩大的领域的新探索，这个领域有着它自己的规则，尽管是不同的。

需要考虑思维极限是一种棘手的平衡行为。历史上有个有趣的例子：古代的哲学家们和神学家们常为"上帝"之类的概念而在探讨中发生争执，并且出现了一种主张上帝超越了所有描述的"否定神学"教义。上帝被用所有他的非来定义，如不能理解的，不能使用的，如此等等。人们发现这是一个危险的话题，因为即使主张上帝是不可理解的也是在表达关于上帝的一件事实。说上帝是无限的似乎可以确保他拥有超人的特性，但我们为什么就不能领悟无穷大呢？自然数 1、2、3、4、5……是一个永不停止的无穷数列，但这并不表明我们不能理解它。实际上，全部讨论的漏洞看来在于人们孤注一掷地相信，对某件事的描述必须同享它所描述的这件事的性质，如对无穷大的恰当解释本身必须是无穷大的。然而，我们对周围事物的描述几乎没有一种具有这种不寻常的刚性。对温暖的理解本身并不温暖，对正方形的理解本身并不是正方形的，等等。同样，没有直接的理由可认为不可知性自身应该是不可知的。

社会被法律和规章所控制，其特征来自那些规章的本质和数目、它们实施的方式以及违反它们的后果。我们中的大多数人生活于其中的社会是每件事不被禁止即被允许的社会，而不像独裁者统治下的社会那样，每件事不经允许即是被禁止的。

宇宙也喜欢约束。在我们的经验中，似乎存在着宇宙从不违背的行为模式。这不应使我们感到奇怪。假如宇宙中不存在行为模式，那么全面存在的混乱就不会产生出像我们一样有意义的智能。没有任何形式的有机复合体会存在或产生，除非对于宇宙中所能发生的事存在限制。

经过漫长的自然选择过程，生命进化是可能做到的，这仅仅是因为大自然中存在规则。那些规则确定了适应性改变的渐进过程所接近的现实。不管生命体是否知道，它们是从自身所遇到的那部分大自然中得出的自然法则理论的体现者。一只鸟翅膀的大小和强度反映出引力的内在强度，鸟儿对此并没有丝毫理论上的领会；我们的眼睛和耳朵的结构，体现了我们称为"声音"和"光"的现象的真理，而与我们关于它们的理论和信念无关。

自然界展示出模式，从而遵守规则，并容易受到限制，即存在着不能发生的事。自然模式允许我们建立更为复杂的人工模式。这些模式可看作我们称为"生命"的自然模式和其他模式相互作用的结果。我们社会行为的模式是其他大量具有自我意识的生命复杂性个体之间相互作用的结果，对这些相互作用的约束更为松散。

　　模式在任何可认识的宇宙中存在的必然性，意味着可存在对所有这些模式的描述。甚至会有模式集合的模式，以及模式集合的模式的模式，如此等等。为了描述这些模式，我们需要对所有可能模式进行分类。我们称这个分类为数学。它的存在并不神秘，它是必然的。在任何存在任意种类秩序的世界中，进而在任何有生命支撑的整个宇宙中，必然有模式，因此也必然有数学。[1]

　　就像在挂毯或马赛克中看到的那样，数学分类的一些模式是我们能看到的形状和对称性。另一些是更抽象的实体之间的关系：关联数表与数表的程序，改变图案形状的指令，事物性质之间的逻辑关系，或量的序列中的模式。图 7.1 列举了一些自然模式。

　　这揭示了为什么所有关于宇宙及其事物的讨论都那么快而不可避免地通向了数学：离开数学就不存在任何科学。这并不意味着所有科学都必须密布着代数和方程；由数学编纂的某些模式有时用普通语言处理起来非常容易。那些词语可用符号和等式代替，但并非必要。只有当相互关系变得很复杂且变量数目很大时，用符号取代它们才是真正方便的（正如普通语言常采用首字母缩略语或缩写，例如 OK）。如果自然界揭示了模式，那么事物之间将存在关系，或者发生的特定事物导致了习惯性的后果，于是我们可引入符号和规则表示那些关系。渐渐地，这种过程创造了我们称之为"数学"的结构。

　　由于数学被看成所有模式的通道，在这种意义上，数学远远大于科学。科学仅需要从可能模式的百宝箱中取出一些来描述物理的宇宙。因此，虽则数学能提供自然界中事情的描述或预言，却不是科

图 7.1　给人深刻印象的自然模式。(a) 鳄鱼皮；(b) 蜂窝；(c) 雪花；(d) 蛛网；(e) 葵花；(f) 鹦鹉螺壳。[摄影：(a)、(d)、(e)、(f) 行星地球图片社；(b) 豪石影像社。]

学。它不能告诉我们事物是否还存在于物理的现实之中。这种局限性表现在数学家的工作方法中，他们经常快乐地研究一些看起来对任何真实事物都不提供描述或解释的结构，在这种意义上，它们是非现实的。令人惊讶的是，结果常常是数学家最初纯粹为美学的原因而研究的那些模型在物理世界的结构中起着关键作用。

这引导我们思考两种世界：由物质和能量组成的物理世界和我们用来对在真实世界中所发现的模式进行编码的数学"世界"。图 7.2 是如何把我们描绘的数学世界与事件的物理世界联系起来的示意图。每种世界中都有因果过程，以及联系两个王国中假设和结论的方法。我们试图把物理事件编码到数学世界中，在那里可以进行推理，然后将它们解码回自然世界。

数学的另一奇特之处在于人类可以对它进行无穷尽的努力。对于地学或物理定理，我们可以想象知道了所有想要知道的东西，但难以想象数学也会封闭成某种形式。事实上，正如我们将会看到的那样，数学的无止境性是完全不同的，且难以预料。

当我们谈论理解世界时，这意味着我们能用一种模式取代一系列事实，这种模型以某种方式把这些事实联系在一起。这种模式必定是

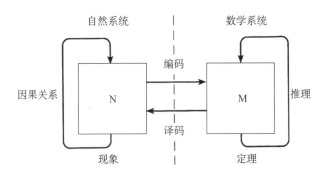

图 7.2　罗森（Robert Rosen）设计的数学世界和自然世界的表示，表明了数学模型化的过程。[2]

数学这个体系中的一部分。结果，数学可能会有的任何内在局限性，都会作为一种我们在编集和理解模式及它们细节的能力上的局限性而暴露出来。如图 7.2 所示，尽管我们能把真实世界与数学世界区分开来，可一旦我们试图理解有序世界，我们就被迫建立两个世界中的联系点。

在全面的探索中，我们将看到数学世界含有各种各样难以预料的性质和限制。它不能受到约束的部分列举如下，它们超出了任何可能的计算机的能力，且超出了对为了决定它所有的陈述是否正确而进行的任何探寻。为了科学研究的方案，我们将探索这类事情的一些细节。前面几章集中探讨了由于我们自身的本性而施加在科学实践上的极限，以及在宇宙历史中我们自己所处的地点和时间所施加的实际限制，现在我们将探索知识自身的本质所施加的限制。

悖　论

"有上帝吗，拉舍？"

"我不清楚，罗恩。我想上帝是存在的，不过这使我悲愤难忍。"

"为什么？"

"因为我很痛苦，如果上帝存在，这一定是上帝造成的。"

"但是，上帝如果存在，也将制造爱情。"

"是的，爱情。这正是我痛苦的泉源。"

——安妮·赖斯[3]

（Anne Rice）

一旦我们认识到我们有许多可能的逻辑体系可供选择，我们就必须小心对待。我们可以用一种体系的语言做出陈述，但我们也能用另一种体系做出关于那种语言的陈述。例如，"2 + 2 = 4"是一条属于算术的陈述；但是，"2 + 2 = 5 是错的"是一条关于算术的陈述。同样，对于人类的语言，我们可以用德语谈论英语句子。由关于另一种语言的所有陈述组成的语言称为元语言。在上例中，德语就是作为英语的元语言。任何元语言可依次有它自己的元语言：我可以用希腊语写出关于另外的人用德语写的关于用英语写出的句子。元语言的层级是无尽头的。

如果我们要鉴别运用逻辑的极限和真实概念的意义，那么区分语言与元语言是很重要的。没有这种区分，逻辑就会崩溃而变得混乱，于是你愿意做出的任何陈述都是"真"的。假如你要证明地球是平的。那么请考虑下面的句子：

> 要么这整个句子是伪的，要么地球是平的。

这个句子存在真与伪两种情形。如果它是伪的，那么根据它自身的陈述，地球必定是平的。如果它是真的，则要么第一条陈述"这整个句子是伪的"，要么第二条陈述"地球是平的"必定是真的。现在既然我们假定整个句子是真的，则第一种可能性被排除了，从而第二条必定是真的。因此，地球是平的！更为奥妙的是，你可以用你喜欢的任何其他陈述代替"地球是平的"，并根据同样的理由证明它是真的。

波兰数学家塔斯基（Alfred Tarski）* 在 1939 年最终澄清了这种

---

* 出生于波兰的数学家和逻辑学家，对代数、测度论、数理逻辑、集合论和元数学作了重要贡献，1942 年后在美国加州大学任教，在年轻一代数学家中产生了不小的影响。元语言的英语为 metalanguage，前缀 meta 来源于希腊语，在这里有"超越、位于……之后"和"较高级形式"之意。——译者注

使人惊慌的状况。在一特定的逻辑语言中，除非我们跨出那种语言而利用它的一种元语言，否则陈述不能被称为真或伪。如果我们想说一条关于世界的陈述是真的，那么我们必须利用元语言。塔斯基提出了一种明确的方法，以决定当我们说一条陈述为"真"时我们是什么意思。他提议，当且仅当地球确实是平的时，"*地球是平的*"才是正确的。这意味着当且仅当用实际的行星代替句子中的词"地球"而不改变其涵义，从而证明地球实际上是平的，这样用斜体印刷的关于地球的句子才是正确的。这样，我们才可以讨论斜体的句子，争论它是否正确，并与地理学证据相对照而检验它，但是在我们利用非斜体的元语言这样做之前，这个斜体的句子毫无意义。

这种仔细区分清除了像"这个句子是伪的"那样的各种古老的语言学的悖论。[4]现在我们已经看到这只不过是混淆了语言与它的元语言罢了。同样的缺陷存在于我们的前一个例子"要么这整个句子是伪的，要么地球是平的"之中。它把陈述和关于陈述的（元）陈述混淆了。地球毕竟不是平的。

这个令人鼓舞的结论，还有一个使人吃惊的副产品：不存在像绝对真理一样的事物。在一种语言中可做出推论，定义那个体系中真理的意思。但是高耸其上的元语言的层级是无尽头的，每一种都有它自己的真理所限定的范围。塔斯基表明不可能构造真理或谎言的形式上的定义。真理不可能在表达它的相同层级上被严格定义，只有在一种元语言中才有可能。[5]

这些内容似乎与科学偏离太远，但在那儿的确可以感觉到它们的影响。意外发现了无限数目的几何和逻辑，它们自洽而不相同，这些对于物理学产生了解放的作用。年轻的海森伯发展了侵蚀绝对真理观念的另类几何和逻辑的思考。物理学公理基础可任选的可能性激发了海森伯对世界的量子力学描述的研究。对于它们的影响，他后来写道：

> 我听说了数学家们的困难。人们可拥有与经典逻辑不同而仍然自洽的逻辑公理这种想法是不曾有过的……这对许多人来说是很新奇的……我不能说是在某一确定的瞬间我意识到人们需要一种自洽的框架，它与牛顿物理学的公理可能不同。事情并不那么简单，我认为，在许多物理学家的头脑中逐渐产生了一种想法：没有让某些东西自洽，我们几乎不能描述自然，而我们可能被迫用与旧的经典物理学完全不同的公理体系，甚至是新的逻辑体系来描述自然。[6]

海森伯选中自洽性作为要点。我们可以很容易地创造不自洽的数学陈述（0＝1），但物理的不自洽性是怎样的呢？它看起来会像什么样呢？它也是可以想象的吗？

自　洽　性

> 我想神秘主义以研究与否定自身等价的那些命题为其特征。西方的观点是所有这类命题都是空的，东方的观点是当且仅当这类命题非空时，它才是空的。
>
> ——雷蒙德·斯穆里安[7]
> （Raymond Smullyan）

一般认为推理体系必须自洽。就是说，没有一种陈述可以既对又错。假如那样的话，体系就会瓦解，因为那对真或伪就不存在任何限定了，每种陈述都可证明是对的（同样也是错的！）。当罗素在一次公开演讲中做出这种断言时，他受到一位持怀疑态度的质问者的挑战，要他证明，如果 2 的两倍是 5，那么质问者就是一位一贯正确的教皇。罗素回答道："假如两倍的 2 是 5，那么 4 就是 5，减去 3，则有 1 = 2。而你和教皇是两个人，因此你和教皇是一个人！"

这种局面的一个有趣特征是它告诉我们当进行推理时（而非在神经水平上如何运作上），我们的大脑与计算机是多么地不同。我们中的每个人都持有各种对立的观点。假如我们是计算机器，他们会回报我们以不自洽：尽管那样，我们还是不相信各种陈述都是对的。

我们已经看到塔斯基对陈述和元陈述层次的分析，去除了有可能引起整个逻辑大厦倒塌的一类表面矛盾。有趣的问题是，矛盾在物理上的类似物会是什么，以及大自然是否会以某种方式不自洽，或者是否可用一种不自洽的数学体系（对大自然的全部或部分）进行描述呢？

大自然的自洽性必定意味着，在某种意义上不存在真正的悖论（或者稍弱一点，或许没有一种可观测的悖论），人类对这一假设的态度有着古老且不寻常的历史。有人找到了许多例子，表明存在矛盾的观念，而由附加的某种补充原则进行调节。的确，许多宗教非常有效地把这些方面（"我既是甲又是乙"）作为断言和加强上帝超自然本性的方法。[8]上帝的存在和本质的许多方面，是人类推理和怀疑论所不能抵达的地方。然而，伟大的一神论的宗教信仰给大自然的理性提供了一些基础也是事实。他们把世界看成是有理性的造物主大脑的产物，这样它的自洽性就可预期了。可是，混沌和非理性的可能性，既可以出现在过去——在上帝的创造性干预之前，也可以出现在将来的某个时期，这经常是故事的另一部分。这个图像的另一种复杂情况是，在这些宗教体系中奇迹常常受到鼓励。尽管它们可能，但是它们不必制造出被判定为与正常的事件过程不一致的事件。

　　这类逻辑问题触及我们对宇宙理性沉思的核心，对其最早一些解决尝试出现在中世纪的基督教神学中。这些尝试面对着上帝是否改变过去的棘手问题。如果它能改变过去，那么事物的道德和理性秩序就会黑白颠倒；如果它不能，这岂不危及上帝的全能性吗？过去能被改变这种观点最突出的支持者是一位 11 世纪的意大利人圣达米安（St. Damian，1007—1072）。他主张上帝的力量不受时间限制，以及"上帝能做到，即使罗马在建立以后，它仍不该建立"。[9]

　　作为这种过激观点的对立面，我们发现了二百年后的托马斯·阿奎那（St. Thomas Aquinas，约 1225—1274）* 所采用的最彻底的相反观点。阿奎那的上帝概念要求没有矛盾，并且上帝受其自身法则的限制。正如我们在第一章中所讨论的那样，这就导致了上帝能做可以做的每一件事（而不是我们能想象的每一件事）的观念。其他的评论者也更明确，通过把上帝的行为限定为正当的行为，来更进一步地把上帝的行为约束在所有的可以做的事情的集合之内。这就是弥尔顿（John Milton，1608—1674）在《失乐园》** 中采取的立场。正当行为不仅包含道义上美好的行为，作为必要的性质，它们还具有逻辑自洽性和理性。

　　这些争论是关于改变过去或祈求这种变化发生的神学争论的开始，它们一直持续到今天。祈求改变过去是可能的吗？假如过去为祈

----

　　*　托马斯·阿奎那是中世纪神学家和经院哲学家。出身意大利贵族，天主教多明我会会士。在理智和信仰的关系问题上，他一方面认为理智来源于上帝，肯定理智在自身范围内的独立地位，同信仰并不矛盾；另一方面则和所有经院哲学家一样，认为信仰高于理智。他认为不可能证明世界的永恒性，并把世界描绘成由下而上递相依属的等级结构，说每一低级的存在都把更高级的存在作为追求的目的，上帝是最高的存在，也是万物追求的最高目的。他的哲学和神学体系叫做托马斯主义，19 世纪末由教皇利奥十三世正式定为教廷的官方哲学。——译者注
　　**　《失乐园》是弥尔顿根据《圣经》题材写成的十二卷无韵长诗，1667 年出版。叙述撒旦和一群天使反抗上帝，失败后堕入地狱；为了复仇，撒旦潜入伊甸园，引诱亚当和夏娃偷食禁果，触怒上帝，亚当和夏娃遂被逐出乐园。——译者注

求之人所知晓，则几乎没有基督教神学家会支持这种观点；但倘使事件已经发生，而关于它的后果你仍然不知道，将会怎样呢？刘易斯（C. S. Lewis，1898—1963）是一位研究神学问题的有影响的通俗作家，在他关于奇迹的书[10]中，支持这样的思想：祈求后果已经裁决的事件是合理的，因为从上帝的角度来看，你将来的祈求可以作为整个事件的一个组成部分，这整个事件是指可影响到正在祈求事件的后果的所有事件。刘易斯采用的是物理学家们称为"砖块宇宙"的时空图像，在那里整个时空已经作为一个完整的统一体而存在。[11]他设想上帝从外部对整个时空做了考察，因而所有的祈祷者，在他们被创造出来以前已为上帝所知。这将允许自由意愿与上帝无所不知的教义一起保留下来。上帝的先见并不注定我们的行为。相反，是我们的行为决定了上帝的先见。我们引入这些有趣的神学问题是为了表明，改变过去以及弄清由此产生的宇宙连贯性问题并不是单单存在于物理学领域。

我们已经介绍了自然界可能会表现出不自洽性的观念，自然界的不自洽性是什么意思呢？当我们看到一种不自洽性时我们怎样才能把它辨认出来呢？初看起来，除非在我们对自然法则的系统阐述中存在某种严重错误，否则这类事情似乎是不可思议的。但事情不会真的这么简单。

时间旅行：宇宙对历史学家是安全的吗？

时间旅行的秘密也许会被物理学家发现，但它作为一种武器的用途将由历史学家来决定。

——保罗·纳亨[12]

（Paul Nahin）

爱因斯坦的引力理论，即所谓的广义相对论，是我们拥有的最精确的科学理论。它以 $1/10^{14}$ 的精度预言了在远距离的脉冲星中观测到的变化。在自然界中的任何地方还没有一种观测与这个理论的预言相冲突。然而，在对我们在宇宙中所看到的事物如黑洞、中子星、引力透镜，以及水星运动中的特异性做出的所有成功解释以外，出现了其他更令人费解的可能性。美国物理学家加来道雄（Michio Kaku）*写道：

> 在某种意义上，爱因斯坦方程就像一匹特洛伊木马。表面上，这匹马看起来像一件完全可以接受的礼物，给予我们星光的引力弯曲和对宇宙起源无可争辩的解释。然而，内部却潜伏着各种各样奇异的妖魔鬼怪，它们为穿过虫洞的星际旅行和时间旅行的可能性留有余地。窥视宇宙中最隐秘的秘密所要付出的代价，是我们对这个世界所持有的最普遍信念的瓦解的可能……它的空间是单通的，它的历史是不可更改的。[13]

1949 年，逻辑学家哥德尔[14]（在后面我们将更多地谈到他）发现爱因斯坦理论允许时间旅行发生。仍旧不为人所知的是，这能否在我们的特定宇宙中实现。[15]其实，早在 1921 年，差不多在哥德尔之前三十年，伟大的数学家和物理学家外尔在他的著名著作《空间，时间和物质》[16]中，非常有先见之明地讲到了这种可能性：

> 现在有可能经历在部分上是我将来的决心和行为所产生效果

---

* 美籍日裔物理学家，专长是粒子物理和弦论，著有《通过平行宇宙、时间卷曲和第十维度的科学之旅》《超越爱因斯坦》等。——译者注

的事件。此外，让一条世界线（尤其是我身体的世界线）回到他刚曾经历过的邻近点也并非没有可能，尽管它在每一点都有一个类时的方向。结果将会是比霍夫曼（E. T. A. Hoffmann，一位19世纪的幻想家）* 的高等幻想所想象出来的还要可怕的鬼怪似的世界景象。实际上，产生这种作用所必要的条件是时空度规张量相当大的起伏，而这在我们所生活的世界区域中不会发生。尽管出现这类悖论，但在我们的经历中不论何处都不会发现直接呈现与事实真正发生矛盾的任何事物。

有趣的是，当爱因斯坦和哥德尔在普林斯顿高等研究院期间，外尔也是那儿的成员。毫无疑问他们会经常在一起谈论未决的科学问题（爱因斯坦和哥德尔几乎每天都在一起谈话），或许外尔在某种程度上影响了哥德尔关于时间旅行的想法？

假如时间旅行能够发生的话，我们似乎正面临着自然界中的不自洽性。看来我们可以通过以不会产生现在的方式改变过去而创造真实矛盾。你可以造成你祖先的死亡，从而推断出你出生的不可能性。那么，与你现时的存在似乎就构成了逻辑矛盾。我们还可以从虚无中创造信息。我可以从今天的数学教科书上学习毕达哥拉斯定理，然后逆着时间旅行，去会见当时还年轻的毕达哥拉斯，为的是在他想出这个定理之前，给他提供这个定理的思想。这个定理中的信息到底来自何处？我从毕达哥拉斯的遗产中学到它，但毕达哥拉斯是从我这儿学到的！突然间我们处在《X 档案》** 的世界中。可能性是无穷无尽的。时间旅行是好思考人的 UFO。考虑以下这个由派珀（Dennis Piper）

---

*　德国作家、作曲家和画家（1776—1822），他的想象力极其丰富，从异想天开的神话故事到阴森可怕的恐怖小说，都能挥洒自如。——译者注
**　《X 档案》是一部著名的美国科幻电视系列剧。——译者注

写的小故事《振荡的宇宙》：

> 一天，教授把我叫进他的实验室。"我终于解出了方程，"他说，"时间是一个场。我已经造出了反转这个场的机器。看！我按下这个开关时间就会倒转。转倒会就间时关开个这下按我。看！器机的场个这转反了出造经已我。场个一是间时，"他说，"程方了出解于终我。"我退出实验室听到了他的喊声。"看在上帝面上，把它转换回去，"我叫喊道。咔嚓！我叫喊道，"去回换转它把，上面帝上在看。"一天教授把我叫进他的实验室……[17]

"倘若我杀死了我的祖父"类型的逻辑悖论构成了一种流派，它被对时间旅行感兴趣的哲学家称为"祖父悖论"派。它们看来好像包括了任何形式的逆时旅行（与沿时间向前的旅行相反）。自从1895年威尔斯（H. G. Wells, 1866—1946）*的名著《时间机器》以连载形式刊在《新评论》之上，开创了时间旅行机器诞生的舞台，时间旅行就一直是科幻故事的一个重要组成部分。更近一些年来，它构成了1984年的电影《终结者》（及其续集2，3，……，$N \to \infty$）的中心情节。在那部影片中，一个沿时间旅行的机器人从2029年来到现在的洛杉矶（还有别的什么地方），为了要谋杀一位将要生儿子的妇女，那个儿子已经在将来树了敌。仅仅一年以后，另一部影片《回到将来》以更多的喜剧形式探索了类似的问题。英雄麦克飞（Marty

---

* 英国科幻小说家，除《时间机器》外，著有《星际战争》《基普施》《托诺-邦盖》《波里先生的历史》等。在这些作品中，他预言了科学的创造发明前景，并对可能的危险提出警告。1920年发表100万字的《世界史纲》，1930年代，他投身于政治，分别会晤罗斯福和斯大林，企求改造社会。威尔斯生前被认为是未来的预言家和社会改革家。——译者注

Mcfly）旅行回到 1995 年他父母在中学的日子里，偶然之中他差点阻止他们结婚，甚至他还有看到自己的肖像从带在身边皮夹子里面的全家照上消失这种令人战栗的经历。在英国，《神秘博士》（Doctor Who）是一部长期受推崇的电视系列剧。"博士"和他的年轻同伴一起在一架英国再也看不到的具有古典装饰图案的警用变换式电话盒中穿过时间旅行。

对于这些离奇的可能性中得到的结论，存在多种多样的看法，有的把"祖父悖论"看成是在我们的宇宙中禁止时间旅行的证据（这种禁止的较弱版本为允许时间旅行的前提是它不改变过去）。例如，著名的科幻作家尼文（Larry Niven）在 1971 年写了一篇题为《时间旅行的理论和实践》的短文，在那篇短文里，他宣布了关于时间旅行的"尼文定理"："如果所论叙的宇宙容许时间旅行，并容许改变过去的可能性存在，那么在那个宇宙中将不会发明出时间机器。"尼文确信时间旅行相当于在宇宙中引入了不可调和的不自洽性，这必定会被深层自然法则的某种自洽原理所禁止。既然人们还没发现这种原理，我们必须用硬性方式引进它。

这种担忧并不只限于科幻作家。1992 年，物理学家霍金把这种普遍的"禁止时间旅行"思想称为时序保护猜想。[18]霍金认为回到过去的时间旅行是不可能的，因为我们从来也没有受到来自未来的旅行者们的侵犯，让他们来目睹或改变重大历史时刻。但是，我们可以发问，我们怎么会知道要寻找什么，或者我们怎样才能判断历史的"正常"进程是否正在被时间旅行者破坏？或许肯尼迪（J. F. Kennedy）*在 1964 年会发动第三次世界大战，假如他在一年

---

*   肯尼迪是民主党人，出身于富豪家庭。二战期间任海军上尉，历任众议员和参议员，1961 年出任美国总统。总统任内推行全球战略，1961 年发动越南战争，1963 年 11 月遇刺身亡。——译者注

以前没有被暗杀的话？

　　时序保护猜想宣称物理定理禁止创造时间机器，除了在时间的开端（当没有可以去旅行的过去时）以外。它的目的是激励物理学家研究爱因斯坦方程和那些决定新的超弦“万物理论”的方程，以发现在什么条件下这个猜想是对的。

　　这个“来自未来的游客”问题有一漫长的历史。自 1969 年西尔弗伯格（Robert Silverberg）明确引进以后，它就以“渐增的旁观者悖论”的名称为科幻作家们所熟知。当时间旅行者成群地涌向过去时，使人担忧的是不断增加的人群数目聚集在历史的重大事件处。西尔弗伯格认为诸如耶稣受难那样的事件会吸引成千上万的时间旅行者，虽然原本事件发生时并“没有这类人群在场”。推而广之，我们会发现来自未来的窥视者将越来越妨碍我们的现在和过去：“时间旅行者充斥过去，窒息的时代将会来临。我们将以我们自己填满昨日，从而挤掉我们自己的祖先。”[19]实际上，这些访问者将是神话的人，他们能支配时间并能进入所有的知识中。或许使这种旅行成为现实的技术知识水平也揭示它自身的开发所引起的一些深层问题，而智慧担保这些知识永远不会得到利用。时间旅行提供了摧毁宇宙一致性的可能，其方式与核物理学知识提供给我们摧毁地球的办法是同样的。事实上，瓦利（John Varley）在他的科幻小说《千年纪》（1983）中就担忧道：

　　　　时间旅行非常危险，它使氢弹看上去是给孩子们和愚蠢者们的绝对安全的礼物。我是说，一件核机器所能发生的最坏后果是什么？几百万人死亡：这只不过是小事。而据理论所言，有了时间旅行，我们可能摧毁整个宇宙。[20]

幸好，了解那种知识并不要求一定要将它付诸实际应用。在相当大的程度上，不论是对于青年人、民族或整个文明世界，成熟是与自我克制紧密联系在一起的，这就是说，越来越多地认识到并非你能做或想做的每一件事都该做。

"他们在哪里？"类型的那种反对时间旅行者的论证，非常像费米（Enrico Fermi）*对"存在高等外星人"之主张所作的著名答复《他们在哪里？》。[21]未发现高等外星人的一些理由可能是：

(1) 迄今并不存在能发送信息的其他生命。我们是通信范围内最高级的生命形式。

(2) 技术文明并不能存活得很久，使其成为超高等文明。他们或许自我消亡，或许被小行星的撞击所毁灭，或许抵挡不住其他的内在问题——疾病，原材料的枯竭，由污染造成的环境不可逆转的恶化。

(3) 有那么多个文明世界，我们的只是其他上百万个文明中非常平常的一个。因此，最高等外星人没有理由对我们发生任何特殊的兴趣。我们只不过像通常昆虫的一类变种。

(4) 高等外星人有不干扰较早期文明历史的铁的法典。我们就像居住在宇宙狩猎保护区，他们以一种非侵入的方式研究着我们。

(5) 高等外星人是存在的，但其只用超过我们的技术水平进行交流。在这方面，任何一种文明在加入这个"俱乐部"之前，

---

*　意大利出生的美籍物理学家，原子时代主要开创者之一。理论上，他发现了被称作费米-狄拉克统计的新方法；实验上，他发现了慢中子在引发人工原子衰变方面的重要性。为此，他获得了1938年诺贝尔物理学奖。1942年，他设计并建成世界第一座原子核反应堆，并第一次实现自持链式核反应。费米在美国组织试制原子弹的曼哈顿计划，获得美国国会勋章。——译者注

都需要具备特定水平的科学成熟度。

这些回答中的每一条都可用到为什么没发现时间旅行者的问题中，但是在时间旅行的情形下，存在由超级高等的外星人施加的基本自禁戒可能性。因为他们更充分地理解假如时间旅行被放任的话，就会对整个时空的连贯性产生严重的后果。在与高等外星人的交流情形下，没有真正与此类似的地方。

对于"他们在哪里？"这个论点的最新看法确定无疑地由经济学家林格纳姆（M. R. Reinganum）提出来，他写了一篇题为"时间旅行是可能的吗？——金融上的证据"的文章。[22]他论证道，我们看到的正利息率的事实可以证明时间旅行者不存在。他还声称他们不可能存在，但没有说明理由。推理十分简单：来自将来的时间旅行者能运用他们的知识在投资和期货市场上获得巨额利润，以致利息率会降为零。这个结论使我想起了反对透视能力的一种主张：通灵的力量会给它们的拥有者以从任何形式的赌博中致富的能力。当你每周能赢得国家的彩票时，为何你还要费心力去弄弯汤匙和猜出纸牌呢？假如这些力量存在于人类中，它们就会把这样的优势赐予它们的感受者，以至于他们在许多方面都会超群出众。

对于时间旅行悖论的另一组回答是主张另一种原则，它不像尼文或霍金提议的那样将所有时间旅行一并清除，为了保证我们对悖论和矛盾的免疫性，它仅仅要求过去的不可易性。或许我们的活动范围强烈地受到协调性的限制，不改变现在就不能改变过去。或许一种现实保护原则非常有效力，对过去的调整没有任何可能性，尤其是对旅行到那儿的举动。

当然，可能存在仅仅反映时间旅行不经济的更世俗的限制。来自将来的旅游可能需要非常巨大的能量消耗，以至于这整个想法永远无希望实行，即使原则上是可能的。哥德尔本人在他最初的文章中，也只提出了反对时间旅行悖论的这种世俗实用的论证。在他新发现的宇宙模型中已经认识到了那一点：

> 在这些世界中旅行到过去、现在和将来的任何区域，然后再回来，都是可能的，正如在其他世界中旅行到遥远的空间区域是可能的一样。这种事态似乎很荒谬。例如，它使一个人能够旅行到他自己生活过的那些地方邻近的过去。在那里他会发现一个人，这个人是在他生命的某个较早阶段的他本人。现在他可以对这个人做一些据他的记忆对他没发生过的事……然而，为证明所考虑世界的不可能性的这种及其类似的矛盾，含有旅行到某个人自身过去的现实可能性。但是为了在合理的时间内完成旅行，旅行者的速度必须远远超过任何一种现实事物所能期望的。它们必须以超过光速的 71% 的速度旅行。这就是说，基于上述论断，并不能先验地排除真实世界的时空结构是所描述的类型。[23]

但这些反对时间旅行可能性的论证并没有说服所有人。在所有这些关于改变过去的论证中，有些东西并不完全一致。过去就是过去。你不可能既改变它，又期望已发生了的现在仍旧存在。我们可能曾经在那里影响过它，但是怎么可能存在两个过去？即一个是本来的过去，另一个是假如我们干预后将呈现的过去，而两者在某些方面相互又不一致。如果你能逆时间旅行而阻止你的出生，那么你就不会在这里为了那个目的而逆时间旅行了。

对于祖父悖论，美国哲学家马拉门特（David Malament）讨论了这种普遍的看法：

时间旅行——简直是荒谬的，还导致逻辑矛盾。你知道这些论证是如何进行的吗？假如时间旅行是可能的，一个人可以沿时间向后走并且可破坏过去。他可以造成在时空的某一点同时得到条件 P 和非 P。例如，我可以回去杀死婴儿时的我，使较早的我不可能成长为现在的我。我只是想说这类论证从来没有使我信服——这些论证的问题在于它们甚至没有确立它们假设的是什么。因此，假如我回去杀死婴儿时的我，就会产生某种矛盾。而从这里得到的唯一结论是，假如我企图回去杀死婴儿时的我，那么由于某种原因，我会失败。或许我会在最后一分钟失手。通常的论证并不认定时间旅行是不可能的，而只是说假如它是可能的，那么某些行为就不会实现。[24]

这种论证饶有兴味，但并不百分之百地令人信服。时间旅行的可能性，似乎得到了引力物理学定律的许可。假如防范自相矛盾必须求助于完全不在引力定律范围内的事物，那么看起来会很奇怪，这就如通过历史上的偶发事件阻止其他情况下产生的常规局面，因为它们会在将来导致悖论。也许被许可的时间旅行航程具有如此漫长的周期，以至于它们都比宇宙的年龄长，从而不会对它产生实际影响。

反对时间旅行的论证中所缺少的东西被产生于 20 世纪 70 年代黑洞研究中的一种情况很好地说明了。罗杰·彭罗斯提出时空的奇点是物理定律失效的地方，这仅仅可能发生在黑洞的内部，黑洞视界的边界表面把它们与外部世界屏蔽开来。由于没有东西能穿越视界到外部宇宙去，我们也免受来自黑洞中心奇点处无法预测的喷涌的影响。这个思想称为宇宙监督假说，我们在前一章中已经讨论过了。在对所限定的非理性之事的保护上，它与时序保护猜想不乏相似之处。当然，这个问题的一个极重要方面是当计入所有的物理定律（尤其是量子引力）后，这样的奇点（即使在黑洞中心）是否真的会形成。但是，若忽略量子理论，要决定宇宙中是否会形成裸奇点（即不被视界覆盖的奇点），这是一个具有挑战性的问题。与寻找对时间旅行悖论的防护相比较，人们发现引力以微妙的方式阻止奇点的形成。例如，大家都知道，如果能使一个黑洞旋转得比某个临界速度快，那么视界的尺寸就会缩为零，像我们一样的外部观察者就能看到中心奇点并受到它的影响。这样，假如我们从一个旋转非常快的黑洞着手，它的速度只不过比我们要看到奇点所需要的临界速度慢一点点。现在，把一个同方向旋转的物体扔进黑洞，于是稍微变大了的黑洞的旋转就会超过临界值。

然而，更详细地探讨这个简单的想象实验时，会出现一种值得注意的情况。在爱因斯坦的引力理论中，存在着牛顿引力中未曾有的引力形式。这些力中的一种是同方向旋转物体间的排斥力。鉴于排斥的自旋力足以阻止物体进入黑洞，以这样的方式旋转的自旋物体落入俘获体产生快于临界值旋转的黑洞的情况就被排除了。这是自然界的宇宙监督原则起作用的一个值得重视的范例。在时间旅行情况下，没有发现任何迹象表明存在这样的物理机制，以保护产生于许可时间旅行的同一物理理论中的时序和历史宿命论。

戴维·刘易斯（David Lewis）是另一位反潮流的杰出哲学家，面对祖父悖论，他论证了时间旅行的合理性。在 1976 年，他写道：

> 我主张时间旅行是可能的。时间旅行的悖论是奇特的事，而不是不可能的事。很少有人会怀疑，它们仅证明了这一点：时间旅行能发生的世界是一个极其奇怪的世界，与我们所认为的我们的世界有着根本的不同。[25]

如果我们更严密地查看祖父悖论的逻辑，我们会看到，在马拉门特和刘易斯所忧虑的一致性上存在着恼人的问题。时间旅行不可涉及以隐含着两种过去的方式扰乱或改变过去：一种没有而另一种有你的干预。如果你旅行回去影响某个历史事件，那么当那个事件发生时，你就已经是它的一部分了。同时代的历史记录会把你包括在内（假设你很重要）。时间旅行者不改变过去，是因为他们在 1066 年不可能做在 1066 年没做的任何事。某人可以出现在过去的事件中并对所发生之事的历史记载有一份贡献：但那与他们可以改变过去的设想相当不同。如果发生了一种变化，我们可以找出那种变化发生的日期。用同样的方法，哲学家德怀尔（Larry Dwyer）已论证如下：

> 引起反向因果关系的时间旅行，不必包括改变过去。时间旅行者不破坏已经做了的事或做没做过的事，这是由于他们对较早时期的造访并不改变那个阶段中事件的任意概率的实际值……我想这里需要澄清两种情况之间的区别，一种情况是设想一个人改变过去，这的确含有矛盾；后一种情况是设想一个人靠出现在那个阶段而影响过去。[26]

对于时间旅行分析的更进一步忧虑是，把对量子力学的任何考虑排除在外。我们对量子力学已有的体验是，它对世界上所发生之事的限制远少于非量子物理。它不告诉我们一种给定的原因有一种特定的结果，而只告诉我们存在一系列不同的可能结果，每一结果具有不同的概率。在某些情况下，如当我们把一只玻璃杯扔到地板上，其概率势不可挡地受到一种类型的结果的支配：即牛顿物理学期待所见的那种结果。然而，在亚原子领域中，这些概率可以在不同的可能性之间更均衡地分布，我们可以看到从同一原因可产生不同的结果。

置身于量子力学之外的事很少。几乎任何一件事都会以某种概率发生，但是目睹我们称之为奇迹的那些事（诸如人类漂浮于空中）的概率如此之低，以至于在人类的整个历史中，它们将不太可能会在邻近的空间中被我们亲眼目睹。多伊奇（David Deutsch）已致力于解决这些量子的时间旅行问题，并论证道，如果我们要得出对引力量子理论的正确的系统表述，我们必须非常重视时间旅行途径的可能性。[27] 当我们计算宇宙中将要发生某种变化的概率时，我们可以计入或者忽略时间旅行途径来进行实际概率的计算。我们想要发现的是，当计入时间旅行途径后，不同结果的不同相对出现率的实验情况。这可以提供对这些途径是否出现在现实中的一种实验检测。多伊奇给出了祖父悖论的可能的量子解答，表明时间旅行者所回到的"量子宇宙"永不相同［在埃弗里特（Hugh Everett）的"多世界"意义上］*。多伊奇不喜欢为了"创造"某些东西，以你现有的知识旅行到过去而无中生有的主意。很显然，经由自然选择的生命进化的整个理论靠下述手段取胜，生物体会被训练或警惕在今后的进化史中必须克服的危险。诉诸"原则"将时间旅行的这些不舒服的感受合法化的倾向，使他提出"进化原则"以阻止借助时间旅行而无中生有。[28]

完　备　性

我不信任数学。

——阿尔伯特·爱因斯坦

（Albert Einstein）

---

　*　1957 年，埃弗里特提出了一种可能性，在宇宙演化过程中，宇宙会像道路上的分岔那样一分为二。如果埃弗里特的假设成立，那么就存在无穷多个宇宙。多世界理论假设所有可能的量子世界都存在。有些理论物理学家宣称，多世界理论在数学上等价于量子力学的通常解释。——译者注

在 19 世纪末，对数学世界完备性那种带有世纪末特征的迫切要求尤为突出。发现所有的数学并不是数学家们的事。他们知道那永远也做不到。相反地，当年最伟大的数学家希尔伯特发起了一场运动，寻找对已出现的悖论问题的理解。你怎样才能确信数学是一个可靠的推理体系呢？如果有人给你一条关于数学的陈述，你将如何着手证明它是真抑或是伪呢？希尔伯特向数学家们提出了挑战，要提供一种检验任何数学陈述真实性的处方。如果所有陈述都可以用这种方法检验，它们所属的逻辑体系就称为可判定的；如果所有用它的语言表述的真理都可从它的公理中推导出来，则称它为完备的。举例来说，考虑一种需用棋盘的游戏如象棋或赛棋，不完备性意味着棋盘上可以排出一种棋子布局，而这种布局却不能通过遵循游戏规则从开局弈出。

当希尔伯特开始担心简单的逻辑悖论对数学的知识体系所提出的挑战时，他正在寻找一种对算术自洽性的担保：就是说，不能证明 $0 = 1$。此外，希尔伯特认为自洽性不仅仅是数学本身发展的保险单。他要把它作为数学真理的定义。任何自洽的陈述都作为一种数学陈述而存在。这是数学在某种意义上大过物理世界的体现，因为数学上可存在的每一件事好像并不都能在物理现实中存在。

希尔伯特对众所周知的逻辑体系，即欧几里得几何和它的点、线、角，开始实施这种方案。当所有的演绎公理和规则全部展开时，希尔伯特证明了欧几里得几何是完备的、可判定的逻辑体系：任何关于点、线和角的陈述都被证明要么可经过一定的推理步骤从公理中得出，要么可证明将导致矛盾，因而是伪的。

希尔伯特和其他人通过证明另一些简单的逻辑体系是完备的，从而更进一步地实施了这种方案。希尔伯特把这些研究作为进攻大目标的热身练习，这个大目标就是要证明，所有的算术陈述都可判定真或伪。这是一个难得多的问题，因为算术是一种比欧几里得几何大得多且丰富得多的体系。但是，希尔伯特的目的在于通过增大那些完备性已被他证明的每个体系的复杂性来对它发起进攻，并期待一步一步地最终攻克算术的堡垒。

希尔伯特对完备性的探索与杜布瓦-雷蒙和他的助手们表达的世纪末对科学视野的普遍的悲观主义之间存在着有趣的联系。希尔伯特希望能断言，在决定数学陈述是真是伪方面，数学有着无限的威力。他确信：

> 每一个确定的数学问题必定能被精确地解决，这就是说，要么给问题以实际的回答，要么通过证明它不可解，从而指出要解它的所有努力必定失败。

鉴于杜布瓦-雷蒙嘲讽的喊声（"我们是无知的并仍将是无知的"），希尔伯特向数学家们发出了不理会这种叫喊的挑战。他声称：

> 我们听到内心不停的呼喊，问题就在那儿，找出它的解。你能以纯粹理性发现它，因为数学上没有"将永远是无知的"之说。

另一位他所厌恶的人是孔德，孔德的观点我们也已在第二章中提及，他声称：

> 据我的想法，孔德找不到不可解问题的真正原因，在于事实上不存在这种不可解问题。

在他 1900 年的国际数学大会上所作的最著名的讲演中，他列举了什么是他认为有待 20 世纪的数学家们去解决的最重大的未知问题。在那个讲演中，希尔伯特再一次回到了可解性以及它与数学本质和人类智慧的联系这个深奥论题，他发问道：

> 这个关于每个问题的可解性公理仅仅是数学思维的独有特征？还是它可能是大脑本性中内在的普遍规律，一种通过它能回答所有提出的问题的信条？因为在其他的科学中也有人遇到一些老问题，通过证明它们的不可能性而以一种对科学来说最令人满意且最有益的方式将它们解决了。我引证永恒运动的问题。在寻找永动机的构造没有成功以后，科学家们研究了这种机器不可能存在的情况下，自然力之间必定存在的关系。这个反向的问题导致了能量守恒定律的发现，此定律在初始意图的意义上，再一次解释了永恒运动的不可能性。

尽管对于算术是一个比几何更大的体系已一目了然，但两者之间内在的不同并不明显。希尔伯特也没能把它对几何完备性的优雅证明扩展到更大的体系，后来，他发现为什么它的证明如此困难。1930年，哥德尔*（19 年后，就是这个哥德尔惊叹科学界对爱因斯坦方程许可时间旅行的发现，参见本章前面部分）宣布了一个轰动全球的结果：任何大得足以包含算术的逻辑体系，必定是不完备的或者是不自洽。一定存在不能用算术公理和演绎规则确定其真伪的算术陈

---

* 20 世纪数学家、逻辑学家，给出了著名的哥德尔证明：在任何一个包含算术的严格的数学系统中，必定有用本系统内的公理不能证明其成立或不成立的命题，因此不能说算术的基本公理不会出现矛盾。他的证明终结了近一个世纪来建立为全部数学提供严密基础公理的企图。他所著的《选择公理及广义连续统假设同集合论公理的相容性》已成为现代数学的经典之作。——译者注

述。算术真理过大，不能被任何形式上的规则体系加以概括。这个结果会改变我们对人类推理的思考方式，并将被视为已做出的最重要的数学发现之一。逻辑首次证明了存在着不能被证明的东西。逻辑已成为一种真正的信仰。

人们不应误解哥德尔定理所说的算术自洽性。他不是说我们不能证明算术的自洽性，我们能证明。但是，我们的证明不能拘泥于算术语言内的形式。哥德尔定理只是说算术不能证明算术的自洽性。的确，如果算术证明它自身的自洽性，这种情况不会使人完全信服。它就像一名警察去调查对警风的不满，或者像一名政客因断言他是诚实的而应受到信任。

在四十多年的时间内，哥德尔的发现所产生的冲击完全是消极的，它表明了希尔伯特目标的无法实现，神秘的数学是开放性的。哥德尔接着证明，在像算术一样复杂的体系中，不能证明公理的自洽性。此后，当哥德尔的证明被改造成其他形式从而导致更进一步的强有力的结果时，其结果的一些更广泛的涵义开始变得明朗了。

图灵是首先仔细考虑自动计算机器潜能的人，现在这类机器被我们称为计算机。这类机器是仅根据它们读一列数，并把他们变成另一列数的能力来定义的，图灵想要了解的是，它们的最大潜能是什么。它们能计算你乐意创造的任意数学公式吗？不！哥德尔的观点展示了"计算机"用任意有限系列的操作永远不能回答的数学问题，即存在需要计算机永远解下去的数学问题。这个决定计算机的计算是否会停止的一般问题叫做"停机问题"。那些可用有限数目的计算步骤决定的数学问题被称为"可计算的"，其余的被称为"不可计算的"。

为了记录任意机械计算装置的性能，图灵发明了一种理想化的计算装置。这发生在我们了解计算机之前的时代：那时"计算机"这个词只不过意味着人类的计算器。他的装置被叫做"图灵机"（参见

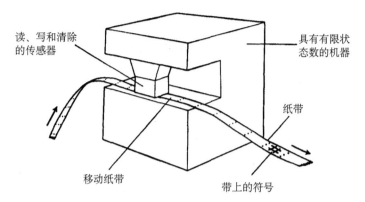

读、写和清除
的传感器

具有有限状
态数的机器

纸带

移动纸带

带上的符号

图 7.3 1936 年首次想象出来的理想化图灵机。它由有限个符号集、
有限个不同状态所组成，机器具备一个无尽的穿孔带（每个孔载有
一个符号）和一个能在带上扫描、读和写的传感器，在一个孔被读
出后，它们与一个指令集一起给出规则以决定是否在带上做出改变。

图 7.3）。

不可计算性通常对那些听到它的人产生一种消极的影响，但在数
学家们中间这种反应并不普遍。他们把数学的无限度看成是一件极好
的事。哈代（G. H. Hardy，1877—1947）[*] 表达了他对希尔伯特那可
实现的数学世界的目标的厌恶：

例如，假定我们能找到一个能使我们说出任意给定的公式是
否可证明的有限的规则体系。这个体系将包含一条元数学的定
理。当然不存在这种定理，而这是非常幸运的。因为假如有的
话，我们应该有一套解决所有数学问题的自动规则，这意味着我
们作为数学家的能动性的寿终正寝。

---

[*] 英国数学家，解决了质数理论的许多难题。1908 年与德国医生温伯格合作，提出描述群
体遗传平衡的代数方程。哈代是华罗庚 1936 年在剑桥留学时的指导教师。——译者注

不可能的构造法

大多数建筑师用寸思考，用米交谈，实在该被人用脚踢。

——普林斯·查尔斯

(Prince Charles)

在人类活动的许多领域，我们给自己设置了必须克服一些约束才能完成的训练。盲棋、竞走和障碍赛马都是一些很好的例子，为使目标更富于挑战性而蓄意加了约束。不仅体育喜欢用这种方式使生活更富情趣，数学家也久已对是否能够仅用特定的工具做一些事感兴趣。希腊人对实用几何学的热爱，引导他们去探索仅用直边（有时指"直尺"，但是不能用刻度来测量长度）和圆规可做什么事。一把直尺使你能在二点之间划一条直线；一副圆规使你能划一段弧或圆周以及划出相等的距离。这些是当时建筑师们的基本工具，并且这整个问题明显具有重要的实用目的，即找出当他们起草建筑设计图时，为完成某些常规施工他们必须遵循的步骤。当然，人们可发现在其他先进的古代文化中，提出并解决了（以同样的方法）本质上相同的问题，例如在古印度文化中，需要用这些构造来建筑祭坛和进行宗教仪式。[29]

考虑最简单的这种问题：怎样平分一段线段？任何线段的中点可用圆规通过以这条线段的两端为圆心划两条弧而找到（弧的半径大于这条线的半长度，因此它们相交）。现在，在二条弧相交的二点之间作一条直线。后者将穿过线段的中点。参见图7.4。

平分线段的下一步是能否用这些工具平分一个角（参见图7.5）。任意画一个角，把圆规的尖端放在角的顶点A上；然后，划与两条线

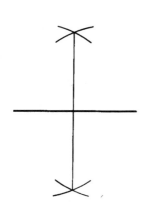 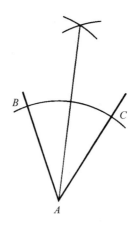

图 7.4 用圆规和直尺等分线段。以水平线段的两个端点为圆心用圆规划弧，弧的半径大于线段长的一半。圆弧在水平线上下各交于一点。连接上述两点的垂直线将平分水平线段。

图 7.5 角的二等分。以角的顶点 A 为圆心划一个圆弧，与角的两边分别交于 B 和 C。以这两个交点为圆心，分别划出两条等半径的弧。连接这两条弧的交点和 A 的直线平分该角。

相交的任意一段弧。现在我们只需找出连接这两个交点的这段弧的中点。以 B 和 C 为中心划两条弧，接着用直尺从两条弧的交点到顶点 A 划一条直线。这条线平分了这个角。

　　对古代希腊几何学家来说，这都是孩子们的游戏。他们不断地探索他们的"尺规构造法"的应用范围，坚定地认为只要一个人有足够的独创性，任何事都能做到。他们的兴趣明确地围绕着一个他们不能解决的问题：如何三等分一个角。这个问题一直悬而未决，直到 1837 年旺策尔（Pierre Wantzel，1814—1848）证明了这个问题对于尺规构造法是不可能的。令人惊讶的是，旺策尔事实上依然没有作为一名数学家为人所知，甚至在他自己的时代，对解决一个两千年未决的问题来说，得到的喝彩声也出奇地少。旺策尔将问题转化成一个代数问题从而完成了他的证明。鲁菲尼（Paolo Ruffini，1765—1822）和阿贝尔（N. H. Abel，1802—1829）* 在这一课题上取得了重大进展，旺策尔据此来确立三等分的不可能性。数学家们把代数的进展看得比它们在三等分问题上的应用更深远，且更根本，结果阿贝尔由于在创建该领域上的贡献而有名望得多。鲁菲尼和阿贝尔证明了幂次大于四的代数方程不允许我们用一个公式找到它的解。这个问题已有一段历史了。[30] 一次方程的解是平凡的；二次方程被人们了解几千年了；三次和四次方程已由文艺复兴时期的数学家费罗（Scipio del Ferro，1465—1526）和弗拉里（Lodovico Ferrari，1522—1565）分别在 1515 年和 1545 年解决了。从那以后，为解决任何别的情况，数学家们之间的竞争很激烈——或许，一种灵巧的规则会把所有的情况一下子解决。

借助于伽罗瓦（Évariste Galois，1811—1832）** 的工作，阿贝尔最终确立了一条不可能性定理。后来，他讨论了数学中可解性的一般问题，并且，看起来有点像许多年后的希尔伯特，他认识到完全理解数学问题的任何努力必须有两种方法：一是找出明确解，一是发现解是否可能。只有用这种办法，问题才能解决，因为：

> 在这个问题中，要准确无误地得出一些东西，我们必须沿另一条道路前进。我们可以给这个问题一种总有可能解出的形式，就像我们对任何问题一直做的那样。而不是去问是否存在解的未知问题，我们需要问的是这种关系是否真的可能……当一个问题以这种方式被提出来时，正是那个陈述包含了解的萌芽以及必须

---

* 挪威数学家，身后才被公认为现代数学发展的先驱。在他不到 27 年的短暂生命中，对数学作出了杰出的贡献。1826 年，他发表了关于用代数方法不能解一般五次方程的证明。他与德国数学家共同奠定了椭圆函数论的基础。——译者注

** 法国数学家，为群论奠定数学基础，21 岁时他死于一次决斗。从时间次序上判断，阿贝尔与伽罗瓦的工作应当是相互独立的，因为 1824 年阿贝尔做出五次方程证明时，伽罗瓦年仅 13 岁，而阿贝尔去世三年后的 1832 年伽罗瓦也去世了。由此看来，作者这里阐述的观点是有点牵强附会的。——译者注

采取的途径，而且我相信在得出具有或多或少重要性的命题上，我们失败的例子会很少，即使当计算的复杂性妨碍了对问题的圆满回答时也一样。[31]

有趣的是，阿贝尔最初认为他已经发现了五次方程问题的解法。但在他的论文发表之前，他发现了一处错误，这件事促使他以一种完全不同的角度去查看这个问题。这个关键时刻的观点转变使他证明了问题的不可能性，而他曾认为该问题已有了确定的结果。

阿贝尔的工作好像没有引起人们哲学上和神学上的深思，以找出可解性止于四次的原因。显而易见，这是可以做到的。更高次的方程当然有解。我们可以通过具有悟性的推测、近似等等解出其中的一些（像阿贝尔时代的数学家能做的那样），但阿贝尔的证明似乎展现了人类推理所能得到的与数学真理的超自然世界或上帝心目中的正确东西之间的差距。

发现我们的能力在解代数方程和尺规构造法的应用范围上存在着极限，本可以激发由哥德尔定理引起的许多哲学论点，但事实并非如此。这两条探索的路线之间有许多相似之处。阿贝尔和哥德尔都研究了每个人都期待解决的问题。在建立不可能性定理上，他们两人都表现出非凡的头脑灵活性：阿贝尔在认为他已经得到一种"可能性"定理以后，做了悬崖勒马式的回头，而哥德尔在宣布他的算术的不可能性定理的仅仅几个月之前，事实上他已经在证明比算术小的逻辑体系的完备性（这是他的博士论文工作）。

哥德尔在数学的陈述和关于数学的陈述（元陈述）之间建立了一种对应。他是通过用质数对逻辑或数学陈述中的每个要素进行编码来做到这点的。把质数乘在一起得到乘积就定义了整个陈述。这个数现在称为哥德尔数。另外，由于任何一个数都能仅用一种方法表达成质数的乘积（例如，$51 = 3 \times 17$，$54 = 2 \times 3^3$，$9\,000 = 2^3 \times 3^2 \times 5^3$），这种对应是唯一的：每一个哥德尔数对应于一条逻辑陈述。用这种方法，每一个哥德尔数对应于某条关于数的陈述（未必是很有意思的陈述），而每条关于数的陈述对应于某个哥德尔数。[32] 例如，哥德尔数 $243\,000\,000 = 2^6 \times 3^5 \times 5^6$。这个逻辑句子是由按次序取的质数的幂定义的，即656。符号6对应于算术对象0，而5对应于 $=$，于是这个哥德尔数代表非常乏味的算术公式 "$0 = 0$"。

哥德尔的决定步骤是考虑如下陈述：

> 具有哥德尔数 X 的定理是不可判定的。

他计算该定理的哥德尔数并用那个值代替陈述中的 X，结果是一条确立了其自身不可证明性的定理。[33]

造成不完备性论证成立的本质特征是自指的可能性：算术和关于算术的陈述之间的对应。这仅在复杂得足以允许关于它们的陈述在体系自身内唯一且完备地被译码的逻辑体系中才是可能的，因此如果一条逻辑陈述的每个可能的要素归于不同的质数，那么任何完备的陈述可由一个哥德尔数表示，这个哥德尔数可唯一地被分解，以给出它所对应的关于算术的陈述。有些逻辑理论如几何，不含有足够的内涵以允许关于它们自身的陈述用这种方式在它们之内编码。这些理论不能展示不完备性。

隐喻的不可能性

> 没有诗化的现实不会是完美的。
>
> ——约翰·迈希尔
>
> （John Myhill）

　　为了揭示在我们的经验中何种事情会超出形式和界限的控制范围，人们已尝试对哥德尔和图灵的顿悟创造一些含有隐喻的扩充。1952 年，美国逻辑学家迈希尔提出了一种非常有意思的尝试。[34]迈希尔凭借一些数学逻辑的术语把概念分成三类："有效的"、"构造的"和"预期的"，从而对可能性进行了分类。[35]

　　世界的最易接近和最可数量化的方面具有可计算性属性。对于判定任何一件事是否具有一种特定的性质，存在一套确定的机械程序。计算机和人都可被训练得对这类属性的存在与否有响应。真理不是一种可计算的性质，而"是质数"却是可计算的。

　　更难捉摸的属性集合是仅仅可列的。对于这些，我们可构造一种程序，它将列举拥有所期望属性的所有情况（尽管你可能需要等待无限长的时间，以完成这种列举）。然而，没有办法列举不具有这种属性的所有情况。许多逻辑体系是可列的，但不是可计算的：它们的所有定理都可列举出来，但是没有可用来判定任意给定的陈述是否是定理的机械程序。在一个没有哥德尔定理的数学世界中，每一条陈述都是可列的。在没有图灵的不可计算操作的世界中，每一条性质都将是可计算的。

　　判定当前页面的英语*是否具有英语语法正确的属性，是一个可计算的问题。但对一个非英语读者来说这一页仍然是无意义的。随着时间的推移，这个读者能学会越来越多的英语，于是这一页的一些部分变得可理解了，但没有办法预言这一页中有意义的部分位于何处。因此有意义这一属性是可列举的，却是不可计算的。

　　并非事物的每一属性都是可列举或可计算的。成为一个真实的算术陈述的性质就是一个例子。既不可列举又不可计算的属性称为

　　＊　本书原版为英文。——译者注

"预期的"，它们不能用有限演绎步骤识出或产生。它们表明了独创性和新颖性的所在。存在不能被规则或程序的任意有限集合概括的事物。美、纯、丑和真都是预期的性质。纵使在无限长的生命中，也不会存在一种奇异魔力的定则，去产生这些属性的所有可能的实例：任何方案在看到它们时也不能辨认它们的全部，即使用最浪漫的方式，也无法想象。用迈希尔的话来说，"因此哥德尔定理在美学中的类比就是，没有任何一所艺术学校容许制造所有的美而拒绝制造所有的丑"。

预期性超越了纯粹的技术所能达到的程度，它们超出了任何数学形式的万物理论所控制的范围。那就是为什么没有诗化的现实不会是完美的。

本 章 概 要

定理 100：这是本书的最后一条定理。

（证明是显而易见的。）

——约翰·霍顿·康韦[36]

（John Horton Conway）

模式对有意识生命的存在是必需的。我们对那些模式的描写称为数学。此外，我们还可以扩展那些模式，使其远远超出物理现实提供的大千世界。我们已经对隐藏在数学的模式化面具后面的精妙之处做了最初的一瞥。在 20 世纪的早期，诸如希尔伯特那样的数学家，着手从数学的艰巨事业中消除悖论和不可判定性。尽管有好的开端，但结局却出乎人的意料。不是得到一种确保它在自己的参照形式内是逻辑自洽和完备的数学定义，而是发生了完全相反的事。算术不能证明它自身是自洽和完备的。在本章中，我们已经开始探索通向那种推论的想法，并探索它的物理实例的含义是什么。表面上，本性在任何意义上会不一致的想法，似乎是难以想象的。但是，或许时间旅行容许的可能性恰恰是这样一种可能性。为评估时间旅行是否真的是物理上似非而是或似是而非的东西，我们审视了科学的、神学的，还有受益于投资银行业好奇捐助的科学小说的见解。

不完备性和不可判定性的发现，导致了在掌握可判定的数学真理方面，我们的能力存在着更深层的局限性。图灵最先想出由一系列一步接一步的处理过程决定的"计算机"。他证明了这些装置只能确立一部分可判定的真理。

哥德尔和图灵的发现，掀起了对他们工作结果感兴趣的现代哲学浪潮。然而，这些绝不是由数学家证明的最先的"不可能性"定理。在19世纪，已经给出了某些几何构造法（如用直尺和圆规三等分一个角）的不可能性的证明。令人惊讶的是，这些证明并没有引起数学家之外的人的注意，也没有激发对物理世界的数学推理极限的更广泛的思考。最后我们看到，哥德尔和图灵的顿悟怎样允许我们分离出超越公理和规则范围的属性。

在本章中出现的是一种新类型的不可能性，它的存在是可证明的，它限制了我们最强有力的推理体系，而且它威胁着我们为了解周围的宇宙而做的所有推理应用的结果。

第八章

不可能性与我们

政治上不可能性的主要根源在于官僚主义、派系斗争和选举三者，毫无疑义，官僚主义是最主要的根源。

——亚当·亚莫林斯基[1]

（Adam Yarmolinsky）

哥德尔定理与物理学

在哥德尔的著名不完备性定理中，他的工作和卡夫卡式的性格特征表露无遗……为此，科学家们被摆在有点像城堡中卡夫卡*的位置上。我们没完没了地在走廊中匆忙上下，会客，敲门，以及进行我们的研究。但是，最终的成功永远不属于我们。

---

*　卡夫卡出生在布拉格，他是用德语写作的奥地利犹太小说家，现代派文学的先驱，作品象征着20世纪的忧虑并渗透着西方社会的异化，著有长篇小说《城堡》《审判》等。他生前仅发表了小部分作品。最初，他的作品流行于法语和英语国家，1945年后，卡夫卡在德国和奥地利重新被发现，于是其影响日增。——译者注

在科学的城堡中，任何地方都没有通往绝对真理的最终出口。

——鲁迪·拉克[2]

（Ludy Rucker）

哥德尔对于数学体系存在着极限的不朽论证逐渐地渗入哲学家和科学家的世界中，也渗入我们为它进行的探索之中。初看起来，人类对宇宙的研究必定是有限的。科学基于数学，而数学不能发现所有的真理，因此科学也不能发现所有的真理。论证就是这样进行的。某些带有宗教辩护色彩的注释者，抓住了哥德尔定理蕴涵的人类理性能力的局限。希尔伯特的学生——外尔是哥德尔同时代的人，他认为哥德尔的发现不断地使他从事科学研究的热情衰竭。这种潜在的悲观主义与 1900 年希尔伯特向科学家们发出的发聋振聩的呼吁相比，的确有着天壤之别，外尔相信这是其他一些数学家共有的想法。在世界上人类所有的关怀、理解、苦难、富于创造的存在中，这些数学家对科学努力的意义并非漠不关心。在较近的年代，一位在神学和科学上多产的作家亚基（Stanley Jaki）认为，哥德尔阻止了我们去获得作为一个必要真理的对宇宙的理解。

显然没有任何一种高度数学化的科学的宇宙学能够尽数学之能去证明它自身的一致性。缺少了这种自洽性，所有的数学模型，所有的基本粒子理论，包括夸克和胶子理论……天生就不能成为这样一种理论，即依靠它的先验真理来表明世界只能是它现在这个样子，而不是别的什么样子。纵然这种理论对特定时间内物理世界的已知所有现象做出了非常精确的阐述，情况仍是如此。[3]

亚基还把哥德尔不完备性定理看成是理解宇宙的基本障碍：

> 依照哥德尔定理，数学物理那些确信的符号结构的根本基础，似乎永远镶嵌在更深层次的思维中，这种思维既具有智慧，又具有类推和直觉的模糊性。对推理的物理学家来说，这隐含着确定性的精确度存在极限，甚至在理论物理的纯理论的思想上也存在着边界……这种边界的一个不可或缺部分就是作为思想者的科学家自身……[4]

在过去的十年中，蔡廷（Greg Chaitin）倡导了一种信息和随机性的语言方式，进一步阐述了哥德尔的顿悟。[5] 为此产生了一种考察物理内涵的不同方法。科学探求将一串串数据压缩成包含相同信息的较简明编码（"自然定律"）。可用比自身更短的一个公式或一条规则所取代的任何一串符号称作可压缩串。反之，不能用该方法缩写的称之为不可压缩串。我们总可以通过展示压缩给定串的信息量的模式，去证明它是可压缩的。但是，令人惊讶的是，无法证明一般的符号串是不可压缩的。缩写符号串所需的模式，可能是不可证明的那些真理之一。于是，你永远无法知道你的终极理论是否为终极理论。它的某种更深刻的形式总有可能存在，它仅仅可能是更大理论的一部分。

不可判定性和随机性之间的这些联系，还允许我们在哥德尔和机器效率之间建立更出乎意料的联系。[6] 对于遥远未来的机器效率，不可判定性将给其安置极限。以新式自动燃气灶为例，它装满了微处理器，这是为了自动检测炉灶内温度和执行控制板上的编程指令而设计的。微处理器暂时储存信息，直到它被新的指令或信息写满为止。这些信息在微处理器中的编译和储存效率越高，炉灶的运转效率就越高，因为最大程度减少了存储器中擦去和写上指令的不必要动作。[7]
但是蔡廷的研究表明，哥德尔定理等同于说我们永远不能确定一条程
序是完成一项给定任务的最短程序。因此，我们永远不能发现用于存
储炉灶运转指令的最简短程序。结果，我们用的微处理器写满的信息
总是多于必要的，它们总会有一些冗余或低效。实际上，这种"逻
辑上的摩擦"引起的燃气灶效率的降低，只是通常能被简单的清除
所补偿的亿万分之一。不过，对精密的纳米技术机器的运转来说，这
些考虑有一天也许会被证明是重要的。当我们想要确定任何技术的最
大潜能时，这将是很重要的。

有趣的是，只不过为了显示人类心理学在评价极限的重要性上起
到的重要作用，一些科学家，如戴森*，承认哥德尔在我们发现数学
和科学真理的能力上安置了极限，但将此解释成科学将永远继续下去
的保证。戴森认为不完备性定理是一张科学进取性的保险单，他在赞
美下述结果时有点洋洋自得。他写道：

> 哥德尔证明了纯数学的世界是永不枯竭的；任何公理和推断
> 规则的有限集合都不能涵盖数学的全部；对于给定的任何一个公
> 理集，我们都可以找到公理没有回答的意味深长的数学问题。我
> 希望物理世界中存在类似的情况。如果我对未来的看法是正确
> 的，这就意味着物理学和天文学的世界也是永不枯竭的；不论在
> 多么遥远的未来，总将有新的事情发生，新的信息到来，新的世
> 界要探索，一个不断扩大着的生命、意识和记忆的领域等待着
> 我们。

---

*　戴森1924年生于英国，1951年定居于美国，2020年去世。早年为创建量子电动力学作出
了重要贡献，他不仅是优秀的理论物理学家，也是一位关心人类命运、探索无限宇宙的睿
智哲人。著有《全方位的无限》《宇宙波澜》《武器与希望》等。——译者注

因此，我们看到了对哥德尔乐观的和悲观的反应。像戴森一样的乐观主义者，把哥德尔的结论看成是人类研究永不休止的保证。他们认为科学研究是人类精神的主要组成部分，它的完结将对我们产生悲惨的影响。"对科学知识的理性和经验主义特征来说，连续不断的发展是必不可少的：如果科学停止发展，它必将失去这一特征。"当波普尔写出上面这句话时，他也考虑到了这一点。相反，悲观主义者，如亚基，认为哥德尔设置了限制，即人类不能了解大自然的所有秘密（或许连大多数也不可能）。他们更多地强调知识的拥有和应用，而不是获得它的过程。悲观主义者不把人类主要的科学收益看作为对知识的探求本身。

细想起来，事情的同一状况引出如此截然相反的反应，对此你并不应该感到太意外。生活中的许多事情会引起类似的相反看法。这完全依赖于你认为你的杯子是半空的，还是半满的。哥德尔自己的观点一如既往地出人意料。他认为，我们用来"看到"数学和科学真理的直觉是一种将来有一天会像逻辑自身一样被正式且虔诚地重视的工具：

> 将数学直觉与感官感觉相比，我找不到任何理由，能使自己对这类直觉失去自信，它诱导我们建立物理理论并期待将来的感观感觉会与它们一致，并且还使我们相信现在不可判定的问题存在内涵，并可能在将来被解决。[8]

哥德尔无意于从他的不完备性定理中得出任何强有力的物理结论。仅仅在哥德尔做出他的发现前几年，海森伯发现了另一条限制我们认识能力的重要结论——量子力学的不确定性原理，哥德尔没有与此做出任何联系。事实上，对量子力学的任何考虑，哥德尔都怀有深深的敌意。那些与他在同一研究所里工作的人（没有人真正与他一起工作），相信这是他与爱因斯坦频繁讨论的结果。用与前两位都相识的惠勒（John Wheeler）的话来说，爱因斯坦向哥德尔强行灌输了不相信量子力学和不确定性原理的思想。蔡廷记录了惠勒企图诱使哥德尔说出哥德尔不完备性和海森伯不确定性之间是否有联系这件事：

> 有一天，在高等研究院里，我走进哥德尔的办公室，哥德尔正在那里。那时是冬天，哥德尔开着电取暖器，并把双腿裹在毯子里。我说："哥德尔教授，你认为你的不完备性定理和海森伯不确定性之间有什么联系？"蓦地，哥德尔发了怒，把我赶出他的办公室![9]

哥德尔使物理学处于困境了吗？

> 比空气重的飞行器是不可能的。
>
> ——开尔文勋爵
> (Lord Kelvin)

数学含有不可证明的陈述，物理学是基于数学之上的，因此物理学将不能发现所有真实的事。这种论点已经活跃了很长时间。更复杂的版本也已构造出来，利用了用于对可观测量做出断言的不可计算的数学操作的可能性。从这一有利态势出发，数学物理学家沃尔夫拉姆（Stephen Wolfram）猜想：

> 人们可推测不可判定性除了在最平庸的物理理论外是普遍存在的。即使理论物理中用简单公式表示的问题也可能被发现是不

能解决的。[10]

的确，在算术真理中，不可判定性是规则而不是例外。[11]

心中想着这些忧虑，我们更近一些地来看一下哥德尔定理对物理过程意味着什么。情况不像注释者要我们相信的那么清晰。把作为哥德尔不完备性推论基础的精确假设铺叙开来是有益的。哥德尔定理表明，如果一个形式具有（1）有限的指定、（2）大得足以包含算术和（3）自洽的特点，那么它是不完备的。

条件（1）意味着存在一个可列的无限公理集。一定有一套列举它们的确定算法。例如，我们不能选择一种由关于算术的所有真陈述组成的体系，因为在这个意义上这种集合不能有限列举。

条件（2）的意义是这种形式体系包括算术中的所有符号和公理。符号是 0（"零"），S（"后继者"），+，× 和 =。因此，数 2 是 0 的后继者的后继者，写成 SS0，于是"二加二等于四"就表达成 SS0+SS0＝SSSS0。

算术结构在哥德尔定理的证明中起着关键作用。哥德尔利用了数的特殊性质，如它们的质数性和任何数仅可用一种方法分解成其质因子的乘积这个事实，来建立数学陈述和关于数学的陈述之间至关重要的对应。用这种方式，语义悖论，如"说谎者悖论"，可以像特洛伊木马*那样放入数学自身的结构中。只有丰富得足以包含算术的逻辑体系，才允许在它自己的语言内做出这种关于自身陈述的乱套编码。

下面，看一下这些要求不满足时会发生什么，这是能够给人以启迪的。假如我们挑选了一种仅涉及前十个数（0，1，2，3，4，5，6，

---

* 荷马史诗《伊利亚特》叙述了古希腊与特洛伊人之间的十年战争。古希腊人将精兵埋伏于大木马内，诱使特洛伊人将木马放入城中，夜间伏兵跳出，里应外合，攻下了特洛伊城。——译者注

7，8，9）及其相互关系的理论，则不满足条件（2），这种微算术是完备的。算术对单个的数或项（如上面 SS0）做出陈述。如果一个体系没有这种单个的项，而是像欧几里得几何那样，只做出关于一般意义上点、圆和线的陈述，那么它不能满足条件（2）。于是，像塔斯基首先表明的那样，欧几里得几何是完备的。欧几里得几何的平坦性性质，也没有什么奇妙之处，弯曲曲面上的非欧几里得几何也是完备的。类似地，如果我们有一种处理数的逻辑理论，只用到"大于"的概念而不提及任何特殊的数，那么它将是完备的：我们可以判定关于涉及"大于"关系的数的任何陈述的真伪。

比算术小的体系的另一个例子是没有乘法运算（×）的算术。这称为普雷斯勃格（Presburger）算术［完备的算术称为皮亚诺（Peano）* 算术，这是以 1889 年首先用公理形式表达该体系的数学家名字命名的］。初看起来这好像很奇怪。我们平时遇到的乘法只不过是加法的速记（例如，2 + 2 + 2 + 2 + 2 + 2 = 2 × 6），但是在完整的算术逻辑体系中，在存在如"存在"或"对任何一个"的逻辑量词情况下，乘法不仅仅允许等价于一连串加法的构造。

作为哥德尔博士论文工作的一部分，他表明普雷斯勃格算术是完备的：所有关于自然数加法的陈述可被证明或反驳；所有真理都可从公理中得出。[12] 同样，如果我们创造另一种不含加法，而保留乘法的不完全的算术形式，那么它也是完备的。只有当加法与乘法同时存在时，才产生不完备性。通过往基本运算库增加另外的运算，如取幂，来进一步扩大这个体系，也不会产生任何区别。不完备性依然存在，但没有从本质上发现它的新形式。算术是复杂事物的分水岭。

---

* 意大利数学家、符号逻辑的奠基人。他的工作对以后以布尔巴基为笔名的法国数学学派的纲领产生了重大影响。他还是一种人工语言——无抑扬拉丁语（后称为国际语）的创立人。——译者注

哥德尔最终能告知我们在物理学（或其他任何事物）的数学理论上设置了什么极限，这种应用似乎是一种直截了当的推理。但是，更仔细地考虑这个问题时，会发现事情并不如想象的那样简单。现在假使哥德尔定理要求的所有条件都已达到，在实践中，不完备性究竟会是何等样的呢？我们对下述情形是很熟悉的，某一种物理理论对极宽范围内的观测现象做出了正确的预言，我们就称其为"标准模型"。也许有一天，我们会感到意外，因为这种模型对某种观测会无话可说，在它的框架内提供不出解释。粒子物理中的所谓统一理论就可作为例子。这些理论的某些早期版本要求所有的中微子必须具有零质量。现在假如人们观测到中微子有非零质量（正如所有人都相信它会有，并且某些实验声称已经测量到了），那么我们知道新的情况不能被最初的理论所容纳。我们将怎么办呢？我们遇到了某种不完备性，但我们的反应是扩大或修正最初的理论，使它包容新的可能性。因此，在实际中，不完备性非常像理论的不充分性。

在算术的情形下，如果已知关于算术的某种陈述是不可判定的（这类已知的陈述是存在的；这意味着它们的真与伪都与算术公理相容），那么我们可用两种方法扩展这种结构。我们可创造两种新的算术系统：一个将这个不可判定的陈述作为新增的公理，另一个将其否定作为新公理。当然，这种新的算术仍将是不完备的，但是它们总可以扩展以顺应任何不完备性。因此，实际上，物理理论总可以通过增加新原理而放大，这些新原理迫使所有的不可判定性进入没有具体物理表现的数学领域部分。那么，如果不是不可能的话，不完备性也很难与不正确性或不充分性区分开来。

数学史给出了这种两难推理的一个有趣例子。在 16 世纪的时候，数学家们开始探索把所列出的无穷多的数加在一起时会发生的事情。如果列出的数变得越来越大，则其和将"发散"，就是说，当每一项趋近无穷大时，和也趋近无穷大。一个实例是：

$$1 + 2 + 3 + 4 + 5 + \cdots = 无穷大。$$

然而，如果数项充分快地变得越来越小，[13] 那么无穷多项的和会越来越接近我们称之为"级数和"的一个有限的极限值。例如，

$$1 + 1/9 + 1/25 + 1/36 + 1/49 + \cdots = \pi^2/8 = 1.233\,700\,5\cdots$$

让数学家们忧虑的是一种极其特殊类型的无穷和，

$$1 - 1 + 1 - 1 + 1 - 1 + 1 - \cdots = ?????$$

如果你把级数分成一对对的项，它就是 $(1 - 1) + (1 - 1) + \cdots$。这恰好是 $0 + 0 + 0 + \cdots = 0$，于是和为零。但是把级数想成 $1 - \{(1 - 1) + (1 - 1) + (1 - 1) + \cdots\}$，那么它就是 $1 - \{0\} = 1$。我们似乎证明了 $0 = 1$。

面对这种模棱两可的结果，数学家们有多种选择。他们会拒绝数学上的无穷，只处理数的有限和，或者像柯西（Augustin-Louis Cauchy，1789—1857）* 在19世纪初所作的那样，像上面最后一个例子那样的级数和，必须通过更具体地指明它的和表示什么意思来定义。和的有限值必须与用来计算它的过程一起来指定。$0 = 1$ 的矛盾只有当人们忘记指定用来算出这个和的过程时才会产生。在两种情形下，计算过程是不同的，所以答案也不一样。因此，我们在这里看到了如何通过把似乎会产生局限性的概念进行放大而避开极限的一个简单例子。只要适当地扩展级数和的概念，发散级数就可以得到自洽处理。[14]

对哥德尔定理的另一种考虑是，物理世界只利用数学的可判定部分。我们知道数学是可能结构的无限海洋。似乎在物理世界中只有其中某一些能发现其存在和应用。它们很可能全部来自可判定真理子

---

* 法国数学家，在数学分析和置换群理论方面做了开拓性的工作，是19世纪最伟大的数学家之一。——译者注

集。分类层次如图 8.1 和图 8.2 所示。

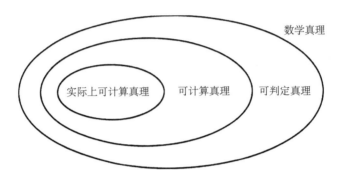

图 8.1　所有数学真理的"宇宙"将所有的可判定真理、所有
可计算真理及所有的实际上可计算真理作为它的子集。实际上
可计算真理是指计算能够在可允许时间（例如宇宙年龄，约
为 150 亿年）内完成的真理；参见图 8.2。

　　也有可能用来证明哥德尔不完备性的条件不适用于物理理论。条
件（1）要求理论的公理是可列举的。在这种可预言的意义上，或许
物理定律是不可列举的。这根本背离了我们认为存在的情况，即相信
基本定律的数目不只是可列举的，而且是有限的（甚至非常少）。但
是还存在着下述可能性，我们只不过触及了定律这个无底洞的表面，
只有其顶端对我们的经验才有显著影响。然而，如果有不可列举的无
限多的物理定律，那么我们将面临比不完备性问题更难以应付的
问题。

　　事实上，在 1940 年，希尔伯特的一位学生根岑（Gerhard Gentzen）
（不久以后在二战中丧失了生命）证明了如果引入超限归纳的步骤，
则有可能避免哥德尔的结论并演绎出所有的算术真理。再者，自然界
的运作可能包含这样的非有限的公理体系。我们易于认为不完备性是
讨厌的东西，因为它蕴涵着我们将不能"做"某些事。但我们可以
倒过头来看，推断自然界是自洽的，但不能被有限的公理所占据。对

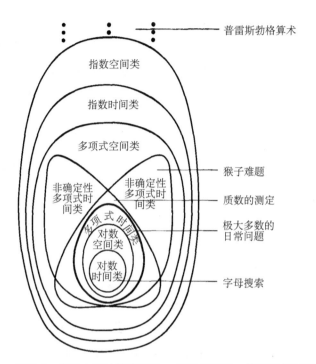

图 8.2 实际上可计算真理的一些精细细节。依照计算过程
耗时（时间）和耗存储量（空间）的情况，将可解问题的
复杂性分成各种层次。对于最简单问题（对数空间类和对
数时间类），当输入数增加时，计算需求以对数形式增加。
下一个水平是多项式复杂问题，这是最常见的。计算的难
解问题可以划分为随输入数增加计算资源以指数式增加的
问题（指数时间类和指数空间类）和普雷斯勃格算术那样
具有双重指数（或更高）复杂性的问题。第四章的一些问
题已经示例于图中。[15]

于事物的这种超越人类的复杂性，存在着某种美学上的满足。

　　一个同样有趣的话题是有限性问题。虽然物理可能性宇宙十分庞
大，却很可能是有限的。然而，不管定律涉及的原始量数目有多么
大，只要它们是有限的，导致的相互关系体系就将是完备的。应该强
调的是，尽管习惯上我们假定存在时空点的连续区，这只不过是便于

应用简单数学的一种假设。在最基本的微观层次上，没有深层的理由确信空间和时间是连续而非离散的：事实上，有一些量子引力理论假定时空不是连续的。* 量子理论已在若干我们曾经以为是可能连续区的地方，引入了离散性和有限性。奇妙的是，如果我们放弃这种连续性，那么在你乐意选择的任意两个充分接近的点之间就没有必要存在另一个点，时空结构为此而变得更加复杂。许多更为复杂的事就会发生。这种有限性问题或许也与宇宙体积是否有限以及自然界中基本粒子的数目是否有限（或最基本的存在物究竟会是什么）的问题密切相关。于是，也许只存在有限数目的形式会适用于物理世界的最终逻辑理论。因此，它将是完备的。

不完备性定理的条件（2）可能会不满足，这是哥德尔的结果应用于物理定律的另一种有趣的可能性。它何以会发生呢？当我们开展对自然定律的科学研究时，尽管我们对算术及更大的数学结构的利用似乎很广泛，然而这也并不表示物理宇宙的内部逻辑需要使用如此大的结构。毫无疑问，使用大的数学结构以及无穷大那样的概念对我们来说很方便，但这可能是一种以己度人的说法。宇宙的深层结构可能植根于一种比完全算术简单得多的逻辑，所以可能是完备的。底层结构要么含有加法，要么含有乘法，而不是二者兼有，这就是所要求的全部。回想一下在你曾经做过的所有求和中，都仅仅把乘法用作加法的简写。在普雷斯勃格算术中，这也是可能的。还可以选择某种现实性的基本结构，例如利用一种几何种类的简单关系，或者源自"大于"或"小于"关系，抑或是它们的巧妙组合，那么它也仍然是完备的。[16]爱因斯坦的广义相对论用时空结构的几何扭曲代替诸如力和

---

* 读者可参阅斯莫林著、李新洲等译的《宇宙本源——通向量子引力的三条道路》，上海世纪出版集团，2009年。圈量子引力和弦论都是关于普朗克尺度上的时空理论，普朗克尺度大约比原子核小20个数量级。——译者注

重量等物理概念，这很有可能包含了此种可能性的一些线索。

　　物理定律或许可依据完备的数学体系完全表达，但在实践中，我们总会更多地关心我们务必有正确的体系，而非完备的体系。

　　该情况的另一个重要方面值得注意。纵使一种逻辑体系是完备的，它仍总是含有不可证明的"真理"。这些真理就是选来定义这个体系的公理。并且选定它们后，逻辑体系所能做的一切就是从它们推断结论。在简单的逻辑体系中，如皮亚诺算术，这些显而易见的公理似乎是合情合理的，因为我们正向后思考——对千百年来我们直观上一直在做的事进行形式化。当我们着眼于物理学那样的科目时，亦有类似亦有别。物理学的公理或定律是物理学研究的主要目标，它们绝不是在直观上显而易见的，因为它们可以支配远处于我们经验之外的秩序。在某种环境下那些定律的后果是不可预言的，因为它们涉及对称性破缺。试图从后果中推演出这些定律，不是我们单独和完全靠计算机程序总能做到的事。

　　于是，我们发觉在形式体系和物理科学研究上存在着完全不同的重点。在数学和逻辑学上，我们始于定义公理体系和演绎定律。然后，我们可能要证明体系是完备的或不完备的，并从公理中推导出尽可能多的定理。在科学上，我们不能自由挑选定律的任何逻辑体系。我们尽力找出产生我们所见到的后果的定律和公理体系（假定存在一种或不止一种体系）。如我们早先强调的那样，总有可能发现一种将产生任何一组观测结果的定律体系。但是科学家最大的兴趣在于发现，而不是简单假设，这正是逻辑学家和数学家忽略的不可证明的陈述集合，即公理和演绎法则。像逻辑学家那样处理的唯一希望是，鉴于某种理由，物理学只有一组可能的公理或定律。到目前为止，这依然是一种可能性；[17]纵使就是这种情况，我们也不能证明它。

　　不可判定的物理问题的特殊例子已经有了。正如刚才已经提及的那样，人们可以期望它们不涉及无法确定物理定律或物质最基本粒子本质上的最根本东西。相反，它们涉及对一些特殊的数学计算无能为力，这抑制了我们在一个确定的物理问题中确定事件进程的能力。然而，尽管问题在数学上可能是明确定义的，这并不表示有可能创造不可判定性所要求的精确条件。

此种类的一系列有趣例子，是由巴西数学家多里亚（Francisco Doria）和达科斯塔（Newton da Costa）创造的。[18] 为了答复俄罗斯数学家阿诺德（Vladimir Arnold）提出的挑战性问题，他们研究了是否可能拥有一种确定任意平衡稳定性的一般数学判据。稳定平衡的情况就像一只停在盆底的球——轻轻推开它，它又回到盆底；不稳定平衡就像一根竖立着的针——轻轻推它一下，它就从竖立状态倒掉了。[19] 这两种情况描画在图 8.3 中。

当平衡的本质很简单时，该问题是非常浅显的；一年级的理科大学生就学到了它。但是，当平衡存在于多种相抵影响的较为复杂的耦合之中时，问题马上就变得很复杂。倘若仅有几种相抵影响，平衡的稳定性仍然可通过考察支配状况的方程来决定。阿诺德的挑战是要"发现"一种不管有多少种相抵影响，也不管它们之间的相互关系多么复杂，总可以告诉我们平衡是否稳定的算法。所谓"发现"，他的

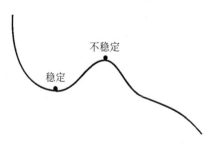

图 8.3　稳定和不稳定平衡。球的两种
可能的静止位置。

意思是找到一个公式，你可以将支配平衡的方程和你对稳定性的定义输入其中，然后从中将得出"稳定"或"不稳定"的答案。

引人注目的是，达科斯塔和多里亚发现不可能存在这样的算法。存在着由稳定性不可判定的数学方程的特殊解刻画的平衡。为使这种不可判定性对真正吸引人的数学物理问题产生影响，平衡不得不含有大量的各种力的相互作用。尽管这种平衡不可避免，但它们还没有出现在真实的物理问题中。达科斯塔和多里亚继续鉴定类似的问题，对于诸如"粒子的轨道会变混沌吗？"之类的简单问题，其答案是：哥德尔式不可判定的。其他人也试图鉴别形式上不可判定的问题。杰罗奇（Robert Geroch）和哈特尔（James Hartle）已讨论了量子引力中的一个问题，预言潜在可观测量的值是一系列项的和，而列出这些项是图灵不可计算操作。[20]波埃尔（Marian Boykan Pour-El）和理查兹（Ian Richards）证明了在物理学中广泛应用的极其简单的微分方程，如波动方程，当初始数据不很光滑时，会有不可计算的后果。[21]这种平滑性的不足，产生了数学家所谓的"不适定"问题。正是这种特征引起了不可计算性。可是，特劳布（Joseph F. Traub）和沃兹尼亚库斯基（Henryk Woznia-kowski）已经表明了在相当一般的条件下，每一个不适定问题在平均意义上都是适定的。[22]沃尔夫拉姆给出了出现在凝聚态物理中的难解性和不可判定性的例子。[23]

如果所涉及的数学是不受约束的，那么对爱因斯坦广义相对论的研究，也将产生一种不可判定问题。[24]当有人找到爱因斯坦方程的一个精确解时，总有必要去论证，它是否只是一个表述为不同形式的已知解。人们通常可用手工进行，但对于复杂的解，只能借助于计算机。为了这个目的，我们要求计算机按为代数操作所编制的程序工作。它们能检查各种各样的量，以发现给出的解是否等价于它的已知解库里的一个解。迄今为止遇到的实际情况中，这种检查过程在为数不多的几个步骤后会提供一个确定的结果。但一般说来，这种比较是一个不可判定的过程，它相当于另一个著名的纯数学不可判定问题，群论的"字问题"。

从这个讨论中我们应该得出的结论是，根本看不出仅仅因为物理学使用了数学，哥德尔定理就给了解宇宙本质的物理学在总体范围上设置了一个直接的极限。自然界利用的数学可能比使不完备性和不可判定性存在所需的小且简单。而在科学的范围内，一些较小的个别问题处在计算上的难解性和不可判定性控制之下。

哥德尔、逻辑和大脑

倘若存在着死刑，
我相信人们倒是会生机勃勃的。

——南希·里根*
（Nancy Reagan）

哥德尔结果的一个持久应用，是论证人脑在某种方式上优于计算器。矛盾的是，用以论证人脑优于机器的正是人脑非常容易犯错，因为机器盲目遵从程序中设定的逻辑定律，它处在哥德尔的统治之下，不能判定用它的语言表述的所有陈述的真或伪。论证的另一方面是，人脑并非演绎论证的奴隶。它能用直觉、猜测、归纳以及所有其他的非演绎推理方式去得到真理。

我们听听亚基发出的声音：

---

* 美国第四十任总统的夫人。南希曾是一名电影演员，1952年与里根结婚，是里根的第二任夫人，婚后育有一子一女。里根得了老年痴呆症后，南希整整十年照顾丈夫，令人十分感动。——译者注

哥德尔定理使人们对人脑相对于其创造的产品（如最先进形式的计算机）的巨大优越性有了认识。[25]

再看看内格尔（Ernest Nagel）和纽曼（James Newman）提出的观点：

哥德尔的结论与能否建立一台在数学智能上与人脑匹敌的计算机器这个问题有关……如哥德尔所证明的那样……初等数论中有无数问题落在固定的公理方法的范围之外，而这种机器没有能力回答，不论它们的内在结构多么复杂和精巧，也不论它们的运转速度多么快……人脑所体现的运转规则的结构好像比通常设想的人工机器的结构强有力得多……人类才智资源没有形式化，也不可能完全形式化，新的证明原则等待着创造和发现。[26]

另一些人的看法与这些结论截然相反。这里节录哲学家斯克里文（Michael Scriven）与内格尔和纽曼不一致的看法：

内格尔和纽曼被下述事实迷惑住了，无论人们给计算机什么样的公理和推理法则，显然存在着数学真理，它们不能由计算机通过利用这些法则从这些公理中得出。这是正确的，但是当我们给机器公理和推理规则时，我们会设想我们自己已经给了它数学真理的适当观念，这种假设是不正确的……哥德尔定理对计算机的妨碍不比对我们自己的妨碍大……但是，正如我们能对不可证明的定则所表达的和我们所知的情况进行比较，从而识别出它的真相一样，计算机也能这样做。[27]

人类推理与计算机相比的优越性，对此最著名的论证是牛津大学哲学家卢卡斯（John Lucas）的文章《大脑、机器和哥德尔》，他争辩道：

> 有意识的人可以用机器所不能的方式处理哥德尔型的问题，因为有意识的人既能考虑自身又能考虑自身的行为，且其考虑的是自身所做的行为。说起来可以制造一台能考虑自身行为的机器，但是若非变成一台不同的机器，即旧机器必须增加"新部件"，否则就不能进行这种考虑。但是……有意识的头脑……能够自身反省……而不需要额外的部件。[28]

这种论证吸引了一大群来自认知科学的评论家。在霍夫施塔特（Douglas Hofstadter）著作中可发现一批。[29]拉克和罗杰·彭罗斯发扬了卢卡斯的论证风格。[30]拉克考虑了最大的人工机器智能，他称之为万能真理机器（UTM）。他表明哥德尔能创建 UTM 永远不能表达的真理。哥德尔的名句从而可写为：

> 存在一个特殊的数学问题，我们知道其答案，而 UTM 竟然不知道！因此，UTM 并不体现，也不能够体现最好和最终的数学理论。[31]

彭罗斯重申了这种论证，并把它作为出发点，来论证在大脑中运转的特有的非算法过程。同样，针对这种总括的论证，出现了许多评论，其中一些彭罗斯进行了回应。[32]所有这一切都诉诸哥德尔名句证明其自身的可证明性，以作为人类直觉优于机器"智能"的实例，然而，对所有这些呼吁最有趣的反应出现在卢卡斯、认知科学家隆盖-希金斯（Christopher Longuet-Higgins）和哲学家肯尼（Anthony Kenny）之间关于"大脑本性"的争论中，这种争论构成了爱丁堡大学 1970 年吉福德演讲的一部分。[33]争论的重点在于，就各自都宣称对方所不能之事而言，人类和机器之间存在着对称关系。每个人和每台机器都有其他人和机器不能有的逻辑断言，但这并不赋予任何人或机器做出断言的特殊能力。肯尼给出了如下论述：

> 你记住，卢卡斯论证人脑不是机器，因为：假定任何机器都按算法工作，我们就能展现像哥德尔型定则那样的东西……我们能用定则来描述它，该定则在我们看来是正确的，但是机器不能证明它的正确性……针对他的一位批评家……说："看这个句子'卢卡斯不能自洽地做出这个判断'……显然，除卢卡斯以外的其他任何人都能自洽性地看出这是正确的。但显然卢卡斯不能自洽地做出这个判断，因而这表明我们所有的人具有他所没有的特性，这使我们优越于他，就像我们所有的人优越于计算机一样……"

计算机科学家麦卡锡（John McCarthy）在评论《皇帝的新脑》时，依仗彭罗斯的论证，更为详细地举出了类似的论证。[34]在所有这些辩论中，一个独有的假设一直潜藏在面纱下。这个假设就是当把大脑看成是逻辑信息处理器时，它的运转是一贯正确的。实在没有理由相信这一点（而有许多理由使人相信它不是这样！）。大脑是进化过程中的一个中间站。大脑的进化不是为了从事科学的"目的"。像大多数进化产物一样，它不需要完美无缺，仅仅需要比以前的版本好，并充分有利于赋予一种选择性优势。如果我们承认人脑是难免有错的，那么对哥德尔名句的评价就不中肯了。我们不得不断定人脑终究是不自洽的，而不是不完备的。由此而论，对于它与算法机器的同等性也就毋庸赘言了。

自由意志问题[*]

我们必须相信自由意志，别无他法。

——艾萨克·辛格[35]

(Isaac Singer)

波普尔于1950年在《英国科学哲学杂志》首期上发表了两篇论文，[36]首次对完全自知、自由意志和决定论等问题用哥德尔的方式加以论证。波普尔指出，一台决定论的计算机，如果能在自身中体现出来，那么它将不会对自己未来的状态做出有效预言，因为体现过程将不可避免地使其无法及时地做出预言。物理学家非常熟悉海森伯不确定性原理的启发式图景，即不可能做出精确测量，因为当被探测的尺度越来越小时，测量行为对系统产生的干扰将越来越大。哥德尔和图灵早期论点的一个简单推论，与这种干扰在逻辑上是等价的。波普尔正是利用这一点，来限制计算机完全理解和预言自身行为的能力：逻辑上，完全的自我描述是不可能的，这种两难境地与发现自己的自传不能跟上自己生活节拍的虚构人物尚迪（Tristran Shandy）所经历的窘境不同，因为：

---

[*]   自由意志是指人不受自然的、社会的和神的约束，有在各种抉择中的选择能力或活动能力。信奉任何一种决定论的人都否定自由意志。现代存在主义的主要特点之一，是一种激进的选择自由观念。在神学中，自由意志的存在必须与神的全能和至善相一致。——译者注

为了完全地预言自身，他不得不预言自己完全地预言自己，那么他也必须更进一步地预言自己预言自己完全地预言自己。这显然是无穷回归。[37]

英国认知科学家麦凯（Donald Mackay）发展了这个观点，并更加明确地将其用于神学和哲学问题中。麦凯经常写一些宗教和科学共同关心的问题的文章，他的文章简明扼要，逻辑清晰，研究方法上隐隐闪烁着一些加尔文主义者*的光芒。麦凯长期对自由意志和决定论问题感兴趣，并力求用哥德尔和波普尔的论点，去澄清在大多数有关决定论、先验论和自由意志的讨论中他所察觉到的混乱论述。他的论证尽管逻辑精确且严密，仍然相当多地被直接刊登在各种通俗期刊上，其中最为著名的是 1957 年 5 月英国广播公司（BBC）的周刊《听众》上刊登的两个问题。

麦凯让我们考虑一个完全决定论的世界（不考虑诸如量子力学不确定性和测量运动的装置的灵敏度有限这样的事实）；所有现象，甚至个人决定和选择都被假定为被呆板的自然法则完完全全地决定了。这样，拉普拉斯的观点就实现了。现在，我们要问的是，在这个世界上，原则上完整地预言某人的别种行为是否可能呢？

初看起来，你或许会认为这是可能的。但仔细看过后，答案又可能相反。考察这样一个人，他将选择汤或色拉作为午餐。如果有一位大脑科学家，他不但了解这个人大脑的全部状态，而且还知道当前整个宇宙的状态。我们问，这位科学家能否准确无误地说出那人选择汤还是色拉？答案是否定的。像这样的事情是棘手的，因为总能采取这

---

*　加尔文（Jean Calvin），16 世纪欧洲宗教改革家。早年就学巴黎，研习神学与法律，受到马丁·路德的影响。1541 年后定居日内瓦，建立新教教会，废除了主教制，代之以长老制。对于尼西亚会议以来的一些传统教义，加尔文持保守态度。——译者注

样的策略：如果你说我将选择汤，那么我就偏偏选择色拉，反之也一样。所以在此情况下，科学家要公开地预言这个人的选择，并且保持准确无误，在逻辑上是不可能的。

尽管如此，并不意味着这位科学家不可能正确了解这个人的选择将会怎样。只要他还继续保持对这个人和宇宙的了解，他那个就餐者的思想和行为的决定论理论将继续有效。他可以将预言告诉其他人，甚至还可以写在一张纸上，等就餐者已经选好午餐再公布。在这两种情况下，他可能做出正确的预言，但却不对就餐者的自由选择施加任何限制。只有当他把预言告诉就餐者时，就餐者才会有意地证明预言是错的。若预言被公开，则它将不能无条件地支配这个被预言者的行为。这个人总能去证明预言是错误的。他不必非得这样去做，但却可能这样做，你无法肯定。

让我们对此论点作更深入的剖析。我们作如下假设：倘若我们了解了当前的大脑所处状态，我们就能预言你下一步的行为。我们会把预言告诉其他人，所有这些人都将证实你的行动跟预言是多么地吻合，以此来显示我们擅长此道。假如你的大脑处在状态 1，我们预言你将按预言 p（1）行动。若我们把 p（1）告诉你，你还会相信 p（1）吗？

首先，我们必须考虑相信预言 p（1）对你的大脑状态产生的影响。如果你的大脑状态由于相信预言而改变，那么这个相信预言 p（1）的行为将把你的大脑从原先的状态转变到另一个不同的状态，而 p（1）却是基于原先状态做出的。大脑新状态将导致新的预言 p（2）。关键的问题是：我们能否把告诉你预言 p（1）这个因素考虑进去，进而做出预言 p（2）。然而，倘若我们果真能做到这一点，那也不能宣称 p（2）就是你所相信的，因为正是大脑状态 2 导致了预言 p（2），如果你相信 p（2），这将再一次改变你的大脑状态，从状态 2 变为状态 3。也就是说，p（2）不会是状态 2 所致的下一步行动的预言。我们对你的行动所做出的预言正确与否依赖于你是否相信它。

这是一种有趣的事件状态。通常，我们认为某一事物为"真"时，对任何人都一样为"真"。而在这里，并不存在这样的普遍性。大脑的状态与知识之间的这种关系导致了未来有某种逻辑不确定性，即能被其他事物所预言的事物与事物本身的必然性之间存在着差别。

在这里，麦凯在于表明：大脑行为的决定论模型不会让个体选择自由的信念站不住脚。他并不把这归咎于量子不确定性和不可计算性。他对人的思想和感情在大脑中的编排做了如下的大胆猜想：人们所见所闻、所感所悟，都完全且独特地在大脑中编码。这样，对某事物信仰的改变（即思维的改变）就可以用大脑状态的特定改变来表示。

在解释什么是"自由"时，麦凯写道：

> 称某人是"自由"的，（a）我们的意思是他的行为不可以由他人来预测。我称这为任性的自由；或者（b）在下述三重意义下，我们认为他的决定产生的结果取决于他自己，其一，除非他做出决定，否则决定是不会被做出的；其二，他能够做出决定；其三，不存在对这个结果的完全确定的具体说明，他可以正确地接受为不可避免的，要是他知道的话，他也不能反驳。[38]

麦凯把这段话用来论证神的先知问题：

> 只要我们知道了这种神的先知，我们就不会相信它了，因为

对我们（不像上帝）来说，这包含着矛盾。[39]

据此，他接着得出结论，（神经过程的）物理决定论并不含有"（否定人的自由与责任的）形而上学决定论"的意思。此外，许多人传统上视为宿命论的神学教条，在逻辑上是行不通的。对于下述情形的逻辑的严重误解，过去曾有过激烈的争论：

> 我们中的许多人已经习惯于假定神的宿命论教条，它只是一些现有的陈述，描述了我们和我们的将来，并且包括我们将要但还未做出的选择，只是我们不知道而已，但上帝却了如指掌。他们这些人对以上论证会感到很奇怪。但是，我希望通过上述论证，使我们能够清晰地认识到，这削弱了上帝的尊严，因为这仅仅让我们去想象上帝处在自相矛盾之中。此时此刻，我们并不知道任何这样的描述，所以如果它存在的话，它将不得不把我们描述成不相信它。但是，在这种情形下，我们相信它是错误的，因为我们的相信是毫无根据的。倘若我们作另一种选择，使其描述我们是相信它的，这也是没有用的；对于这种情形，它在此刻是伪的，因此，纵使我们相信它而使它变得正确，我们还是处在不相信它的错误中。于是，说也奇怪，对我们未来的神的先知来说，并不存在有关我们的无条件的逻辑预言。
>
> 我相信，这一切都在于表明，谬误不仅是阿明尼乌主义*和加尔文主义之间的神学争论的基础，还是物理决定论或心理决定论与联系于人的责任感的自由意志论者之间的哲学争论基

---

* 阿明尼乌主义为基督教神学流派。兴起于 17 世纪初，以开明观点反对加尔文宗教的得救预定论，宣传上帝的权威与人的自由意志互不矛盾。该派因莱顿大学荷兰归正会神学家阿明尼乌得名。阿明尼乌主义对卫斯理宗影响甚大。——译者注

础……甚至还表明，上帝具有扭曲和转变事件的特权与认为我们是自由的之间并不矛盾……关于我们是自由的信念，在没有决定论性详尽地说明已有存在的意义上，只要我们知道它存在，我们就应相信它是正确的，不相信它是错的，不管我们是否喜欢它。[40]

这些论证给任何预言性的解释研究都能带来清晰而简明的启示。完全决定论性现象有不可预测的一面。[41]

波普尔和麦凯的论证，产生了更深层次上的困难。因为，麦凯设想了一个超存在在做预言，并且这个超存在预言的主体是两个不同的"意识"。但若两个主体是相同的，又将会怎样呢？设想我对大脑和外部世界的工作机理了解很深，因而能计算出我在就餐时将吃什么，进一步设想我相当执拗，故意不吃任何我所计算出的我将吃的东西。这样，我就成功地使预言我的选择成为逻辑上不可能做到的事情。然而，如果我通情达理，我会在仔细考虑后吃任何我所计算出的我将吃的东西。在那种情况下，我能够成功地预言我未来的行为——但这仅当我选择了这样做的时候才成立。能否预测我的未来，完全在我的权利范围内，这是一个悖论式的问题。

让我们看一看超存在引起的困难是什么类型的。如果他顽固地选择与他的预言相反的方式行动，他就不能预测未来，即使宇宙是完全决定论的。因此，他无法了解宇宙的整体结构。如果他想反抗的话，对他来说万能上帝在逻辑上不可能存在。但是如果他并不想反抗，那他将无所不知。如果他不按照他所预言的那样行动，那么没有人能预测他将做什么！

反作用对策

你只能预示业已发生的事。

——尤金·约内斯科 *[42]

（Eugene Ionesco）

据说，经济预测与天气预报不同，经济预测能够改变经济，但天气预报不改变天气。诸如经济预测之类的活动显示了预测对象总是不可避免地依赖于预测过程。这跟麦凯考虑人的选择时所显示出来的一样。然而，尽管这是不言而喻的问题，但令人吃惊的是，获得诺贝尔奖的经济学家西蒙在这个问题上却犯了错误。他说，若投票活动能自动调整自己去考虑选民的反馈作用，我们就能预测它的结果。政治学家已经给这个问题起名叫"反馈悖论"，但他们看上去一点也不了解波普尔和麦凯对这个问题已做的工作。[43]实际上，西蒙甚至宣称，由于他的结论，"因此驳倒了那种认为逻辑上不可能（对公共预测）做出准确预测的观点"。[44]

1954年，在一篇题为"选举预测中的乐队车和落水狗效应"的文章中，[45]西蒙声称应该承认做出正确预言的可能性，甚至在把预测结果告诉选民时也一样。与波普尔和麦凯（西蒙并不知道他们的工作）的结论相反，西蒙得出结论："这个证明在原则上驳倒了一般认为不可能对社会行为做出正确预测的断言。"

---

*　出生于罗马尼亚的法国剧作家，1945年以后在巴黎定居。他的成就在于广泛普及非表演的超现实主义技巧，使已习惯于戏剧的自然主义规范的观众能接受这些技巧。在他的作品中，关心精神上的怪人怪事很少，而对梦幻、潜意识的探讨甚多。他的《秃头歌女》引起了一场戏剧技巧革命，导致了荒诞剧的诞生。——译者注

其实，西蒙的证明是错误的，他误用了一个被称为"布劳威尔不动点定理"的数学定理。[46]应用这一定理必须要求选民数无穷多，而且连续地做预测与回应。值得注意的是，这条错误的"定理"看上去还在政治科学文献中占据着显著的地位。希望选举策略家不要过于依赖它。正如亚当斯（Henry Brooks Adams）* 曾经指出的，"实用政治在于忽视事实"，它操作起来很危险。

事实上，奥贝特（Karl Aubert）已经指出：选举前的预测将只有数量有限的不同反馈，选举结果也有限（不是无限的连续统）；如果给予这一事实应有的重视，来对反馈问题进行正确的分析，那么，我们就能确定选举预测的正确度。如果选举有几种结果，并假设对每一个假设的反馈程度都相同（当然，这可能并非事实，这里仅是假设而已），那么，对任意 n，预测为正确的概率可由下列简单公式给出：[47]

$$概率(n) = 1 - (1 - 1/n)^n。$$

当结果唯一时，概率（$n = 1$）= 1，我们可 100%地猜测正确。有两个可能的结果，概率为 75%；有三个时，概率降为 70%，随着 n 的增大，概率（n）的值单调减小，越来越逼近 0.63**。这太令人吃惊了！当结果的可能性非常多时，预测正确的机会还有 63%。它高于一半（即 50%），而永远低于 100%。

最近的一些研究提出了一些预测未来的不可能性定理，这些定理更强，适用范围也更广。[48]从这些可以看出，一台在未来状态还没有发生之前就能正确地预测它们的计算机，是不可能造出来的。不可能性普遍存在，甚至在试图预测有限非混沌系统（即系统对不确定的初始条件不敏感地依赖）的未来状态时，这种不可能性也存在，并

————————
* 美国历史学家，著有《美国史》9 卷及自传《亨利·亚当斯的教育》等。——译者注
** 当 n 趋于无穷大时，概率 = $1 - 1/e$ = 0.632 120 55……——译者注

且这种不可能性与量子不确定性没有直接关系。纵使计算机速度无限快，比图灵理想机器更强大，这种不可能性也是成立的。这个结论是哥德尔定理在物理中的类似物：它告诉我们，我们处理信息不可能比上帝快。

数学：生机勃勃

是什么点燃了方程式之火，
让它焕发生机呢？

——约翰·惠勒[*]
(John. A. Wheeler)

迄今为止，我们一直认为数学与科学研究的世界截然不同。数学是所有可能模式的集合，人们必须从中选取一个候选者来描述自然界行为的某一特征。但还有一种更不寻常的思想方式，这在我早些时候出版的一本名为《天空中的 π》的有关数学本性的书中已经介绍过了。

在物理学和宇宙学中，我们习惯于假设有一个所有可能世界的集合。然而要问，所有允许组织起复杂到可以称为"活的"复杂事物、并支持其演化的可能性子集有多小？倘若可观测宇宙中物理学的定律和常量确定的特征稍许改动一下，那么观测者就可能不会存在。从这个意义上来说，这种支持生命的可能性子集看上去会很小。若真是如

---

[*] 惠勒是一位典型的诗化物理学家，从黑洞到多世界理论，诸如此类的新颖想法逐渐为同行们重视。他也因其杜撰和附会各种格言和隐喻而闻名。他曾说："永远没有必要去追逐一辆公共汽车、一位女士或一种宇宙新理论，因为几分钟以后你总会等到下一个。"一副老顽童嘴脸，真让人忍俊不禁。2008 年，在他 97 岁高龄时去世，费曼和索恩都是他的学生。——译者注

此，这个发现将会告诉我们有关宇宙结构的起源及其确定特征的某种深奥知识。

让我们把这种思维方式用到数学上。为此，我们必须将着眼点作根本改变。我们已经知道"存在"有两种含义。对希尔伯特那样强调公理化的数学家来说，存在无非是意味着逻辑相容；任何东西只要逻辑不发生冲突，就能在数学家的世界中存在。[49]对科学家来说，存在意味着我们在宇宙中发现了它。它必须是物理实在。科学家通常假设物理实在比数学上逻辑相容的可能存在要小得多。但是，如果两者是相同的呢?[50]我在《天空中的 π》一书中指出这是可能的。我们应该想象一下所有可能的数学系统的集合。这个集合是由公理和演绎规则组成的所有可能系统定义的。现在的问题是，为了能表示有意识的观察者的特征，相应的数学结构需要复杂到什么程度。如果罗杰·彭罗斯对意识与哥德尔命题的衔接是正确的话，那么为了在形式系统中存在意识，我们将要求不完备性。但是，就像在本章前面部分已经看到的，这意味着形式系统必须足够复杂，以致能包含算术，而几何不足以达到这个要求。为了知道逻辑、计算及其数学分支中哪个方面是足够复杂到能描绘生命等复杂事物的，我们可以推广上述要求。如果人们采取完全的柏拉图哲学的立场（就像哥德尔自己一样[51]），这种观点就很自然，因为形式系统也能表示出某种现实性。

不可能性的怪异种类

先生和女士们的竞选获胜，
主要在于大多数人反对某人，

而不是支持某人。

————富兰克林·亚当斯 *[52]

(Franklin P. Adams)

　　社会学家和政治家长期以来一直对投票结果的细微差别感兴趣。今天，投票已不限于选民和滑冰比赛了；像太空任务这样的高技术系统经常在许多（多半是奇数个）计算机的控制之下，这些计算机根据它们所运行的数据来"投票"决定是否发射。如果有两台计算机认为应"放弃"，只有一台主张"发射"，发射任务就会取消。更怪异的是，有许多关于人类思维运转的重要理论把思维想象成一个社会那样具有各种相互作用影响的多层次体系，每一层次支持一项特殊的行动方针，不知何故最终做出一项选择。这个由明斯基（Marvin Minsky）最先提出的"思维社会"图景，当然与我们"两种思维"存在或在复杂选择面前犹豫不决的感觉不谋而合。因此，我们可以设想，任何足以产生自指或允许进行有意识地选择的自然复杂性形式，都会分摊任一投票程序应有的局限性。

　　在本章中，我们到目前为止已经看到逻辑系统的总体框架所产生的不可能性。下面我们将通过说明怎样由许多完美而理智的个体选择的叠加来产生集体不可能性，以此结束本章。

　　假设你正在聆听政府内阁的三人委员会的秘密会议，他们必须做出的决定将对国家的未来产生深远的影响。在你面前有三种选择：（1）只有国家健康服务机构；（2）只有私人医疗保险计划；（3）两套系统的综合。设参加秘密会议的三个人分别是 A、B 和 C。他们各自按自己的偏爱次序投票：A 最希望推行政策 1，然后是政策 2，最

———————————

　　*　美国专栏作家和诗人，被誉为现代报纸专栏的奠基人。——译者注

后是政策 3；B 最希望推行政策 2，然后是政策 3，最后是政策 1；C
依次是政策 3，政策 1，政策 2。文职工作人员仔细地记下这些选票，
然后计算投票结果。他们发现政策 1 与政策 2 哪个更受青睐的得票之
比为二比一，政策 2 与政策 3 哪个更受青睐的得票之比也为二比一。
A 当即宣布："那就是它了，从现在起，我们将只有国家健康服务机
构了，太好了!"。汉弗莱爵士马上接过话来，"等一等! 这件事有点
奇怪，政策 3 与政策 1 哪个更受青睐的得票之比也为二比一，1 优于
2，2 优于 3，但 3 又优于 1。这是怎么回事，部长先生?"

　　这个例子极其令人担忧，它由法国数学家兼社会学家孔多塞
（Marquis de Condorcet，1743—1794）* 于 1785 年首次发现。民主投票
在逻辑上似乎产生了矛盾。当我们从个体选择过渡到某一集体选择形
式，悖论就出现了。集体合理性看上去不仅仅是个体合理性之和。

　　社会选择与个体选择迥然不同，虽然社会选择是由个体选择组成
的。因此，集体的社会选择有时表现出一种任意性，而反映不出个人
的决定。个人的决定来自个人的倾向与偏爱，但集体的社会选择却不
是这样产生的，社会本身没有倾向和偏爱。

　　从秘密会议这个例子取得的最重要的现代发现是，它并不是一个
现实生活中不可能出现的人为构想的舞台。[53]美国政治学家泰勒
（Alan Taylor）已经在一次公开声明中指出，这个问题实际上在 1980
年选举代表纽约的美国参议员席位时就已经出现了。[54]当时，三位候
选人中有一位保守主义者达马托（Alphonse D'Amato）（他后来成为

---

　　* 　法国数学家、哲学家，他关心人类能够无限完善自身进步的观念，对 19 世纪哲学和社
　　会学有极大影响。他的《概率演算教程及其对赌博和审判的应用》对概率论发展起到历
　　史作用。他的《杜尔哥传》《伏尔泰传》是两本优秀的文学著作。1794 年，在罗伯斯庇
　　尔执政后被捕，两天后死于狱中。——译者注

著名的牵连到克林顿夫妇的白水事件*的调查委员会主席）和两位自由主义者霍尔茨曼（Elizabeth Holtzman）和贾维茨（Jacob Javits）。对所有三方进行票站调查，这被认为能给出选民对三位候选人偏爱的可靠记录。三位候选人优先顺序的六种可能情况的票站调查结果如表8.1所示。

表8.1　美国参议员选举，纽约1980：票站调查

排　列　法			得票优先（%）
1	2	3	
达马托	霍尔茨曼	贾维茨	22
达马托	贾维茨	霍尔茨曼	23
霍尔茨曼	达马托	贾维茨	15
霍尔茨曼	贾维茨	达马托	29
贾维茨	霍尔茨曼	达马托	7
贾维茨	达马托	霍尔茨曼	4

选举的结果是：达马托获得45%的选票，霍尔茨曼44%，贾维茨只得了11%。但根据票站调查结果，我们看下一对一对决的情况：霍尔茨曼以66%比34%击败了贾维茨，并以51%比49%击败了达马托。非常明显，投票结果在很大程度上依赖于如何处理选票。

这些理性选择的悖论表明了这样一件事实：A优先于B，B优先于C，并不意味着A优先于C，这在逻辑上称为"不可传递性"。如果A优先于B，B优先于C，意味着A优先于C，则称这种情况是可传递的。我们已经知道优先权顺序是不可传递的关系。在足球比赛

---

*　白水事件起因于一宗美国克林顿夫妇参与的土地开发案。该案涉及偷漏税、利益输送等违法事情，在初期调查过程中，白宫副法律顾问福斯特又自杀身亡，导致司法介入调查。最终调查结果没有发现克林顿夫妇的违法证据，但引起了一系列案外案，包括克林顿任阿肯色州长时的副州长塔克被定罪。白水原文为whitewater，意为激流，这里是公司名。——译者注

中，击败对方球队是不可传递关系：如果阿森纳队击败了热刺队，热刺队又击败了切尔西队，那么这并不意味着阿森纳队一定会打败切尔西队。"喜欢某人"也是一个不可传递的关系："彼得喜欢保罗"和"保罗喜欢皮帕"并不能保证"彼得喜欢皮帕"。与此相反，诸如"大于"这样的关系则是可传递的。如果数 A 大于 B，B 又大于 C，那么 A 肯定大于 C。我们将会发现，在做选择中悖论式的事情是：我们不可能有任何合理的多数决定的规则，以把建立在传递性基础上的理性观念从个体传递到个体的集合体。

不可传递性还能以其他形式出现。比如，当选民根据他们在不同问题上的不同立场投票选举各党派时，假设选民不能在单个问题上投票，只能对候选人投票，这些候选人都对两个问题持有自己的观点。在第一个问题上的两个观点是"国家健康保护"（S）和"个人健康保护"（P），对第二个问题的两个观点是"高就业"（J）和"低赋税"（T）。对候选人而言，这两个问题组合起来有四种可能的立场 SJ，ST，PJ 和 PT。假设有三位选民对以上四种可能的立场组合投票，优先次序分别为：

选民 1：（SJ，ST，PJ，PT）

选民 2：（ST，PT，SJ，PJ）

选民 3：（PJ，PT，SJ，ST）

我们发现，如果一对一比较，没有任何一个立场能击败其他所有立场。因此，这个优先次序是不可传递的（参见图 8.4）。

对于这个简单的例子，令人着急的是：如果我们按问题分解这些选票，那么选民 1 和选民 2 将投 S 的票，而不投 P 票；选民 1 和选民 3 将投 J 的票而不投 T 的票。然而，虽然分解这些选票后 S 的得票数比 P 多，J 的得票数比 T 多，但是立场的组合 PT 还是击败了 SJ。因为 PT 得到多数选民（选民 2 和 3）的支持。显然，占多数的立场组

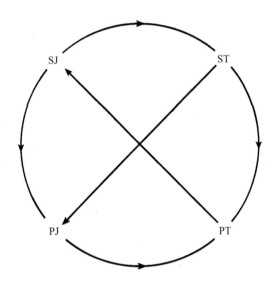

图 8.4　在两个问题上，没有任何一个立场能击
败其他所有立场。箭头标记在两个问题上的多数
选择。选择是循环的，所以社会选择是不可传
递的。

合可以由只有少数人赞同的立场组成。这就是为什么政客们喜欢安排
日程去寻求各少数派集团的支持的原因。我们又一次发现，从个体优
先次序到集体意愿的转变道路是不可靠的，并且是反直观的。

　　从 19 世纪开始，我们就已经以简单的形式发现了这些投票悖论。
要不是长期以来我们一直认为总可以在现实生活中避免奇特性的话，
这些投票悖论中的大部分早就像我们在本章前面部分看到的逻辑悖论
那样在逻辑中预先发展了。当 1950 年美国经济学家阿罗（Kenneth
Arrow）＊ 在普遍而显见的形式中分析了民主选择问题后，事情发生
了戏剧性的转变。这个结果最后以一个不会引起麻烦的题目"社会

＊　美国经济学家，生于 1921 年，死于 2017 年，因对福利经济学和一般均衡理论的贡献而
　　著称。他用初等数学证明完全反映民意的代议政府是不可能有的，这种不可能性使人耳
　　目一新。1972 年，他获得了诺贝尔经济学奖。主要代表作有《社会选择和个人价值》
　　等。——译者注

福利概念中的一个困难"发表了，[55]而这使得阿罗荣获了 1972 年度诺贝尔经济学奖。这个结论被悲观人士称为阿罗不可能性定理，乐观人士则称之为阿罗可能性定理。

阿罗不可能性定理

在专制政权下，只有一个人能随心所欲；在贵族政权下，有一小部分人可以随心所欲；在民主政权下，没有人能随心所欲。

——西莉亚·格林[56]
（Celia Green）

为了发现是否可以在某些条件下避免不可传递性，同时又不去触及众多具体的选举制度，阿罗采用了一种通过把各种民主制度的本质特征分离出来进行分析的方法。他假定个体的选择满足两个简单的规则：

（a）选项之间具有可比较性。如果存在两个选项 x 和 y，那么应有 x 优先于 y 或者 y 优先于 x。这实际上就是要求两个选项应当有一些可以用来进行比较的共同之处。此外，个体选择之间是相互独立的，不存在相互的关联。

（b）传递性。在选民的个体选择中，选项的优先顺序是不互相矛盾的，这就是说，如果 x 优先于 y，y 优先于 z，那么 x 必须优先于 z。注意，我们要探讨的是，这个性质对于选民的全体意愿是否依然成立。

人们一般都希望任何一种由众多个体选择而产生的社会选择都应当是民主的选择，所以接下来我们要做的就是选择一些"民主选择"的标志性特点。我们共选了五个条件：

条件（1）：个体选择是完全自由的。

每个选民都可以选择任何一个可能的候选人，任何组织都不得阻挠选民意愿的自由表达。

条件（2）：最终的社会选择应当能正确地反映选民的意愿。

如果在社会选择中 x 优先于 y，那么在有人改变他们的选择（x 优先于 y）以前，x 必须保持优先于 y。而且，其他选项的优先权的改变与 x 是否优先于 y 这个问题无关。这就确保了在这种把个体选择累计起来而得到集体选择的方法中不会出现反常现象。

条件（3）：不相关的选项之间没有相互影响。

在某些选项的子集中，选项的优先顺序不会因为不在此子集中选项的优先顺序的改变而改变。

条件（4）：选民的呼声。

选举的结果不是强加的，社会选择必须是选民意愿的体现。这样就防止了社会的选择是由于诸如某种宗教信仰之类的外在因素而强加于社会的。

条件（5）：没有独裁。

任何个体的选择都不能决定整个社会的选择。这就防止了社会选择是被内部的某个人强加于社会的。

这些条件的目的是允许严格审查个人选择和集体选择之间许多可

能关联的后果，这些后果只受到大多数社会成员所认为的对民主选择是可取的（如果不是必要的话）这种相当合理的限制。值得注意的是，阿罗证明了：如果有无限多的满足规则（a）和（b）的个体选择，那么就不存在一种可以把个体选择合起来并形成满足上述五个条件的社会选择的方法。

每一种做出满足条件（1）~（3）的社会选择的方法要么违反条件（4）或条件（5），要么就与规则（a）或规则（b）相抵触。注意，由于前提（b）的明确限制，所以社会的不可传递性不会从任何个体选择的不可传递性中产生。但是，如果满足民主条件（1）~（5）和（a），那么所得的结果中必然会有不可传递性。这里，没有诸如社会舆论之类的事物存在。

由于有哥德尔的不完备性定理，所以很有必要来考虑一下阿罗定理的基本假设，以期能找到其中最薄弱的环节。阿罗提出的所有条件都是必要的，因为除去它们中的任何一个都会导致定理的不成立。于是，如果这些条件中有一个站不住脚的话，那么"可传递的社会选择是不可能的"这个结论也就不再成立。我们最有兴趣仔细检查的条件是条件（1）：个体选择是完全自由的。

在阿罗的工作之前，人们就已经知道，当个体选择受到某种方式的约束时，我们可以得到一个具有传递性的多数决定。布莱克（Duncan Black）的工作[57] 以及后来森（Amartya Sen）对其工作的进一步发展[58] 表明：如果每个选民对每个选项的排列都不相同的话，就不可能得到一个大多数选民都赞同的"多数决定"这一点，这在前面提到的秘密会议例子中是很明显的。在那里，每位选民提出的选项的优先级排列（1，2，3）都是不同的，在这种情况下，很容易产生不可传递性和悖论。在其他情况时，如选民对于最佳、次佳……最差有某种共识的话，也就是满足阿罗的条件（a）、（b）和（2）~（4）

但不满足（1）的情况下，阿罗的不可能性定理就可以避免。这就表明，当选民的意愿有某种程度的相似性或者有某种共同的趋势时，阿罗的不可能性就可以避免。如果对于任何一组三个选项，都存在这样的选项——所有人都认为它不是最好的（或不是居中的，或不是最差的），森称这种选民偏好集合是"价值限制"的。（类似地，可以推广到任意数目的选民和选项情况。）

对待这些悖论的另一种方式就是希望它们出现的可能性非常小。如果确实如此的话，那么这些悖论就可以作为无妨大雅的枝节问题而被忽略。利用森的结论，"当每个选民排出的优先序列都不同时，才会产生不可传递性"，我们可以很容易地计算出这些悖论出现的可能性的大小。比如，我们考虑在三位选民选择三个选项这种情况下，悖论出现的可能性有多大呢？我们知道，只有一种悖论，即 A 优先于 B，B 优先于 C，而 C 又优先于 A 这种情况。

由于三位选民中的每一位都有六种方式来写出他们的优先级序列（ABC，ACB，BAC，BCA，CBA，CAB），所以三位选民总共会产生 6 × 6 × 6 = 216 种可能的优先顺序排列，只要任何两位选民选出的第一、第二、第三位置是不同的，就会导致悖论的出现。接下来，我们具体考虑一下在这种情况中会有多少种产生悖论的方式。当第一位选民做出了前面所述的六种方式中的任何一种选择后，第二位选民只有两种选择方式，可以使得他的优先序列与第一位选民的优先序列的第一位置、第二位置、第三位置都不同。对于第三位选民，他只有一种选择方式，可以使得各位置上的选择与前两个人的选择处处不同。因此，产生悖论的方法有 6 × 2 × 1 = 12 种。这样，悖论产生的概率为 12/216 = 0.056，即 5.6%。

如果我们增加选民的数目而保持三个选项数目不变，那么，上述概率就会慢慢地增加到 8.0%。* 但是，如果选项的数目增加的话，则悖论产生的概率会迅速增大，直到 100%。如果选民的数目是偶数，那么获得相等票数的候选人出现的可能性就会发生，从而不一定只出现一位大家都赞同的胜利者。表 8.2 中列出了悖论产生的概率随着选民数和选项数以奇数方式增大时的增加情况。[59]

表 8.2　无法定胜者的概率

选项数	选 民 数						
	3	5	7	9	11	…	极限
3	0.056	0.069	0.075	0.078	0.080	…	0.080
4	0.111	0.139	0.150	0.156	0.160	…	0.176
5	0.160	0.200	0.215	0.230	0.251	…	0.251
6	0.202	0.255	0.258	0.285	0.294	…	0.315
7	0.239	0.299	0.305	0.342	0.343	…	0.369
·	·	·	·	·	·	·	·
·	·	·	·	·	·	·	·
极限	1.000	1.000	1.000	1.000	1.000	…	1.000

注：当选民和选项的数目改变时，选举悖论就会从不可传递性中产生。当选项数目为 3，而选民数目增加时，悖论产生的概率就慢慢上升到 8%。当选项数目增加时，不论选民数目如何，悖论产生的概率都会达到 100%。数据源自 S. 布拉姆斯，《政治学中的悖论》（1976）。

阿罗不可能性定理中所隐藏的悖论问题，远非什么无妨大雅的技术细节问题，它带有普遍的意义。但是，当你把上述的概率分析结果运用到现实的选举中时，必须要注意到这样的前提：在前面的分析中，为了简化问题，我们假定每一种选择都是等概率的，而在实际中，这却是不可能的。因为现实中的许多主观因素，会使选民们对某

———————

* 　原文误为 8.8%。——译者注

些选项有相对的偏爱。而且，实际中一些老练的选区（特别是在政治机构内的小选区）里，往往把这种悖论的可能性故意引导到有利于其党派利益的方面上。唯一能够防止这种诡计的选举方式就是独裁方式。

避开阿罗定理的结果的另一种方法，就是把"独裁者"换成一个"随机数发生器"——当处于不可传递性情况时，任意地做出某种社会选择。当我们在没有什么合理的选择理由却又要做出决定时，经常会这样做，要么冒险选择一个选项，要么利用一些诸如扔硬币、抓阄之类的随机措施以打破僵局。蒂普莱曾经建议把这种随机数发生器作为意识（人或人工智能）中的一种辅助性的机制，以打破由不可传递性所造成的僵局。[60]应当指出的是，这种随机数发生器可能与基本的量子不确定性有着某种联系，而量子不确定性则被一些人，如罗杰·彭罗斯等，认为在神经信息处理中也起作用。[61]如果打破这些僵局对做出果断的决定非常重要，那么这必然有助于提高生存能力。因此，它也应当是合适的。

上面这些结果都很令人惊奇，它们表明了复杂体系的行为如何违反直观，同时还涉及对于像人类意识那样的系统的简化解释。我们已经看到，集体的选择是如何可能与个体选择不简单相关的（不论这些选择是选民在选票或计算机终端上做出的，还是由量子随机做出的）。但有意思的是，将来由于技术的进步而使个体的选择可以很快地被收集起来，所以民主社会的公民们会有更多的机会，选择他们被统治的方式或他们所能得到的物品的机会。然而，除非对选民或他们的选项进行某种特殊约束，否则这将会使得未来社会在某些更深层次上更加非理性。

本 章 概 要

弦、切、割正余都相通，

对数不论自然或常用，

双曲函数一起弄，

三点一四一五九，

快把计算尺拉动，*

理工，理工，理工！

——加州理工学院海狸队之歌

(Caltech "Beavers" Cheer)

在本章里，我们集中讨论了几种影响我们的不可能性和无规律性。在某些情况下，它们限制了我们预言和提供不可能性未来视野的能力，而这些不可能性会使我们终止理解宇宙的努力。但是，哥德尔定理所导致的情形，远比先前的评论者们认为的要复杂。至于它是否冲击科学事业，则有着各种各样的结论。许多科学家已经着手去把哥德尔的想法运用到说明为什么电脑不能与人脑相提并论的问题中去了，但迄今为止，这些说法还都不那么令人信服，因为电脑也会对人脑提出相同的诘问。只有当我们认真地对待人脑的缺点时，我们才能把人脑和人工智能的功能范围区分开。图灵、麦凯以及波普尔的贡献，使得我们对于这些结果的心理学推论有了更进一步的认识，并表明了这种心理学推论使得著名的自由意志问题有了新的令人信服的说

---

* 由于1970年代末开始普遍使用计算器，使1970年以后出生的一代不知道计算尺为何物。计算尺利用对数性质，将乘除法变换成加减法，从而对应于刻度尺的左右移动。在以往的年代，科学家与工程技术人员须臾不能离开计算尺。——译者注

法。同时，我们还发现那些被广泛引用的政治学的数学理论中，涉及选举的规律性定理实际上都是错的。最后，我们深入社会科学的领域，探讨了阿罗所发现的、存在于理智的选举体制中的怪异的不可能性。个体的选择通过民主的方式转化成集体的选择这一过程，也由于不可能性的存在而无法进行：不存在可靠的、可以建立理性的集体选择的方法。尽管这些悖论都是在考虑经济学和政治学中的选举体制时被发现的，但它们对于某些关于人脑机理的理论也有着令人惊异的应用。在那些理论中，人类大脑被看作是一个由"神经选民"组成的社会。

第九章

再论不可能性

除了本质上不可能的之外，皆是可能的。

——《加利福尼亚民法典》

(*California Civil Code*)

由 非 谈 是

人不是只有一个中心的圆，而是有两个焦点的椭圆，一个是
事实，一个是理念。

——雨果 * 《悲惨世界》

(Victor Hugo, *Les Misérables*)

---

* 雨果是 19 世纪法国诗人、小说家、文艺评论家和政论家。他作为浪漫主义运动的领袖
而崭露头角，在今天的地位主要得之于他的小说和诗歌。他在小说中重现了他的青年时
代，读者至今仍被他寻求正义的努力所感动。诚如他所说，对人而言，除了事实，还有
理念。——译者注

存在一些我们无法企及或无法想象的事物，这种想法会在科学评论者中产生条件反射式的轰动。有人认为这是对人类求知的一种公开的诋毁，是向愚昧无知举白旗投降。另一些人则担忧，大谈那些本不应当指出来的不可能性，会使其成为反科学人手中的把柄，用来冲淡科学在公众心目中的永无止境的成功范例之形象。最后，还有一部分人，他们对技术的快速进步持怀疑态度，认为这是对环境的破坏，不停地追求那些不可证实的事物也是对人类尊严的践踏。因此，他们把关于不可能性的谈论看作是对他们的这种怀疑的一种认同。

如果本书能够告诉大家什么的话，那么我希望它能够使你们相信：不可能性观念的奥妙远远不是那些对于无止境的科学知识的天真设想，或是那些对于"科学家将最终受到重创"的虔诚信念所能比拟的。极限是普遍存在的。科学之所以能够存在，也恰恰是因为我们对自然的了解有一个极限。自然定律和自然常量把我们的宇宙和那些可以设想的、且其中没有不可能性的宇宙区别开来。在那些宇宙里，可能性不受任何限制，因此就不会存在复杂性，更不会存在生命。当然，那里也没有想象力。我们能够在逻辑上和实践中构想出不可能性的这种能力，恰恰是唯独为我们行星上的生物所具备的自反思意识的体现。正是由于存在不可能性，具有意识的复杂性才得以存在。

几千年来，在语言和艺术中对不可能性的探索和创造，使人类的意识具备了进行联想和其他理性活动的能力。哲学家们曾为那些介于可能性和不可能性之间的概念而苦苦思索。神学家们则为调和神无所不能的观念与逻辑和自然定律的必要性之间的冲突而绞尽脑汁。

我们已经看到，这些思索对我们思考宇宙的方式产生了非常深刻的影响。艺术家们所创作的"不可能"的艺术品，已经使我们对意识的工作机理有了新的领悟。像所有其他艺术一样，这种艺术创造揭示了人类意识可以放心地去探索另一种真实性。而那些显而易见却又难以理解的语义和逻辑中的悖论，导致了人类对数学和逻辑学本质的更为深刻的发现。我们已经知道，那些复杂得足以表达其自身真实性的逻辑结构，是不可能通过公理和规则的可预料列表来完全体现的。

在人类能力所及的每个领域，我们都已取得了巨大的进步，我们周围各种各样的技术发明，就体现了这种进步。这里，人类智慧所发现的是宝贵的可能性的东西。难以想象这种美好愿望的源泉有朝一日会枯竭。容易假定这种富有成效的进步是永无止境的，况且这本来就是人类进取性的特征。容易把现实的本质看作是技术上可能的事物的总和，而把可能的局限性看成是可不断消除的枝节问题。我们已经探讨了一些可能会导致科学终结的途径，并且还看到了一些不寻常的巧合——如果我们认为我们的能力仍将能够认识深邃的自然界的话，那么我们就必须承认这种巧合的存在。我们现在正处于一条进步的长梯上，而正是进步决定了我们当前能够具有处理比我们自身大、小或复杂的事物的能力。

那些不可能达到的极限，也许最终将比罗列各种可能性的东西更好地定义我们的宇宙。在许多前沿问题中，我们发现复杂性的增加最终会导致一种不仅是受限制而且也是自我限制的情况。我们最有力的理论发展，重复遵循着下述规律。开始的时候，它们都非常成功，以至于被认为可以解释一切。随后，评论家们就开始展望如何去解决这些理论所能涵盖的所有问题，而且，偶尔他们还会觉得这些理论是万物理论。但是，接下来一些意外的事情发生了。这些理论预言了自身所不能预言的，它告诉我们，存在着某些事物是不能告知的。更为有趣的是，似乎只有我们的最有力的科学理论才具有这种自我否定的特性。

当我们试图去理解我们身处其中的宇宙时，我们已经探讨了许多极限问题。存在着人类的极限。它主要是由于人类本性以及进化遗传所造成的。此外，还有技术的极限，而它的根源实际上是我们的生物本性。我们身体的尺寸、力量的极限以及我们所处的适合生物生存的温和的环境，都迫使我们去追求技术上的进步，去设计那些可以用来探索我们周围可能的极端尺度、复杂性以及温度的人工机械。在这些追求中，我们遇到了未曾预料到的极限，这些极限的存在，使我们不能依照想象的那样去做所有的事。获取信息是非常昂贵的，需要花费时间和精力。况且信息的传播速度有极限，它的分辨和检索的准确性也有极限。但最为糟糕的是，在一段时间内，对所能处理的信息量也有限制。我们被许许多多具体的问题困扰着，这些问题太复杂了，以至于单凭人脑根本无法解决，甚至借助最快的计算机也无济于事。所以，这些问题都是无法驾驭的。而且，它们中的大部分看起来都很简单，但解决起来却超过了整个宇宙的空间和时间所容许的。

前面的这些极限是由于现实性、耗费以及时间造成的，而且其中有一些只是我们日常经验的一种推广。所有的这一切都有可能在遥远的未来正式来临。但是，除此以外，我们还发现了一些意想不到的极限，这些极限确定了更为基本层次上的不可能性。在对宇宙的探索中，我们离开人类的日常经验愈远，就能发现愈加惊人的极限。

天文学家们试图理解宇宙结构的愿望，最后仅仅以了解一些宇宙学问题的皮毛而告终。所有的关于宇宙的起源到终结的本质问题，都是无法回答的。* 宇宙的可观测部分与可能是无限的整个宇宙之间有着本质上的区别。我们无法看到，也无法知道我们视界以外的一切。当然，这种局限性也有它积极的一面，如果它不存在，那么我们也将

---

* 宇宙组分的态方程参数 w，是决定宇宙终结方式的一个重要物理量。w 应是宇宙红移 z 的函数，但是目前的观测结果仅仅是它的零阶值。尽管一系列的暗能量巡天项目已经开展，迄今尚未看到确定它的线性项值的希望。这个例子充分说明作者的论断是有道理的。——译者注

无法生存，因为如果那样的话，宇宙的每一个星体和星系的每一运动都将会立刻影响到我们。

直到最近，科学家们还对一种"所见即所得"的宇宙理论的合理性坚信不疑。这种理论认为，宇宙中我们视界以外的部分与我们所能见到的部分大体上是一样的。不幸的是，我们那些很具有说服力的关于宇宙演化和结构的理论却彻底清除了这种质朴的期望。因为这些理论指出，宇宙的分布和历史都具有无限的多样性。因此，让所有地方都一样，即使是大致一样，似乎都是不可能的。面对超越我们的能力，去观测浩瀚的宇宙，很难想象我们居住在其中一个宜人且安宁的小岛之上。

由于光速是有限的，所以我们对于宇宙结构的知识也将是有限的。我们不知道宇宙是有限的还是无限的，它是否有一个开端或终结，我们也不知道物理学的定律是否处处都一样，或者宇宙究竟是有条不紊的，还是杂乱无章的。

当我们继续探索那些植根于事物本性中的不可能性时，我们就会发现，数学和逻辑学受到了其预言及解释能力方面的极限的无情打击。就像熟练的玩家可以完全预测"圈叉棋"之类的简单游戏一样，我们也完全可以理解特别简单的逻辑结构。但是，当逻辑结构变得复杂，情况就会发生突变。特别是当这种复杂性达到某一临界阈时，要想完全理解它就变得不可能了：不可能证实它是自洽的。况且复杂性的临界阈很低，低到只要体系中含有我们非常熟悉的数的算术相等价的复杂性就可以了，而算术深深地植根于人类直觉之中，它足以诠释我们周围物理世界的复杂性。

这些深层次的极限也渗透到计算、数学推导，以及复杂性和随机性评估等领域中。由于它们看起来是包罗万象的，因此许多人已经去寻求其在人脑的工作机理和制造超过人类智力的人工智能方面的应用。另有一些人认为，这些深层次极限提供了一张最终的保险单，并认为自然定律是不能被完全认识的。因为，如果在数学上不能用有限条规则来描述所有真理的话，那么物理学家当然也就不可能用有限条定律来描述整个物理世界的真实性。这个论断有着过大的跳跃。我们已经看到了哥德尔不完备性定理中"附加条款"的重要性。它的重要性就像保险单的水印一样，没有它，保险单就不会有效。

在前一章里，我们探讨了这些深刻的不可能性会对人类意识有什么可能的作用。我们还涉及了自由意志和决定论，并且知道了为什么人脑和电脑都不可能完全了解其自身，不能预言它们自己的未来。时间旅行问题鼓励我们去设想一个不可预言而且不自洽的世界。我们已经看到了许多有关时间旅行问题的悖论了，在它们的后面不仅隐藏着矛盾，而且往往是混乱。最后，我们在选举投票过程中也遇到了不可能性。并且了解到，不论是在选举中，在联网计算机上，还是在我们大脑内的"投票"神经元上，我们都将无法把个体的理性选择转化成集体的理性选择。我们还认识到，我们原本笃信的关于复杂群体智能行为的论断，在遥远的未来也会受到威胁。我们对于复杂体系的经验，是它们具有一种自组织能力，可以自组织到一个很灵敏的临界状态。所以，一个很微小的调节就会在整个系统内引起一种补偿效应。为此，这种体系的具体情况是根本无法预料的。不论是自组织的沙粒，还是自组织的意志，它们的下一步变化都将会是出乎意料的。

我们生活在一个奇异的时代，一个奇异的地方。当我们进一步去探索自然界所对应的复杂的逻辑结构时，我相信，我们将有希望发现更多深层次的结果，而且这些结果将限制我们的认知范围。我们关于宇宙的知识是有限的，最终我们甚至会发现，我们有关宇宙的知识边缘部分，比它的主体部分能更好地确定它的特征，不可知的比可知的更具有启示力。

注　释

我愿成为一名作家，

但我无法容忍文档工作。

——彼德·德·弗雷斯

（Peter de Vries）

第一章

[1] W. H. Auden, "Reading", *Dyer's Hand* (1963).

[2] J. M. Barrie, *The Admirable Crichton*, act 1 (perf. 1902, publ. 1914).

[3] 关于毕达哥拉斯的学术性介绍参见 J. A. *Philip*, *Pythagoras*, University of Toronto Press, Toronto (1966); 通俗性的介绍参见 P. Gorman, *Pythagoras*: *A Life*, Routledge, London (1979)。

[4] 参见三部经典短篇小说集 J. L. Borges, *Labyrinths*, New Directions Press, New York, 2nd edn (1964), *The Aleph and other Stories 1933—1969*, Dutton, New York (1978) 和 *The Book of Sand*, Penguin Books, London (1979)。

[5] 这张"平均"复合的女性面孔是由 St. Andrews 大学心理学院 K. J. Lee, D. A. Rowland, D. I. Perrett 和 D. M. Burt 在 1997 年创作的。

[6] J. D. Barrow, *The Artful Universe*, p. 62, Oxford University Press (1995).

[7] J. D. Barrow and S. P. Bhavsar, What the astronomer's eye tells the astronomer's brain, *Quarterly Journal of the Royal Astronomical Society*, **28**, 109 (1987).

[8] E. De Bono, *A Five-day Course in Thinking*, Penguin Books, London (1968).

[9] 关于生命游戏的详细讨论参见 E. Berlekamp, J. H. Conway, and R. Guy, *Winning Ways*, Academic Press, New York (1982); 浅显的讨论可参见 W. Poundstone, *The Recursive Universe*, *Morrow*, *New York* (1985)。

[10] *Matthew* 19, *v.* 21.

[11] 中世纪的神学家们对这种进退两难的困境做了严肃的斗争。例如，在 13 世纪中叶，那些生来就属于神力量范围内的事情与神选择去做的事情之间的种种差异就被找了出来。有些事情是神有能力去做的（尽管他没有去做），有些事情是神没有做的，还有些事情是神所不能做的。逐渐地，神学的重点由谈论神具有不同种的力量转移到了对神的力量的不同方式的解释上去了。对于

神学家而言，教义是十分重要的，因为他们需要肯定神的行为的自由的同时，还不能削弱神的可靠性及神对他们周围世界的安排。进一步的讨论可以在下述论文集中找到：*T. Rudavysky*（ed.），*Divine Omniscience and Omnipotence in Medieval Philosophy*，Reidel，Dordrecht（1985）；也可参见 A. Kenny，*The God of the Philosophers*，Oxford University Press（1978）；J. F. Ross，*Philosophical Theology*，Bobbs-Merrill，Indianapolis（1979）；N. Kretzmann，Omniscience and immutability，*Journal of Philosophy*，**63**，409（1966）；J. Wippel，The reality of non-existing possibles，*Review of Metaphysics*，**34**，729（1981）以及 K. Ward，*Religion and Creation*，Clarendon Press，Oxford（1996）。

[12] H. Pagels，*The Dreams of Reason*，p. 286，Simon and Schuster，New York（1988）.

[13] J. Polkinghorne，*One World：the interaction of science and theology SPCK*，London（1994）；A. Peacocke，*God and the New Biology*；and J. Doye，I. Goldby，C. Line，S. Lloyd，P. Shellard，and D. Tricker，Contemporary Perspectives on Chance，Providence and Free Will，*Science and Christian Belief*，**7**，117（1995）.

[14] T. Brown，*Religio Medici*，Vol. 1，p. 47，Dutton，New York（1934），（London 1658）.

[15] 各种计数禁忌描述于 J. D. Barrow，*Pi in the Sky*，Oxford University Press（1992）；也可参见 C. Panati，*Sacred Origins of Profound Things*，Penguin Books，London（1996）and W. Buckert，*Creation of the Sacred*，Harvard University Press（1996）。

[16] Genesis 2，v. 9.

[17] The encryption system Pretty Good Privacy，or PGP，written by Philip Zimmermann.

[18] A Cromer，*Uncommon Sense*，p. 78，Oxford University Press（1993）.

[19] 关于一神论和自然定律观念之间的联系进一步讨论参见 J. D. Barrow，*The World Within the World*，Oxford University Press（1988）；J. Needham，*The Grand Titration*，*Science and Society in East and West*，Allen and Unwin，London（1969）；J. Needham，*Hunan Law and the Laws of Nature in China and the West*，Oxford University Press（1951）；和 F. Oakley，Christian theology and the Newtonian science：rise of the concept of laws of Nature，*Church History*，**30**，433（1961）。

[20] J. Needham，*Science and Civilisation in China*，vols 1—7，Cambridge University Press（1954— ）.

[21] O. Wilde，*Phrase and Philosophies for the Use of the Young*，（1891）.

[22] S. Brams，*Superior Beings：if they exist，how would we know？* Springer，New York（1983）.

[23] N. Falletta，*The Paradoxicon*，p. xvii，Doubleday，New York（1983）.

[24] P. Hughes and G. Brecht，*Vicious Circles and Infinity：an anthology of paradoxes*，Penguin Books，London（1978）.

[25] A. Rapoport，Escape from Paradox *Scientific American*，July 1967，p. 50—56.

[26] The Independent newspaper, London, p. 15, 19 July 1997.

[27] B. Ernst, *The Magic Mirror of M. C. Escher*, Tarquin, Norfolk (1985).

[28] B. Ernst (a. k. a. J. A. F. Rijk), *The Eye Beguiled: Optical Illusions*, p. 69, Taschen, Cologne (1992).

[29] L. S. Penrose and R. Penrose, Impossible objects a special type of visual illusion, *British Journal of Psychology*, **49**, 31 (1958).

[30] W. Hogarth, Frontispiece to John Joshua Kirby, *Dr. Brook Taylor's Method of Perspective Made Easy*, *London* (1754).

[31] 印刷原件保存在费城艺术博物馆。

[32] B. Ernst, ref. 5, p. 68.

[33] L. Necker, Observations on some remarkable phenomena seen in Switzerland: and on an optical phenomenon which occurs when viewing a figure of a crystal or geometrical solid, *London and Edinburgh Philosophical Magazine and Journal of Science*, 1, 329—337 (1832); H. Barlow, The coding of sensory messages, in W. Thorpe and O. Zangwill (eds), *Current Problems in Animal Behaviour*, p. 331—360, Cambridge University Press (1961); R. Gregory, *The Intelligent Eye*, McGraw-Hill, New York (1970).

[34] 原件收藏于耶路撒冷的以色列博物馆。

[35] 参见文献 4。

[36] H. S. M. Coxeter, Four-dimensional geometry in *Introduction to Geometry*, p. 396—412, Wiley, New York (1961); B. Crünbaum and G. C. Shepherd, *Tilings and Patterns*, W. H. Freeman, New York (1987).

[37] 参见文献 5 和 J. L. Borges, S. Ocampo, and A. B. Casares (eds) *The Book of Fantasy*, Black Swan, London (1990)。

[38] G. Vlastos, Zeno of Elea, in *Encyclopedia of Philosophy*, Vol. 8. p. 369—379, Macmillan, New York (1967).

[39] 关于芝诺的现代讨论参见 A. Grünbaum, *Modern Science and Zeno's Paradoxes*, Wesleyan, Middletown (1967) 和 W. C. Salmon (ed.), Zeno's Paradoxes, Bobbs-Merrill, Indianapolis (1970)。

[40] E. Taylor and J. A. Wheeler, Spacetime *Physics*, W. H. Freeman, New York (1966).

[41] A. Rae, *Quantum Physics-Illusion or Reality*, Cambridge University Press (1986). J. Gribbin, *In Search of schrödinger's Cat*, Bantam, New York (1984).

[42] B. d' Espagnet, *In Search of Reality*, Springer, New York (1983); D. Mermin, Is the Moon there when nobody looks?, *Physics Today*, p. 38 (April 1985); P. C. W. Davies, and J. R. Brown, (eds), *The Ghost in the Atom*, Cambridge University Press (1986).

[43] H. R. Brown and R. Harré, *Philosophical Foundations of Quantum Field Theory*, Oxford University Press (1988).

[44] E. Wigner, Remarks on the mind-body question, in I. J. Good (ed.), *The Scientist Speculates*: *an anthology of partly-baked ideas*, p. 284, Basic Books, New York (1962).

[45] Titus 1, v. 12.

[46] P. V. Spade, The Medieval Liar: a Catalogue of the Insolubilia Literature, Pontifical Institute, Toronto (1975).

[47] B. Russell, *The Principles of Mathematics*, 2nd edn, Norto, New York (1943).

[48] D. Adams, The *Restaurant at the End of the Universe*, Bellentine, New York (1995).

[49] B. D'Espagnet, The quantum theory and reality, *Scientific American*, Nov. 1979, p. 158; N. Herbert, *Quantum Reality*, Rider, London (1985); D. Lindley, *Where the Weirdness Goes*, Basic Books, New York (1996).

[50] K. Wilber (ed.), *Quantum Questions*: *Mystical Writings of the World's Great Physicists*, Shambhala, Boston (1985).

[51] G. Edelman, *Bright Air*, *Brilliant Fire*; *On the Matter of the Mind*, Penguin Books, London (1992).

[52] 重印的平装本为 G. Gamow, *Mr Tompkins in Paperback*, Cambridge University Press (1965)。

[53] E. Wigner, The unreasonable effectiveness of mathematics in the natural sciences, *Communications on Pure Appleed Mathematics*, 13, 1 (1960).

[54] Partical Data, *Reviews of Modern Physics*, **54**. 1 (1996).

[55] 参见文献 39。

[56] CERN Courier, July/August (1997), p. 22.

第二章

[1] P. W. Frey (ed.), *Chess Skill in Man and Machine*, 2nd edn, Springer, New York (1983). M. Newborn, *Kasparov versus Deep Blue*: *Computer Chess Comes of Age*, Springer, New York, (1997); 利用棋类想象自然界的讨论首先出现于 T. H. Huxley 的 *A Liberal Education* (1868)。他写道："棋盘就是世界，而棋子就是宇宙中的现象。弈棋规则就是我们称之为自然定律的东西。我们的对手隐藏着，只知道他公平、公正并且有耐心地遵循着规则。在我们碰壁之后，我们也就知道了：他从来不会忽略一个错误，也不会允许一丁点儿的无知。"

[2] 例如，关于超弱力存在极限是可能的。最大的未决问题仍然在于引力是否还有随距离增大而线性增强的另一部分。该部分与一个新的自然常量（宇宙常量）的可能性相关联，但是迄今为止的天文学证据并不能告诉我们它是否具有非零值。

[3] 例如，参考 M. Gell-Mann, *The Quark and the Jaguar*, Little Brown, New York (1994)。

[4] 这里我们需要一个类似西班牙语 manana（不确定的将来）这样的词，诚如我

的同事 Leon Mestel 曾评述的，这个词不表达与"明天"那样的词的相同的紧迫性。

[5] J. Ortega y Gasset, *The Revolt of The Masses*, Mentor Books, New York（1950）.

[6] Orson Welles 对 Graham Greene 的 1949 年的电影剧本 *The Third Man* 正文的增补。

[7] G. Stent, *The Coming of the Golden Age*：*A View of the and of Progress*, Natural History Press, New York（1969）。一本稍晚的书 Stent, *Paradoxes of Progress*, W. H. Freeman, San Francisco（1978），重印了他早期工作的前三章，并且附加了关于生物学和科学（总的）未来的更普遍的论述。此外，还有一些作者把 60 年代的趋势以及"垮掉的一代"看作是人类文化在广泛领域中的一种堕落，例如参见 O. Guiness, *The Dust of Death*, Inter-Varsity Press, London（1973）。

[8] J. Horgan, *The End of Science*, Addison-Wesley, Reading, Mass（1996）.

[9] G. Stent, *The Coming of the Golden Age*, p. xi.

[10] 小说家和游记作家 Paul Theroux 在游记 *The Happy Isles of Oceania*：*Paddling the Pacific*, Penguin Books, New York（1992）中，以现代的角度赞同这种观点，十分有趣。

[11] G. Stent, *The Coming of the Golden Age*, p. 132.

[12] 关于这种哲学思想的一些讨论可参见 J. D. Barrow and F. J. Tipler, *The Anthropic Cosmological Principle*, Clarendon Press, Oxford（1986）。

[13] 当然，一些社会学家已经在试图把这种诠释应用到整个当代科学，而不仅仅是霍根所强调的仅在探索中的科学前沿。大多数科学家认为这种盛行的观点是荒谬的。最近，温伯格 Steven Weinberg 对它进行了强有力的批驳。这篇文章是由一匹逗人发笑的特洛伊木马刺激而引发的，物理学家 Alan Sokal 注意到了在某些人类学领域中已经显示出了临界智力，他的题为 Transgressing the Boundaries：Toward a Transformative Hermeneutics of Quantum Gravity 的文章证明荒唐，竟然被像 *Social Text* 这样的主要刊物的编辑们所看中。它一刊登出来，就在一系列问题上（从伦理学家到某些社会评论家是否有资格对科学说三道四？）引起了激烈的争论。该文刊登在 1996 年第 14 卷的第 62 页至第 64 页。

[14] J. Horgan, 见前书第 7 页。

[15] P. C. W. Davies, *The Mind of God*, Simon and Schuster, New York（1992）.

[16] H. Weyl, *God and the Universe*：*The Open World*, p. 28, Yale University Press, New Haven（1932）.

[17] James Gunn 在 *The New Encyclopedia of Science Fiction*, Viking, New York（1988）中，对宗教和科幻小说之间的关系做了如下有趣的评论：科幻小说，就像科学一样，都是有组织的体系，在现代世界里，在试图对宇宙进行完整的解释方面，它已经取代了宗教。它问许多问题——我们从哪里来？我们为什么在这里？我们将到哪里去？——这是宗教所回答的问题。这就是尽管有关信仰的科幻小说早已司空见惯，但宗教科幻小说这一术语在语义上讲还是一个矛

盾。不太确切地说（回想 C. S. Lewis 的三部曲科幻小说的宗教一面），这是一个颇有意思的观点。

[18] 对于 20 世纪上半世纪的经典研究参见 J. B. Bury, *The Idea of Progress*. Macmillan, New York（1932）and reprint by Dover, New York（1955）。也见 R. Nisbet, *History of the Idea of Progress*, Heinemann, London（1980）和 E. Zilsel, The genesis of the concept of scientific progress, Journal of the History of Ideas, **6**, 325（1945）。

[19] 存在许多循环宇宙历史的研究，例如 M. Eliade, *The Myth of the Eternal Return*, Pantheon, Kingsport（1954）。The Gifford Lectures of S. Jaki, *Science and Creation*, Scottish Academic Press, Edinburgh（1974），在他们的阐述中，提供的许多事实是极有偏见和尖刻的，所以不能将此推荐为探索这些问题的途径。

[20] 对于这些设计论断的详细叙述，参见 J. D. Barrow and F. J. Tipler, *The Anthropic Cosmological Principle*, Clarendon Press, Oxford（1986 and 1996）。

[21] 人眼是设计论断朴素形式所引用的一个经典例子，参见文献 20。美国生物学家 George Williams 曾经讨论过人眼的设计（像许多其他由一步步自然选择所演化的产物一样），这在许多方面是有缺陷的，并且是可以改进的。参见 G. Williams, *Plan and Purpose in Nature*, Orion, London（1996）。

[22] H. Spencer, *Principles of Ethics*, Williams and Norgate, London（1892）.

[23] 例如 John Desaguliers, *The Newtonian System of the World*, *the Best Model of Government*（1728）。也见 J. D. Barrow, *The World Within the World*, p. 74, Oxford University Press（1988）。

[24] F. Manuel, *The Religion of Isaac Newton*, Clarendon Press, Oxford（1974）and *A Portrait of Isaac Newton*, Frederick Muller, London（1980）.

[25] G. Sarton, *The Study of the History of Science*, Dover New York 1957.

[26] K. Lorenz, *Behind the Mirror*, Harcourt, Brace, Jovanovich, New York（1977）and Kant's Doctrine of the a priori in the light of contemporary biology, in *Yearbook of the Society for General Systems Research*, vol. Ⅶ, p. 23—35, Society for General Systems Research, New York（1962）; also reprinted in R. I. Evans, *Konrad Lorenz: the Man and His Ideas*, p. 181—217, Harcourt, Brace, Jovanovich, New York. 两者都译自德文，首次发表于 1941 年。

[27] B. de Spinoza, *Ethics*, （1670）*in Britannica Great Books*, Vol. **31**, W. Benton, Chicago（1980）.

[28] J. Richards, The reception of a mathematical theory: non-Euclidean geometry in England 1868—1883, in *Natural Order: Historical Studies of Scientific Culture*, B. Barnes and S. Shapin（eds）, Sage Publications, Beverly Hills（1979）; E. A. Purcell, *The Crisis of Democratic Theory*, University of Kentucky Press, Lexington（1973）.

[29] Bob Dylan, Desolation Row, from *Highway 61 Revisited*, CBS SBPG 62572.

[30] A. Crombie, Some attitudes to scientific progress, ancient, medieval, and modern,

History of Science, **13**, 213（1975）．

[31] Ambrose Bierce 在 *The Devil's Dictionarty*［Dover, New York（1958），首版于 1911 年］中，把它定义为"否认我们对于现实的认知并且证实我们对显然事物的无知的哲学。它的最长期的倡导者是孔德，最广泛的倡导者是穆勒，最坚定的倡导者是斯宾塞"令人难忘。

[32] G. Lenzer, *Auguste Comte and Positivism：the essential writings*, Harper, New York（1975）；L . Laudan, Towards a reassessment of Comte's *Methode Positive*, *Philosophy of Science*, **38**, 35（1971）．

[33] A. Comte, *Introduction and Importance of Positive Philosophy*, ed. F. Ferré, Bobbs-Merrill Co. , Indianapolis（1976）, p. 2.

[34] A. Comte, *Introduction and Importance of Positive Philosophy*, ed. F. Ferré, Bobbs-Merrill Co. , Indianapolis（1976）, p. 2。

[35] 同前, p. 3。

[36] A. Comte, *Introduction and Importance of Positive Philosophy*, ed. F. Ferré, Bobbs-Merrill Co. , Indianapolis（1976）, p. 3。

[37] A. Comte, *Introduction and Importance of Positive Philosophy*, ed. F. Ferré, Bobbs-Merrill Co. , Indianapolis（1976）, p. 31—32。

[38] Brush, p. 8; A. Comte, *System of Positive Polity*, vol. 1, p. 312—313, transl. J. Bridget, Longmans, London（1851）．

[39] J. Hervival. Aspects of French theoretical physics in the nineteenth century, *British Journal for the History of Science*, **3**, 109（1966）．

[40] S. de Laplace, *Philosophical Essay on Probabilities*,（1814）, transl. F. Truscott and F. Emory, Dover, New York,（1951）．

[41] 第一次讲演的英文译文为 E. du Bois-Reymond, The limits of scientific knowledge, *Popular Scientific Monthly*, **5**, 17（1874）。两个讲演一起出版于 über *Die Grenzen ds Naturerkennens：Die Sieben Weltr Kätsel-Zwei Vortäge*, Leipzig（1916）。

[42] 近几年来，对于热力学第二定律的理解有了长足的进步。这部分是由理解发动机效率（工业革命的重要组成部分）的愿望所推动的。同时，这些观点也被应用到宇宙的整体演化理论中，并寻出了宇宙逐渐趋向温度均匀的平衡态，称为"热寂"。这导致了哲学悲观主义；进一步的宇宙学含义参见 J. D. Barrow, *The Origin of the Universe*, Orion, London（1994）。

[43] E. Haeckel, *The Riddle of the Universe—at the close of the nineteenth century*, trans. J. McCabe, London and New York（1901）and reprinted as The Riddle of the Universe, Watts and Co. , London（1929）as the third volume in the prestigious 'Thinker's Library' series.

[44] Haeckel, 见前书, p. 365—366。

[45] N. Rescher, *Peirce's Philosophy of Science*, University of Notre Dame Press, London（1978）是皮尔斯思想的一个优秀研究。

[46] 皮尔斯把它表述成为不断逼近真理的渐进收敛的数学极限。

[47] M. Planck, *Vortäge und Erinnerungen*, 5th edn, p. 169, Stuttgart, (1949), quoted by N. Rescher in *Scientific Progress: a philosophical essay on the economics of research in natural science*, Blackwell, Oxford (1978), p. 24.

[48] A. A. Michelson, cithd in *Physics Today*, 21, 9 (1968) and Light Waves and their Uses, University of Chicago Press, Chicago, (1961).

[49] G. B. Shaw, *Maxims for Revolutionists: Reason, Man and Superman*, Dodd, Mead & Co, New York (1939), (Wetminster 1903).

第三章

[1] W. E. Gladstone, House of Commons speech on the Reform Bill, 1866.

[2] D. Michie (ed.) *Machine Intelligence*, vol 5, p. 3 (1970).

[3] 关于科学范围的乐观观点，可以参见 P. Medawar 在 *The Limits of Science*, Oxford University Press (1984) 中的文章 The limits of science。然而，他的讨论有很大的局限性，特别对于非生物科学更显得薄弱。他的并不使人吃惊的结论之一是"科学回答科学所能回答的问题的能力是无限的！"

[4] R. Penrose, *The Emperor's New Mind*, Oxford University Press (1989) 和 *Shadows of the Mind*, Oxford University Press (1994).

[5] 不幸地，这个宣称是建立在大脑不会犯错误这个隐含假设中的，而此假设是没有道理的。如果接受大脑会犯错误是它在漫长而单调的自然选择中进化的必然结果的话，那么我们就不能使用哥德尔定理。图灵对此的回答是："如果机器是不犯错误的，那么它也不可能是智能的。"有好几条定理都作出了几乎相同的论述。但是，这些定理并没有说明，如果机器不假设不犯错误的话，应当展现出多少智能。参见 R. Penrose in *The Large, the Small and the Human Mind*, Cambridge University Press (1997), 第 112 页。

[6] M. Pepper (ed.) *The Pan Dictionary of Religious Quotations*, Pan, London (1991), p. 251.

[7] P. Duhem, *The Aim and Structure of Physical Theory*, Princeton University Press (1954), p. 38—39. 迪昂是一位具有非唯实论观点的不同类型的工具主义者。对他而言，理论就是带有某种任务的工具。因此，他将科学进步定义为理论在这些领域中的成功。

[8] B. Glass, Science: endless horizons or golden age, *Science*, **171**, 23—29 (1971) and Milestones and rates of growth in the development of biology, *Quarterly Review of Biology*, **54** (1), 31 (1979).

[9] V. Bush, *Endless Horizons*, Public Affairs Paper, Washington (1990) reprint, Ch. 17: The Builder.

[10] K. Popper, *Objective Knowledge*, Oxford University Press (1972), p. 262—263.

[11] I. Stewart, *The Problems of Mathematics*, Oxford University Press (1987).

[12] M. Foster, The growth of science in the nineteenth century, *Annual Report of the Smithsonian Institution for 1899*, Washington (1901), cited in Rescher, *Scientific*

Progress, Blackwell, Oxford（1978），p. 49.

[13] D. Stauffer, *Introduction to Percolation Theory*, Taylor and Francis, London（1985）.

[14] E. Witten, quoted in K. Cole, *A Theory of Everything*, New York Times Magazine, 18th October, 1987, p. 20.

[15] T. Kuhn, *The Structure of Scientific Revolutions*, 2nd enlarged edn. , Univ. Chicago Press,（1970）.

[16] S. W. Hawking, Lucasian lecture, delivered on 29 April 1980, reprinted in *Physics Bulletin*, Jan. 1981. p. 15—17.

[17] 这幅图是以吕埃勒的一个未发表的想法作为基础的，他是一位在 70 年代领导了对混沌做详细研究的法国数学家，他也是术语"奇异吸引子"的创始人之一；参见 *Complexity*, **3**（1），26（1997）。

[18] C. Sagan, *Contact*: *A Novel*, Arrow, London,（1985）.

[19] I. Kant, *Prolegomena to Any Future Metaphysics*,（1857），quoted in N. Rescher, *Scientific Progress*, p. 248.

[20] 基本粒子物理学提供了一个具体例子，在极高能量时，标准理论预言了一个不会发现新现象的大的能量范围，通常称为"大沙漠"。

[21] G. Priest, *Beyond the Limits of Thought*, p. 6, Cambridge University Press（1995）.

[22] G. Edelman. *Bright Air*, *Brilliant Fire*, Penguin Books, London,（1992）和 *Neural Darwinism*: *The Theory of Neuronal Group Selection*, Basic Books, New York（1987）. 并不是所有该领域的工作者都喜欢这个模型的。克里克（Francis Crick）不经意地把它描述成"神经埃德尔曼主义"。

[23] R. Penrose, *The Emperor's New Mind*, op. cit. and D. V. Nanopoulos, Theory of brain function, quantum mechanics and superstrings, CERN preprint CERN-TH/95—128（1995）.

[24] K. Devlin, *Goodbyes*, Descartes, Wiley, New York（1997）; D. Dennett, *Kinds of Minds*, Orion, London（1996）.

[25] W. Kneale, Scientific revolutions forever? *British Journal for the Philosophy of Science*, **19**, 27（1967）.

[26] J. Leslie, *End*, Routledge, London（1996）.

[27] J. D. Barrow and F. J. Tipler, *The Anthropic Cosmological Principle*, ch. 10, Clarendon Press, Oxford（1986）.

[28] 为了看清这一点，注意到前四项的和比 4 个 1/4 大，接着的 8 项比 8 个 1/8 大，如此等等。

[29] 关于自然的定性无限大的讨论，参见 D. Bohm, *Causality and Chance in Modern Physics*, Routledge, London（1957）。

[30] E. Wigner, The limits of science, *Proceedings of the American Philosophical Society*, **94**, 424（1950）.

[31] C. Babbage, *On the Economy of Machinery and Manufactures*, p. 386—390, London (1835).

[32] D. Diderot, *Oeuvres complêtes*, ed. J. Assezat, Paris (1875), vol 2, p. 11, De l'interpretation de la nature, section iv.

[33] G. Gore, *The Art of Scientific Discovery*: *Or the General Conditions and Methods of Research in Physics and Chemistry*, p. 15—16 and p. 26—29, London, (1878).

[34] R. Feynman, *The Character of Physical Law*, p. 172, MIT Press, Cambridge, Mass. (1965).

[35] 文献 8 指出了我们并不能确定宇宙像作者所宣称的那样是封闭的、有限的。

[36] I. Good (ed.), *The Scientist Speculates*, p. 15, Basic Books, New York (1962)。

[37] 1974 年 7 月 4 日，我在牛津大学自己的博士学位口试中第一次算出了这个结果。在阅读完博士论文后，两位主考官都有自己发现的拼写错误的单子，但不知道还漏掉了多少。这个算式给了他们一个答案。幸运的是，预期值并不是很大。

[38] 一个类型相似的推理可被用到更局限的领域内估算尚未发现的新天文现象数目。参见 M. Harwit, *Cosmic Discovery*, MIT Press, Cambridge, Mass. (1981)。Harwit 认为，到 2200 年我们将发现所有重要天体类的 90%。

[39] *Troilus and Cressida*, Act 3 scene 2.

[40] J. D. Barrow, *Theories of Everything*, Clarendon Press, Oxford (1991).

第四章

[1] R. Trivers, Sociology and Politics, in E. White (ed.), *Sociobiology and Human Politics*, p. 33, Lexington Books, Lexington, Mass. (1981).

[2] This is sometimes called the "Central Dogma" of evolutionary biology; see for example, E. Mayr, *One Long Argument*, Penguin Books, London (1991).

[3] S. Pinker, *The Language Instinct*, Penguin Books, London (1994).

[4] J. Seymour and D. Norwood, A game of life, *New Scientist*, **139**, (No. 1889), 23 (1993).

[5] R. Descharnes and G. Néret, *Dali*, Vols. 1 and 2, Taschen, Hohenzollernring (1994).

[6] S. Mithen, *The Prehistory of the Mind*, Theames and Hudson, London (1996).

[7] 在 19 世纪末，意大利人 Giovanni Schiaparelli 报道说火星上有"运河"。这促使美国天文学家 Percival Lowell 在 1895 年用亚利桑那州 Flagstaff 的专用望远镜来观测这种假设的火星运河。更近些时候，1976 年的火星轨道飞行器海盗 1 号拍摄了火星表面，照片显示了一种罕见的岩石构成的一张浮雕式的人脸。参见 D. Goldsmith, *The Hunt for Life on Mars*, p. 199, Dutton, New York (1997)。

[8] G. C. Williams, *Plan and Purpose in Nature*, Orion, London (1997); R. Dawkins, The Blind Watchmaker, Norton, London (1986).

[9] L. F. Tóth, What the bees know and what they do not know, *Bulletin of the American*

Mathematical Society, **70**, 468 （1964）; S. Hildebrandt and A. Tromba, *Mathematics and Optimal Form*, W. H. Freeman, New York （1985）.

[10] R. Rorty, "Is the truth out there?", interview recorded in *The Times Higher Education Supplement*, 6 June, （1997）, p. 18; for a fuller account, see R. Rorty, *Philosophy and the Mirror of Nature*, Blackwell, Oxford, （1980）.

[11] N. Humphrey, *Soul Searching*, p. 52—53, Chatto and Windus, London （1995）.

[12] J. D. Barrow, *Pi in the Sky*, Oxford University Press （1992）.

[13] 英语中仍然保留了一些描述小数目特殊事物的古老词汇。例如, 我们说 a brace of pheasants （一对野鸡） 或 a pair of shoes （一双鞋）。这种情形多数应用于 2; 当应用于大的数量时, 这种词汇就很少见了。

[14] 参见 G. Stent, *The Coming of the Golden Age*, Natural History Press, New York （1969） p. 98。

[15] R. Voss and J. Clarke, 1/f （flicker） noise: a brief review. In *Proceedings of the 33rd Annual Symposium on Frequency Control*, p. 40—46, Atlantic City （1975）, and 1. f noise in music: music from $1/f$ noise. *Journal of the Acoustical Society of America*, **63**, 258 （1978）; 更进一步的讨论参见 J. D. Barrow, *The Artful Universe*, Oxford Univrsity Press, （1995） ch. 5。

[16] L . B. Meyer, *Music, the Arts and Ideas*, University of Chicago Press, Chicago （1967）. 值得注意的是, Meyer 提出了一种音乐理论, 该理论认为某种音调序列可以导致确定的情感反应。

[17] S. Mithen, 见前书。

[18] Exodus 1, v. 7.

[19] 我非常感谢 John Casti 提供这幅图, 它出自 J. Casti, *Five Golden Rules*, Wiley, NY （1996）。

[20] D. Harel, *Algorithmics: The Spirit of Computing*, Addison Wesley, New York （1987）.

[21] W. Rouse Ball, *Mathematical Recreations and Essays*, Macmillan, London （1982）.

[22] The best ways of achieving this were found by P. Buneman and L. Levy, and also by T. Walsh, in 1980; see L . Levy, *Discrete Structures of Computer Science*, Wiley, New York （1980）.

[23] 注意这里的一个技术要点, NP 问题是依照检查解的正确性所需的时间来定义的。发现它应该需要更长的时间 （将解决拼图问题所需的时间与检查问题是否被正确地解决所需的时间相比较）。

[24] S. A. Cook, The complexity of theorem proving procedures, *Proceedings of the 3rd ACM Sympoium on Theory of Computing*, p. 151, ACM, New York, （1971）; M. R. Garey and D. S. Johnson, *Computers and Intractabiliy: A Guide to the Theory of NP-Completeness*, Freeman, San Francisco （1979）.

[25] J. Casti, The outer limits: in search of the "unknowable" in science, in J. Casti and

A. Karlqvist, *Boundaries and Barriers*, p. 27, Addison Wesley, New York (1996).

[26] A. Fraenkel, Complexity of protein folding, *Bulletin of Mathematical Biology*, **55**, 1199 (1993). 对计算模式的类型应该采用这些和其他一些复杂性来研究，相关问题的更深入讨论参见 J. Traub, in J. Casti and A. Karlqvist, *Boundaries and Barriers*, p. 249, Addison Wesley, New York (1996)。

[27] G. Rose, No Assembly Required, *The Sciences*, p. 26—31 (Jan/Fed 1996).

[28] D. P. Di Vicenzo, Quantum computation, *Science*, **270**, 255 (1995); L. M. Adelman, Molecular computation of solutions to combinatorial problems, *Science*, **266**, 1021 (1994).

[29] M. R. Schroeder, *Number Theory in Science and Communication*, 2nd edn, p. 118, Springer, New York (1986).

[30] 参见 *New Scientist*, No. 2080, p. 13.

[31] J. Diamond, *The Rise and Fall of the Third Chimpanzee*, p. 204—205, Vintage, London.

[32] *The African Queen*, 对 Humphrey Bogart 所讲的话。

[33] 参见 G. Dyson, *Darwin Among the Machines*, p. 108, Addison Wesley, New York (1997)。

第五章

[1] *Die Fröhliche Wissenshaft*, (1886), IV.

[2] Ch. 14, v. 28.

[3] W. Zurek, Thermodynamic cost of computation, algorithmic complexity and the information metric, *Nature*, 342, 119 (1989).

[4] E. Mayr, *One Long Argument: Charles Darwin and the Genesis of Modern Evolutionary Thought*, Harvard University Press, New York (1991).

[5] F. Nietzsche, *The Will to Power*, in Collected Works, ed. O. Levy, new edn, T. N. Foulis, London (1964). For a modern approach to biological progress, see for example F. J. Ayala, *Can' Progress' be defined as a biological concept?*, in M. Nitecki (ed.), Evolutionary Progress, p. 75—96, Chicago University Press (1988).

[6] 参见 J. D. Barrow and F. J. Tipler, *The Anthropic Cosmological Principle*, Clarendon Press, Oxford. (1986)。迄今为止，碳的这种新形式（碳 60）的发现，对我们认识生命进化的自发生物化学途径仍有着巨大影响，或许它还会为我们指出通向生命复杂性的一条新道路。

[7] 宇宙中约 25% 的物质以氦的形式存在，其中大约 1% 到 2% 产生于恒星中，其余的部分都是在宇宙诞生后三分钟左右时产生的。宇宙的另外 75% 的物质几乎都是氢。

[8] 这就是说，质量正比于体积（或半径的立方）。

［9］ 由于食物链结构，其他生物进来了。

［10］ A. Smith, *Essays on the Principles which lead and direct philosophical inquiries*, Ward, Lock & Co. , London（1880）.

［11］ R. Feynman, *QED*：*The Strange Theory of Light and Matter*, Princeton University Press（1985）.

［12］ 通过观测脉冲双星的运动达到这种精度，参见 C. WI11, *Was Einstein Right?*, Basic Books, New York（1986）; I. Ciufolini and J. A. Wheeler, *Gravitation and Inertia*, Princeton University Press（1995）.

［13］ 宇宙学观测可能需要存在一种附加的自然力，有时我们将它称为"宇宙学常量"。人们可以把这个附加的力当作引力定律存在形式的附加物，或者把它当作自然界中一种长程力。与牛顿提出的平方反比的引力定律不同，这种力随距离增加而线性增加；因为它很微弱，即使在宇宙尺度范围内也是这样，所以在太阳系或更小的尺度范围内，它们往往被忽略。

［14］ J. D. Barrow, *The Artful Universe*. Oxford University Press（1995）.

［15］ 不久，Edward Frankland 和 Norman Lockyer 就确认氦是一种元素。1895 年，William Ramsey 在实验室里分离出了氦。

［16］ N. S. Kardeshev, Transmission of information by non-terrestrial civilizations, *Soviet Astronomy*, 8, 217（1964）; C. Sagan and I. S. Shklovskii, *Intelligent Life in the Universe*, p. 469, Dell, New York（1966），指出俄国空间科学先驱齐奥尔科夫斯基在他 1895 年的《地球和天空之梦想》一书中，探索环境的天文作用。他声称地球只接收到全部太阳光的 5×10^{-10} 部分。我们可以开拓整个太阳系，把火星和木星轨道间的小行星重建为一条城市链，采用"太阳动力"，"用我们驾马车一样的方式"控制它们和其他小行星。于是，"可以轻松地养活 3×10^{23} 的人口"。

［17］ 20 世纪 60 年代，戴森考虑了能源和资源的极限问题。目前，我们能够利用的资源是不超过地球总质量 10^{-8} 的物质。若每年总能源消耗 10~20 亿吨煤，我们平均每秒钟消耗 3×10^{19} 尔格的能量，几百年内我们就会耗尽所有的化石燃料。如果能耗年均递增仅为十万分之三，那么在 1500 年内，能耗将达到 3×10^{29} 尔格/秒，这大约是太阳光能的万分之一。更深更广的利用可以延迟能源耗尽的时间，但并不能从根本上解决能源问题。

［18］ 如果文明带来的能谱指数坡度陡于 2.5 的话，亮的谱线与最邻近的谱线更容易观测到。

［19］ 几年来，天文学家仍无法解释 γ 爆及指出它的来源。所以，甚至有人暗示 γ 爆来自外星人的宇宙飞船——外星人的超光速推进系统发出了这种辐射。

［20］ J. D. Barrow and F. J. Tipler, *The Anthropic Cosmological Principle*, Clarendon Press, Oxford（1986）.

［21］ J. D. Barrow and F. J. Tipler, 见前书。

［22］ A. Guth and S. Blau, in S. W. Hawking and W. Israel（eds）, *300 Years of Gravitation*, Cambridge University Press（1987）; E. Farhi and A. Guth, *Physics*

Letters, **183** B, 149（1987）.

［23］A. Linde, *Reports on Progress in Physics*, 47, 925（1984）.

［24］L. Smolin, Did the Universe Evolve?, *Classical and Quantum Gravity*, 9, 173（1992）和 *The Life of the Cosmos*, Weidenfeld, London（1997）.

［25］虽然关于这种产生率究竟意味着什么尚有不明之处，而且对某些自然常量值假设的最佳值很可能不存在。

［26］E. R. Harrison, The natural selection of universes containing intelligent life, *Quarterly Journal of the Royal Astronomical Society*, 36, 193（1995）.

［27］某些常量表现出具有准随机事件的起源，这种准随机事件可能已经以不同的方式发生过了；这就是说，在受到相同于我们宇宙中的自然定律支配的宇宙中，这些常量可能取不同的值。很有可能，所有常量都可用统计的方式发现。事实上，甚至于我们所经历的空间是三维的这样的事实，也可能是随机发生的。

［28］F. Hoyle, *Religion and the Scientists*, SCM Press, London（1959）. 霍伊尔预言碳12能级的文献参见 *Astrophysical Journal Supplement*, 1, 121（1954）.

［29］如果强核力稍微增强一点的话，两中子两质子系统（氦2同位素）将以束缚态形式存在，并为恒星中氢的燃烧提供一条快捷的途径。常量值小的改变将导致黑洞产生率的增加，从而排除了斯莫林假设，参见文献24。

［30］F. Dyson, Energy in the Universe, *Scientific American*, **225**, 25（Sept. 1971）.

［31］探讨这个类型始于 J. D. Bernal 的著作 *The World, the Flesh and the Devil*, 2nd edn, Indiana University Press（1969）；也可参见 Freeman Dyson 的 *Infinite in all Directions*, Basic Books, New York（1988）。

［32］From M. F. Crommie, C. P. Lutz, D. M. Eigler（1993）, *Science*, 262, 218; *Phys. Rev.* B 48, 2851; Nature, 363, 524.

［33］最极端的例子参见 F. J. Tipler, *The Physics of Immortality*, Doubleday, New York（1994）和文献19。

［34］S. W. Hawking, *A Brief History of Time*, Bantan, New York（1988）.

［35］W. Blake, *Songs of innocence*,（1789）. G. Keynes（ed.）, Oxford University Press（1970）.

［36］复杂性不仅存在于空间结构中，它同样也出现在运动领域（物理学家称之为速度空间）中。从水喉中喷出或从瀑布中下落的湍流是一个典型的例子。我们从土星环中看到的复杂混沌运动也是一个很好的例子。于是，导致了一种令人好奇的可能性：如果定义生命为事物的复杂性达到某一临界水平的表现，那么生命也会在速度空间中存在，就像生命在我们所熟悉的三维位置空间中存在一样。

［37］P. Bak, *How Nature Works: the science of self-organised complexity*, Springer, New York（1996）.

［38］该幅照片是由 Franco Nori 提供的。参见 M. Bretz, J. Cunningham, P. Kurczynski, and F. Nori, Imaging of avalanches in granular materials, *Physical*

Review Letters，**69**，2431（1992）以及 *Science News*，**142**，231（1992）。

[39] 如果将沙子弄潮或者弄得更细，临界坡度依然存在，但是用糖或米替代沙子情形就不同了。

[40] 这就是说，事件发生的频率正比于它尺寸的数学幂。这种过程类型称为自相似。

[41] N 颗沙粒发生崩塌的概率必定正比于 N^{-a}，其中 a 是一正数。

[42] J. Deboer，B. Derrida，H. Flyvbjerg，A. Jackson, and T. Wettig，Simple model of self-organised biological evolution，*Physical Review Letters*，**73**，906（1994）；K. Sneppen，P. Bak，H. Flyvbjerg, and M. H. Jensen，Evolution as a self-organized critical phenomenon，*Proceedings of the National Academy of Sciences of the USA*，**92**，5209（1995）。

[43] P. Bak and C. Tang，Earthquakes as a self-organized critical phenomenon，*Journal of Geophysical Research* B **94**，635（1989）；A. Sornette and D. Sornette，Self-organized criticality and earthquakes，*Europhysics Letters*，**9**，197（1989）。

[44] K. Nagel and M. Paczuski，Emergent traffic james，*Physical Review* E，**51**，2909（1995）。

[45] J. A. Scheinkman and M. Woodford，Self-organised criticality and economics fluctuations，*American Journal of Economics*，**84**，417（1994）。

[46] R. Voss and J. Clarke，$1/f$ noise in music and speech，*Nature*，**258**，317（1975），$1/f$ noise in music：music from $1/f$ noise，*Journal of the Acoustical Society of America*，**63**，258（1978）。这些结果的详细讨论及它们的内涵参见拙作 *The Artful Universe* 第五章。

[47] K. E. Drexler，*Engines of Creation*，p. 148，Fourth Estate，London（1990）。

[48] 如果系统不是封闭的，这一点并不成立。在该种情况下，系统可以从外界接受能量和信息。系统的熵可以局部减少，而别处增大。生命是利用这种可能性的非平衡态物理过程。烛焰是另一个例子。

[49] J. C. Maxwell，*The Theory of Heat*，ch. 12，Longmans，Green, and Co.，London（1871）。

[50] 这个名词是由开尔文勋爵提出的，尽管麦克斯韦对此并不赞同。

[51] L. Szilard，*Zeitschrift für physik*，**53**，840（1929），重印于 H. S. Leff and A. F. Rex，*Maxwell's Demon*，p. 124—133，Princeton University Press（1990），作为"关于智慧生物介入的热力学系统熵之减少"。如果不顾第二定律，就有可能计算出精灵作为力量之源的本领有多大。唯一的限制是海森伯测不准原理。可以计算在室温下某体积的稀薄气体与另一相同体积但温度较高的气体，它们之间的温差若是在一个房间的两部分自发产生的话，至少需要花 1000 年的时间。参见 H. S. Leff，Thermal efficiency at maximum work output：new results for old heat engines，*American Journal of Physics*，**55**，602（1987）和 Maxwell's demon，power and time，*American Journal of Physics*，**58**，135（1990）。

[52] 应注意到包括擦去记录准备下次测量的要求，这一过程的本质只有 Rolf

Landauer 于 1961 年认识到了。参见 H. Leff and A. Rex，文献 49 及其中所列文献。

[53] J. D. Bekenstein, Energy cost of information transfer, *Physical Review Letters*, **46**, 623 (1981).

[54] E. Wigner, Relativistic invariance and quantum phenomena, *Reviews of Modern Physics*, **29**, 255 (1957); J. D. Barrow, Wigner inequalities for a black hole, *Physical Review* D **54**, 6563 (1996).

[55] P. D. Pesic, The smallest clock, *European Journal of Physics*, **14**, 90 (1993).

[56] D. T. Dpreng, On time, information, and energy conservation, ORAU/IEA-78-22 (R). Institute for Energy Analysis, Oak Ridge Assoc. Universities, Oak Ridge. Tennessee (Dec. 1978).

[57] A. M. Weinberg, On the relation between information and energy systems: a family of Maxwell's demons, Maxwell's Demon, text of lecture delivered 27 Oct. 1980 to the National Conference of the Association of Computing Machinery, Nashville, reproduced in Leff and Rex, ref. 49, p. 116.

[58] K. Clark, *Civilisation*, p. 345, John Murray, London (1971).

[59] J. Maynard Smith, *Evolutionary Genetics*, p. 125, Oxford University Press (1989).

[60] A. C. Clarke, *Childhood's End*, Sidgewick and Jackson, London (1954).

[61] G. Marx (ed.), *Bioastronomy—the next steps*, Kluwer, Dordrecht (1988).

[62] E. Regis (ed), *Extraterrestrials: science and alien intelligence*, Cambridge University Press (1985).

[63] M. D. Papagiannis, *Quarterly Journal of the Royal Astronomical Society*, **25**, 309 (1984).

[64] 参见下述著作的讨论: M. Ridley, *The Origins of Virtue*; W. Irons, How did morality evolve?, *Zygon*, **26**, 49 (1991); F. J. Ayala, The difference of being human: ethical behaviour as an evolutionary byproduct, in *Biology, Ethics, and the Origins of Life*, H. Rolston (ed.), Jones and Bartlett, Boston (1995); F. de Waal, *Good Natured: The Origins of Right and Wrong in Humans and Other Animals*, Harvard University Press, Cambridge, Mass. (1995); P. Hefner, Theological perspectives on morality and human evolution, in M. Richardson and W. J. Wildman (eds), *Religion and Science: History, Method, Dialogue*, Routledge, New York (1996)。

[65] H. Moravec, *Mind Children: The Future of Robot and Human Intelligence*, Harvard University Press, Cambridge, Mass. (1988).

[66] O. Stapleton, *Star Maker*, Dover, New York (1968).

[67] A. Rice, *The Witching Hour*, Knopf, New York (1990).

[68] A. C. Clarke, Superiority, in C. Fadiman (ed.), *Fantasia Mathematica*, p. 110—120, Simon and Schuster, New York (1958). The story was first published in 1951.

［69］ J. D. Barrow, *The Origin of the Universe*, Weidenfeld, London（1994）.

第六章
［1］ R. Estling, *The Skeptical Inquirer*, Spring issue（1993）.
［2］ D. Adams, *Mostly Harmless*, p. 1, Heinemann, London（1992）.
［3］ S. Goodwin, *Hubble's Universe*, Anchor, London（1997）.
［4］ S. W. Weinberg, *The First Three Minutes*, Basic Books, New York（1975）; J. D. Barrow and J. Silk, *The Left hand of Creation*, Basic Books, New York（1983）and 2nd edn Oxford University Press, New York and Penguin Books, London（1995）; J. D. Barrow, *The Origin of the Universe*, Weidenfeld, London（1994）.
［5］ 按照通常的说法，"理论"这个词略带否定的意思，并带有思辨的、不确定的、轻率的意味。在科学上，"理论"的意思是思想或数学公式。从某种意义上讲，它们都是暂时的，实验会在某一天证伪它们。但是，像爱因斯坦广义相对论这样的理论令人惊讶地成功地预言了许多事实。当好的理论被替代时，它往往变成更一般描述的一种极限情形，就像当速度远小于光速且引力场很弱时，牛顿理论就成为了爱因斯坦理论在极限情形下的理论那样。
［6］ Matthew ch. 13, v. 12.
［7］ 某些不确定性的仔细区别已在 E. R. Harrison, *Cosmology*, Cambridge University Press（1981）中很好地述及。该书出版后宇宙学在观测和理论上已有了很大的进展，特别是粒子物理学的神速进展，这些使该书显得有些过时，但仍不失为一本好书。
［8］ 它的尺寸由光速乘以膨胀已经经历的时间确定，目前约为$(3 \times 10^{10}$ 厘米/秒$) \times (10^{17}$ 秒$) \approx 10^{27}$ 厘米。在膨胀开始（$t = 0$）后的任一时刻 t（秒），在这个球内的物质质量大约是太阳质量的 $10^5 \times t$ 倍。当我们向"开始"靠近时（$t \rightarrow 0$），我们视界内的物质和辐射的总量趋于零。
［9］ 值得注意的是，牛顿的引力理论并不能区分这一点。在牛顿理论中，无限体积的宇宙是不可能存在的。参见 F. J. Tipler, Newtonian Cosmology revisited, Monthly Notices of the Royal Astronomical Society **282**, 206—210（1996）。
［10］ *The Life of William Thomson, Baron Kelvin of Largs*, Macmillan, London（1910）.
［11］ 这是因为宇宙包含不规则的事物。
［12］ 加速是如此迅猛，以致要求在极短时期内达到它。
［13］ G. Smoot and K. Davidson, *Wrinkles in Time*, Morrow, New York（1994）.
［14］ C. Misner, Transport processes in the primeval fireball, *Nature*, **241**, 40（1967）.
［15］ J. D. Barrow and R. Matzner, The homogeneity and isotropy of the Universe, *Monthly Notices of the Royal Astronomical Society*, **181**, 719—728（1977）.
［16］ 如果标量场存在多个最终静止位置，而不是一个，那么这种可能性是存在的。打个比方说，向一个波浪形薄板上扔球，存在许多个波谷可以稳定该球；而向一只碗中扔球，只有一个静止的地方，即碗底。
［17］ 对 William Allingham 的评价摘自 D. A. Wilson and D. Wilson McArthur, *Carlyle*:

Carlyle in Old Age, vol 6, Kegan Paul, London（1934）。

[18] 应当强调的是，选择这样的时间间隔只是为了便于说明。我们不可能在短时间内觉察到可见宇宙中的总体变化。现在的可见宇宙膨胀的变化要几十亿年的时间才会明显觉察到。

[19] A. Linde, The inflationary universe, *Physics Today*, **40**,（9）61（1987）.

[20] 关于要求的数目的详细讨论能够在下述著作中发现：J. D. Barrow and F. J. Tipler, *The Anthropic Cosmological Principle*, Clarendon Press, Oxford（1986）。

[21] J. D. Barrow and A. Liddle, Can inflation be falsified?, *General Relativity and Gravitation Journal*, **29**, 1501—1508（1997）.

[22] MAP 和普朗克卫星将会提供大量的数据。这使我们能够确定使我们宇宙膨胀的标量场的性质。然后，我们可以断定它的性质是否与永远膨胀的结果一致。但我们不能充满信心地排除它，因为我们期待其中有大量的此种类型的场。在别的地方，另一些场可能正在使别的泡泡膨胀。

[23] F. Hoyle, A new model for the expanding Universe, *Monthly Notices of the Royal Astronomical Society*, **108**, 372（1948）; H. Bondi and T. Gold, The steady-state theory of the expanding Universe, *Monthly Notices of the Royal Astronomical Society*, **108**, 252（1948）.

[24] F. Hoyle and J. Narlikar, *Proceedings of the Royal Society* A, **290**, 143162（1966）.

[25] 恒稳性发现可能要求引入一个"标度"。

[26] 摘自 R. Lewin, Why is development so illogical?, *Science*, **224**, 1327（1984）。

[27] 在 S. J. Gould 和 R. Dawkins 的著作中这一点特别明显。相对立的观点详见 S. Kauffman, *The Origins of Order*, Oxford University Press, New York（1993）和 *At Home in the Universe*, Oxford University Press, New York（1995）.

[28] A. Linde, The self-reproducing inflationary universe, *Scientific American* 5（May）, 32（1994）. A nice popular account of 'other' universes can be found in M. J. Rees, *Before the Beginning*, Simon and Schuster, New York（1997）.

[29] J. Maynard Smith, *Evolutionary Genetics*, Oxford University Press（1989）.

[30] 倘若宇宙中有一个量子的起源，人们已尝试发现宇宙是否可能有一个自然的拓扑。不幸的是，答案并不清楚，不同的计算方法给出不同的答案。

[31] J. Levin, J. D. Barrow, E. Bunn, and J. Silk, Flat spots: topological signatures of an open universe in *COBE* sky maps, *Physical Review Letters*, **79**, 974—978（1997）.

[32] 在两方面都开展了工作。在 20 世纪 50 年代，一些宇宙学家偏爱大爆炸理论，因为它很像犹太-基督教的有限时间前创生的解释；而恒稳态理论的一些支持者认为，他们之所以被它吸引，在于它与传统的宇宙论十分不同。

[33] R. Penrose, *The Emperor's New Mind*, Oxford University Press（1989）. Penrose 特别论述了必定存在支配奇点结构的"法则"，这种法则规定了宇宙的初始状态极有可能是高度有序的。依照热力学第二定律的熵增加原理，最终状态将是极度无序的。

[34] 参见 J. D. Barrow, *The Origin of the Universe*, Orion, London（1994）第二章中的一个讨论。

[35] 例如，它可以随时间指数式增长。为了能有熵的极小值变化，熵必须存在一个最小的可能变化。

[36] 更详细的非专门解释参见 J. D. Barrow and J. Silk, *The Left Hand of Creation*, 2nd. edn, Penguin Books, London（1994）。

[37] R. Penrose, Gravitational collapse and space-time singularities, *Physical Review Letters*, 14, 57（1965）.

[38] S. W. Hawking and R. Penrose, The Singularities of Gravitational Collapse and Cosmology, *Proceedings of the Royal Society*, A **314**, 529（1970）.

[39] A. Guth, The Inflationary Universe, *Physical Review*, D **23**, 347（1981）和 *The Inflationary Universe*, Addison Wesley, New York（1997）.

[40] J. P. Luminet, *Black Holes*, Cambridge University Press（1987）.

[41] S. W. Hawking, Black hole explosions, *Nature*, **248**, 30（1974）.

[42] D. Adams, *Mostly Harmless*, p. 25, W. Heinemann, London（1992）.

[43] J. D. Barrow, Observational limits on the time-evolution of extra spatial dimensions, *Physical Review* D **35**, 1805（1987）.

[44] J. D. Prestage, R. L. Tjoelker, and L. Malecki, *Physical Review Letters*, **74**, 3511（1995）.

[45] M. Drinkwater, J. Webb, J. D. Barrow and V. V. Flambaum, New Limits on the variation of physical constants, *Monthly Notices of the Royal Astronomical Society*（1997）.

[46] M. Maurette, The Oklo Reactor, *Annual Reviews of Nuclear and Particle Science*, **26**, 319（1976）.

[47] A. I. Shylakhter, *Nature*, **264**, 340（1976）; F. Dyson and T. Damour, The Oklo Bound on the time variation of the fine-structure constant revisited, *Nuclear Physics*, B **480**, 37（1997）.

第七章

[1] J. D. Barrow, *Pi in the Sky: counting, thinking, and being*, Oxford University Press（1992）.

[2] R. Rosen, *Life Itself*, Columbia University Press（1991）.

[3] A. Rice, The Witching Hour, Knopf, New York（1990）.

[4] 一批优秀的论文收录于 P. Hughes ad G. Brecht, *Vicious Circles and Infinity: an anthology of paradoxes*, Penguin Books, London（1978）。

[5] 塔斯基的分析并没解决的最古老的悖论之一是"撒谎者悖论"，它是公元前6世纪希腊哲学家墨伽拉的欧布利德斯提出的。这个悖论的最初版本是要求撒谎者回答问题："当你说你在撒谎时你是否在撒谎？"如果撒谎者说："我在撒谎"，那么他显然没有撒谎，因为撒谎者真的是一个撒谎者，他说自己是撒

谎者，那么他说的是事实。但是，如果撒谎者说："我没撒谎"，而事实上他在撒谎，于是他撒谎了。

[6]　参见 J. D. Barrow, *Pi in the Sky*, Oxford University Press (1992), p. 18.

[7]　R. Smullyan, *This Book Needs No Title*, p. 139, Prentice-Hall, New York (1980).

[8]　例如，在两极对立方面，神学家像哲学家 Charles Hartshorne 一样，见 *A Natural Theology for our Time*, Open Court, Law Salle (1967)。

[9]　参见 *De Omnipotentia Dei*, p. 179, P. Nahin, Time Machines, American Institute of Physics, New York (1993). St Damian 作为 Don Pedro Damián 出现在 Jorge Luis Borge 所写的故事 The Other Death 中（见 *The Aleph*, ed. N. T. di Giovanni, Dutton, New York, 1978, p. 103)。在论文 De Omnipotentia 中，作者发现了神学情形的反向因果关系后，拼合了事件的奇怪次序。

[10]　C. S. Lewis, *Miracles*, Collins, London (1947).

[11]　C. J. Isham and J. C. Polkinghorne, The debate over the Block Universe, in R. J. Russell, N. Murphy, and C. J. Isham (eds), *Quantum Cosmology and The Laws of Nature*, p. 135—144, Vatican Observatory, Vatican City (1993).

[12]　P. Nahin, *Time Machines*, p. 41, American Institute of Physics, New York (1993).

[13]　M. Kaku, *Hyperspace*, Oxford University Press, New York (1994).

[14]　K. Gödel, An example of a new type of cosmological solution of Einstein's field equations of general relativity, *Reviews of Modern Physics*, **21**, 447 (1949).

[15]　爱因斯坦方程描述的是遵守同一引力定律的无穷多种可能宇宙的性质，由初始状态确定的我们的宇宙只不过是其中的一种。

[16]　H. Weyl, *Space, Time, and Matter*, trans. H. Brose, Methuen, London (1922).

[17]　D. Piper, *Observatory Magazine*, **97**, 10P (Oct. 1977).

[18]　S. W. Hawking, The chronology protection hypoethesis, *Physical Review* D, **46**, 603 (1992); M. Visser, *Lorentzian Wormholes-from Einstein to Hawking*, American Institute of Physics, New York (1995).

[19]　R. Silverberg, *Up the Line*, Ballantine, New York (1969).

[20]　Nahin, 见前书, p. 167。

[21]　参见 J. D. Barrow and F. J. Tipler, *The Anthropic Cosmological Principle*, ch. 9, Clarendon Press, Oxford (1986).

[22]　M. R. Reinganum, Is time travel possible?: A financial proof, *Journal of Portfolio Management* **13**, 10—12 (1986).

[23]　K. Gödel, A remark about the relationship between relativity theory and idealistic philosophy. In *Albert Einstein : Philosopher-Scientist*, Vol. 7 of The Library of Living Philosophers, ed. P. A. Schilpp, Open Court, Evanston IL (1949).

[24]　D. B. Malament, Time travel in the Gödel Universe, *Proceedings of the Philosophy of Science Association*, **2**, 91—100 (1984).

[25]　D. Lewis, The paradoxes of time travel, *American Philosophical Quarterly*, **13**, 15—152 (1976).

[26] L. Dwyer, Time travel and changing the past, *Philosophical Studies*, **27**, 341—350 (1975); see alto Time travel and some alleged logial asymmetries between past and future, *Canadian Journal of Philosophy* **8**, 15—38 (1978); How to affect, but not change, the past, *Southern Journal of Philosophy*, **15**, 383—385 (1977).

[27] D. Deutsch, Quantum mechanics near closed timelike lines, *Physical Review* D, **44**, 3197 (1991).

[28] 参见 D. Deutsch, *Physical Review* D, **44**, 3197 (1991) 和 D. Deutsch, M. Lockwood, *Scientific American* (March 1994) **270**, 68—74, 以及 D. Deutsch, *The Fabric of Reality*, Penguin Books, London (1997).

[29] 更详细的资料参见 J. D. Barrow, Pi in the Sky, Oxford University Press (1992)。

[30] 带有证明的数学结果的总结参见 G. Birkhoff and S. Maclane, *A Survey of Modern Algebra*, Macmillan, New York (1964)。

[31] E. T. Bell, Men of Maths, vol. 1, p. 311, Schuster, New York (1965); S. G. Shanker (ed.) *Gödel's Theorem in Focus*, p. 166, Routledge, London (1988).

[32] 陈述产生逻辑感觉的要求意味着不是每个整数都是哥德尔数。

[33] 在本章开头我们考察了宣称它们自身谬误的悖论式陈述（"这个陈述是伪的"）。逻辑学家 Leon Henkin 给出了一个以他名字命名的自动为真的陈述（"这个句子是可证实的"）。Henkin 句子是自证的句子。Löb 给出了论证，他证明了下述关于陈述和元陈述的有趣定理。假如我们有一个体系 S，其中陈述"如果 A 在 S 中是可证明的，则 A 是真的"在 S 中是可证明的，那么 A 在 S 中是可证明的。如果我们取式子 0 = 1 作为陈述 A，那么 Löb 的这个定理以一个特例蕴含了哥德尔不完备性定理之一。于是，我们可得出 S 的自洽性在 S 中是不可证明的结论。关于不完备性定理的进一步讨论参见 C. Smorynski, The Incompleteness Theorems, in J. Barwise (ed.), *Handbook of Mathematical Logic*, North Holland, (1977)。严肃的通俗讨论参见 R. Smullyan, Forever Undecided; A Puzzle Guide to Gödel, Oxford University Press (1987)。

[34] J. Myhill, Some philosophical implications of mathematical logic, *Review of Metaphysics*, 6, 165 (1952)。进一步的讨论参见 J. D. Barrow, *Theories of Everything*, p. 209, Clarendon Press, Oxford (1991) 和 D. Hofstadter, *Metamagical Themas*, p.539, Basic books, New York (1985)。

[35] 在逻辑上，它们分别称为"递归的"、"可列递归的"（递归可列举但不是递归的）和"产生的"。

[36] 这是康韦著作 On Numbers and Games, p. 224, Academic Press, New York (1976) 中的最后一条定理。

第八章

[1] 摘自 P. J. Davis and D. Park (eds), *No Way-Essays on the Nature of the Impossible*, p. 98, W. H. Freeman, New York (1987)。Yarmolinsky 任职于肯尼迪、约翰逊

和卡特三届总统的内阁。

[2] R. Rucker, *Infinity and the Mind*, p. 165, Harvester, Sussex (1982).

[3] S. Jaki, *Cosmos and Creator*, p. 49, Scottish Academic Press, Edinburgh (1980).

[4] S. Jaki, *The Relevance of Physics*, p. 129, Chicago University Press (1966).

[5] G. Chaitin, *Information, Randomness and Incompleteness*, World Scientific, Singapore (1987).

[6] S. Lloyd, The calculus of intricacy, *The Sciences*, p. 38—44, (Sept/Oct 1990); J. D. Barrow, *Pi in the Sky*, p. 139—140, Oxford University Press (1992).

[7] 参见本书第五章关于麦克斯韦妖的讨论。

[8] K. Gödel, What is Cantor's Continuum Problem?, Philosophy of Mathematics, ed. P. Benacerraf and H. Putnam, Prentice-Hall, Englewood Cliffs NJ (1964), p. 483.

[9] 蔡廷所引，参见 J. Bernstein, *Quantum Profiles*, Basic Books, New York (1991), p. 140—1 和 K. Svozil, *Randomness and Undecidability in Physics*, p. 112, World Scientific, Singapore (1993)。

[10] S. Wolfram, *Cellular Automata and Complexity*, Collected Papers, Addison Wesley, Reading Mass (1994).

[11] C. Calude, *Information and Randomness—An Algorithmic Perspective*, Springer, Berlin (1994); C. Calude, H. Jürgensen, and M. Zimand, Is independence an exception?, *Applied Mathematics and Computing* **66**, 63 (1994); K. Svozil, in J. L. Casti and A. Karlqvist (eds), *Boundaries and Barriers: on the limits of scientific knowledge*, p. 215, Addison Wesley, New York (1996).

[12] 虽然决定步骤一般地要用双重指数长的时间，即用来执行 N 计算的计算时间为 $(2^N)^N$。普雷斯勃格算术允许我们讨论正整数和值为正整数的变量。如果我们通过允许使用整数组的概念来扩大它，那么情况就变成几乎不可想象的难以处理。已经证明对于任一有限的 K，该体系不容许 K 重指数算法。在该情况下，判定问题被认为是非基本的，即不可处理性是无限的。

[13] 求和中的项逐渐变小对于无限项之和为有限来说是必要条件而非充分条件。例如，$1 + 1/2 + 1/3 + 1/4 + 1/5 + \cdots\cdots$ 的值是无限的，它并不收敛于一个有限的极限。

[14] R. Rosen, On the limitations of scientific knowledge, in J. L. Casti and A. Karlqvist (eds), *Boundaries and Barriers: on the limits of scientific knowledge*, p. 199, Addison Wesley, New York (1996).

[15] Adapted from D. Harel, *Algorithmics: the spirit of computing*. Adison-Wesley, New York (1987).

[16] 惠勒已经推测时空的终极结构是一种受到哥德尔不完备性制约的命题算法的"前几何"形式。我们提议这种前几何可能是简单得足以完备的。参见 J. C. Misner, K. Thorne, and J. A. Wheeler, *Gravitation*, p. 1211—1212, W. H. Freeman, San Francisco (1973)。

[17] 超弦理论的情况仍不太确定。看来好像存在许多不同的、逻辑自洽的超弦理论，但是有很明显的迹象表示它们是一类称为 M 理论的为数较少（甚至是唯一）的理论的不同表示。

[18] N. C. da Costa and F. Doria, *International Journal of Theoretical Physics*, **30**, 1041 (1991); *Foundations of Physics Letters*, **4**, 363 (1991).

[19] 事实上，聚集在这两种简单可能性的分界线周围还有其他许多种复杂的可能性，正是这些可能性在总体上提供了该问题的不确定性。

[20] R. Geroch and J. Hartle, Computability and physical theories, *Foundations of Physics*, **16**, 533 (1986). 问题在于一个宇宙学量的波函数计算包含着对各种四维紧致流形依次估算所得量的求知，而这样的流形集合是不可列的。

[21] M. B. Pour-El and I. Richards, A computable ordinary differential equation which possesses no computable solution, *Annals of Mathematical Logic*, **17**, 61 (1979); The wave equation with computable initial data such that its unique solution is not computable, *Advances in Mathematics*, **39**, 215 (1981); Non-computability in models of physical phenomena, *International Journal of Theoretical Physics*, **21**, 553 (1982).

[22] J. F. Traub and A. G. Werschulz, Linear ill-posed problems are all solvable on the average for all gaussian measures, *The Mathematical Intelligencer*, **16** (2), 42 (1994).

[23] S. Wolfram, Undecidability and intractability in theoretical physics, *Physical Review Letters*, **54**, 735 (1985); Origins of randomness in physical systems, *Physical Review Letters*, **55**, 449 (1985); Physics and computation, *International Journal of Theoretical Physics*, **21**, 165 (1982); J. F. Traub, Non-computability and intractability: does it matter to physics? (1997).

[24] 如果度规函数是多项式，那么问题是可判的，但在计算上是双重指数型的。如果度规函数是充分光滑的，那么问题变成不可判的。关于 Buchberger 和 Loos 的代数分类参见 Buchberger, Loos, and Collins, *Computer Algebra: Symbolic and Algebraic Computation*, 2nd edn, Springer, Vienna (1983)。感谢 Malcolm MacCallum 提供了这些处理。

[25] S. Jaki, *The Relevance of Physics*, p. 129.

[26] E. Nagel and J. Newman, *Gödel's Proof*, p. 100, Routledge, London (1959) 和 *Scientific American*, **194**, 71 (June 1956).

[27] M. Scriven, in *The Compleat Robot: A Guide to Androidology*, ed. S. Hook, Collier Books, New York (1961).

[28] J. Lucas, Minds, Machines, and Gödel, *Philosophy*, 36, 120 (1961).

[29] D. Hofstadter, *Metamagical Themas*, p. 536—537 and bibliography, Basic Books, New York (1985).

[30] R. Penrose, *The Emperor's New Mind*, Oxford University Press (1989) and *Shadows of the Mind*, Oxford University Press (1994).

［31］ R. Rucker, *Infinity and the Mind*, p. 162—163, Harvester, Sussex（1982）.

［32］ *Behavioural and Brain Sciences*, vol. 13, issue 4（1990），该刊物的这一期全部集中于这个讨论。

［33］ A. Kenny, H. C. Longuet-Higgins, J. R. Lucas, and C. H. Waddington, *The Nature of the Mind*: *Gifford Lectures 1971—1973*, Edinburgh University Press（1972），p. 152—154.

［34］ J. McCarthy, *Review of The Emperor's New Mind*, *Bulletin of the American Mathematical Society*, **23**, 606（1990）. McCarthy is the inventor of the LISP computer language.

［35］ I. Singer, quoted in The Times（London）'Diary', 21 June 1982.

［36］ K. R. Popper, *British Journal for the Philosophy of Science*, **1**, 117, 173（1950）.

［37］ K. Svozil, Undecidability everywhere, in *Boundaries and Barriers*: *on the limits of scientific knowledge*, ed. J. L. Casti and A. Karlqvist, Addison Wesley, New York（1996）. Popper 利用阿喀琉斯与龟的寓言阐述了同一观点。

［38］ D. Mackay, *The Clockwork Image*, p. 110, Inter-Varsity Press, London（1974）.

［39］ 见前书，p. 110。

［40］ 见前书，p. 82。

［41］ 科学是艰难的，因为没有自动的方法可找到把真实世界的各种性质联结在一起的模式。值得注意的是，这种猜测可以表述成一条已由 E. M. Gold 于 1967年证明的定理（*Information and Control*, **10**, 447）。它表明如果我们有某种机械性的智能，如计算机或某种其他形式的人类或人工智能，那么就会有一种它不能发觉的、连接它的输入和输出的数据规则。但是，不存在一种一贯的秘诀可用来发现所有的输入到输出的规则。对于具有量子力学中的那种互补性的有限自动操作，在 K. Svozil 的著作 *Randomness and Undecidability in Physics*, World Scientific, Singapore（1993）第十章中给出了一个有趣的例子。该书是数学的不可判性的物理学之间分界研究的最重要的资料。也可参见 J. F. Traub, Do negative results from formal systems limit scientific knowledge?, *Complexity*, **3**（1），29（1997）.

［42］ *Le Rhinocéros*（1959）. act 3.

［43］ 与 S. Brams 在其他方面的论述同样优秀，西蒙论断也论述在以教科书形式处理的政治否定论中：*Paradoxes in Politics*, p. 70—77, Free Press, New York（1976）。

［44］ K. E. Aubert and H. A. Simon, *Social Science Information* **21**, 610（1982）.

［45］ H. Simon, Bandwagon and underdog effects in election predictions, *Public Opinion Quarterly*, **18**, 245（Fall issue, 1954）. 论文题目表明了选举预报可能对投票者的优先选举产生的两种不同的作用。"乐队彩车效应"是指投票者投票给呼声高的候选人的趋势，"落水狗效应"是一种相反的趋势，是一些投票者（出于同情？）投票给呼声低的候选人。

［46］ 这条定理的解释可以参考任何一本微积分的教科书，例如 R. Courant,

H. Robbins 和 I. Stewart 的 *What is mathematics*? 而它的特殊内涵参见 K. E. Aubert, Accurate prediction and fixed point theorems, *Social Science Information*, **21**, 323（1982）。

[47] K. Aubert, Spurious mathematical modelling, *The Mathematical Intelligencer*, **6**, 59 （1984）.

[48] D. H. Wolpert, An incompleteness theorem for calculating the future *Santa Fe Inst. Preprint*（1996）.

[49] 应当指出并非所有的数学家都接受希尔伯特的论断。Luitzen Brouwer 认为，只有那些可用有限的分离演绎步骤，从直观上给出自然数构造的客体才能存在于数学之中。这种"直观论"取缔了数学家习惯使用的宗量概念和形式。这种观点没有得到广泛支持。希尔伯特说它对于数学家的作用犹如"禁止拳击手使用拳头"一样。

[50] J. D. Barrow, *Pi in the Sky*: *counting, thinking and being*, p. 284—292, Oxford University Press（1992）.

[51] 哥德尔曾经写道，数学对象如集合"对我来说似乎这类对象的假定完全像物理实体的假定一样正常，并且完全有同样的理由去相信它们的存在"。参见 P. Schilpp（ed.）, *The Philosophy of Bertrand Russell*, p. 137, Evanston, Chicago （1944）。

[52] F. P. Adams, *Nods and Becks*, p. 206,（1944）.

[53] 我记得当作为决定任命任意三名候选人之一担任某项工作的委员会成员时，在评论中该委员会对每一步骤只投一次票。

[54] A. Taylor, *Mathematics and Politics*: *Strategy, Voting, Power and Proof*, Springer, New York（1995）.

[55] 阿罗著作中这个定理的最初校样中的一个小错误已在第二版中改正了，参见 *Social Choice and Individual Values*, Yale University Press（1963）。该书的初版出版于 1951 年。

[56] C. E. Green, *The Decline and Fall of Science*, Hamilton, London（1976）.

[57] 这一工作的评论参见 D. Black, Theory of Committees and Elections, *Cambridge University Press*（1958）。

[58] A. Sen, A possibility theorem on majority decisions, Econometrica, 34, 491 （1966）and Collective Choice and Social Welfare, *Holden-Day, Sab Francisco* （1970）.

[59] S. Brams, *Paradoxes in Politics*, p. 142, Free Press, New York（1976）.

[60] F. J. Tipler, *The Physics of Immortality*, Doubleday, New York（1994）.

[61] 例如参见文献 50。

译 后 记

　　本书英文版成书于 1998 年，中译本首版于 2000 年 7 月，随后于 2005 年 4 月、2018 年 6 月多次再版。书中讨论科学的极限和极限的科学，讲述了许多不可能性的故事。本书内容博大精深，不仅使读者漫游了科学的最前沿，还介绍了各种不同的科学思想方法，并从文学、绘画、雕塑、音乐、哲学、逻辑、语言、宗教等诸方面阐述知识的界限、科学的极限。20 多年来，中译本几经再版，很受读者欢迎，在读者中产生了深远的影响，引发了大量读者深度思考。

　　知识的本质会施加限制，我们自身的禀性会对科学实践施加限制，我们在宇宙历史中的地点和时间会施加实际限制。巴罗教授以他的睿智和深邃的洞察力，讨论了过去的、现在的和未来的科学极限。他按照自然界有无极限与人类认识能力有无极限，讨论了科学的未来存在各种可能性。

　　人类对大自然的认识边界在不断扩展。巴罗教授的书稿完成于 1997 年底，今天读来，书中所涉及、所预言的很多议题，有些成为了现实，有些正成为研究热点，比如，人工智能、复杂性研究、引力与宇宙学成就、量子纠缠等。在书稿完成之时，起源于欧洲核子研究组织（CERN）的全球计算机因特网仅诞生数年。他在书中预言，在不久的将来，全球计算机都将方便廉价地连接到一个全球网络上去。同时，他认为，在遥远的将来，人工智能将不再简单地局限于提高人类计算速度和处理大数据，而是以可预见及不可预见的方式扩展人类能力，将科学事业推向前进。20多年并不遥远，尤其在最近几年，人工智能的发展速度之快，恐怕是巴罗教授当时不曾料到的。

牛顿理论的成功曾经使人们认为17世纪末是科学完成的时代，那时，谁会想到20世纪初的物理学革命呢？宇宙学是巴罗教授的专长，他在书中讨论了暴胀宇宙、多维空间、宇宙开端问题、黑洞奇点问题等前沿领域。然而，他也没料到，本书刚出版，宇宙学领域又有了大发现，那就是宇宙在加速膨胀。爱因斯坦的广义相对论在许多方面取得了巨大成功，却无法解释宇宙的加速膨胀。暗物质和暗能量问题至今仍在人类认识的边界之外。

在2024年的今天，本书中文版再次出版，并易名为《科学的边界：关于不可能性的故事》，希望能引起读者更多关注和深层次思考。在新版修订过程中，译者重新对全书内容和文字进行了仔细推敲，并增加了部分译者注，以帮助读者更好理解原著内容。译者非常感谢上海科学技术出版社的编辑王佳博士，他极其负责任，针对本书内容与文字，多次与译者进行沟通。

作者巴罗教授已于2020年去世。本书是他为我们留下的宝贵精神财富，希望能历久弥新，永远传承。

译者之一李新洲先生也于2022年底去世。想当年，李先生带领本人和徐建军花费了很多心血，对巴罗教授的这本佳作精雕细琢。此次新版，也是对李先生的最好纪念。

　　尽管几经修订，我们希望做到精益求精，但囿于学识，仍难免疏误，恳请读者批评指正。

翟向华

2024 年 6 月 18 日